Traumbrücken

Springer Wien NewYork

Wolfdietrich Ziesel

Dream Bridges
Traumbrücken

Du glaubst gar nicht, wie schwierig der Ingenieurberuf ist: du musst nachdenken, Tag und Nacht, und die ganze Zeit über Neues ausdenken, sonst scheiterst du. Vergiss nie, dass man mit der Technik ganz ehrlich umgehen muss. Einen Betrug nimmt sie bitter übel, sie geht daran kaputt und vernichtet dabei nicht nur deinen guten Ruf, sondern leicht auch Menschenleben. Die Ingenieurkunst ist deshalb undankbar, weil man Wissen besitzen muss, um ihre Schönheiten zu verstehen. Die Schönheit von Kunstwerken hingegen begreift man mit dem Gefühl.

You won't believe how complicated an engineer's profession is: you have to think, day and night, and invent something new all the time, otherwise you fail. Never forget, that you have to treat technology with honesty. It resents every fraud by breaking down not only destroying your reputation but easily human life as well. The art of civil engineering is ungrateful in so far as one has to possess knowledge to understand its beauty. The beauty of a piece of art on the other hand can be grasped by emotion.

Vladimir G. Šuchov

Die strukturelle Form ist unabhängig von allen Architekturströmungen. Die einzige allgemein gültige Gesetzmäßigkeit der Architektur ist die Konstruktion.

Structural form is independent of all currents in architecture. The only law universally valid throughout architecture is structure.

Wolfdietrich Ziesel

Dreaming about Bridges—Dream Bridges
Brückenträume – Traumbrücken

Wolfdietrich Ziesel

1

Dieses Buch ist nicht wirklich ein Brückenbuch – es ist eine Sammlung von Gedanken über Wünsche und Träume von Brücken.

Das kommt daher, weil ich sehr viele Projekte entwickelt, aber nur wenige Brücken wirklich realisiert und gebaut habe. Für mich ist es daher leicht: Ich kann aufzeigen, wie Kreativität, Optimismus und Sicht auf die Zukunft – unbelastet von Zwängen der Vorschriften der Ökonomie und losgelöst von der herkömmlichen konservativen Baugesellschaft und widerwilligen Bauherren – zu wunderbaren und schönen Brücken führen können.

Das Werk soll aber auch allen Mut machen, die gerne einmal ohne reale Zwänge träumen möchten und nachdenken wollen, wie eine

schöne Brücke aussehen könnte und was man an einer hässlichen kritisieren sollte.

Eine Brücke ist eine Repräsentation des technisch-künstlerischen Könnens einer Epoche der Gemeinschaft – sie kann sogar ein Wahrzeichen für Qualität und Innovation werden. (Fonatti / Ziesel)

Warum faszinieren uns Brücken so sehr? Jeder Mensch geht oder fährt mindestens einmal am Tage über eine Brücke, sein Weg führt ihn darunter oder er sieht sie zumindest irgendwo in Stadt oder Land.

Brücken müssen nicht – so wie Häuser – dauerhaft menschlichen Tätigkeiten, Bedürfnissen oder Dienstleistungen entsprechen: kein

Mensch lebt, arbeitet, unterhält oder erholt sich auf Brücken – ausgenommen vielleicht auf der Rialto-Brücke in Venedig oder am Ponte Vecchio in Florenz. Trotzdem sollte bei jeder Brücke die Frage nach dem Warum gestellt werden, denn jede Brücke wird zunächst zu einem gewissen Zweck gebaut. Daher sind ihr Tragwerk und ihr Aussehen und die Qualität ihrer Konstruktion vorerst oft nur zweitrangig.

Dennoch gelten auch beim Entwurf einer Brücke die Maximen Vitruvs ganz besonders: „Jedes Bauwerk muss der Forderung nach Ausgewogenheit zwischen Konstruktion *(firmitas)*, Funktion *(utilitas)* und Gestalt *(venustas)* entsprechen." Eigentlich hat Vitruv diese Regeln für die Architekten erdacht und aufgeschrieben, aber meiner Meinung nach gelten sie

2

3

This is not really a book about bridges—it is a compilation of thoughts about desires and dreams relating to bridges.

This is accounted for by the fact that I have developed quite a number of bridge projects, only a few of which have actually been built. Therefore it is easy for me to demonstrate how creativity, optimism and a look to the future can lead to delightful and beautiful bridges, unhampered by the dictates of economy, by the traditionally conservative building community or difficult clients.

This book is also intended to encourage those who love dreaming without the constraints imposed by reality, those who would like to ponder over what a beautiful bridge could look

like and what to criticise in a hideous one.

A bridge is the representation of the technological and artistic skills of an epoch of society —it may even become an emblem of quality and innovation. (Fonatti / Ziesel)

Why do bridges fascinate us? Everybody drives or walks across a bridge at least once a day, or one's route leads one underneath a bridge, or one sees a bridge somewhere in the city or in the countryside.

Unlike houses, bridges do not have to comply with needs linked to human activities or services on a permanent basis: nobody lives, works, enjoys themselves or relaxes on bridges—except, maybe, on the Rialto Bridge

in Venice or the Ponte Vecchio in Florence. Nevertheless, one should always ask why a certain bridge was built, for each bridge was conceived in the first place to fulfil a specific purpose. This is why its structure, its form and the quality of its construction have frequently been regarded only as secondary.

The postulates of Vitruvius are particulary applicable to the design of a bridge: "Each building should meet the requirements for harmony between strength *(firmitas)*, utility *(utilitas)* and beauty *(venustas)*." Vitruvius actually conceived and wrote down these rules for architects, but in my opinion they are equally relevant to the art of structural engineering and to the design of bridges in particular. If we want to commit ourselves to Vitruvius'

4

6

7

5

5

genauso für die Ingenieurbaukunst und ganz besonders für das Entwerfen von Brücken.

Wenn wir auf die Forderungen Vitruvs eingehen wollen – so besagen sie für den Brückenbau:

Zu firmitas (Festigkeit): Selbstverständlich muss Festigkeit und Tragfähigkeit sein, darüber hinaus darf es aber kein Festhalten an herkömmlichem technischen Wissen und Vorschriften geben, vielmehr Aufgeschlossenheit gegenüber dem sinnhaften Fortschritt. Gefordert wird Ausgewogenheit zwischen Ausführbarkeit, Form-Konstruktion und ökonomischen Vorgaben. Wie wir wissen, ist hohe Ingenieurbaukunst meistens preiswerter als schematische ideenlose Lösungen. Vom Mittelmaß wird zwar immer

wieder das Gegenteil behauptet, vor allem um die eigene Unfähigkeit und Bequemlichkeit zu rechtfertigen. Gerade bei Brücken ist das vom Ingenieur entwickelte und entworfene Tragwerk der wichtigste Teil und daher ist seine Qualität entscheidend nicht nur für das Aussehen der Brücke, sondern auch für deren Ökonomie und Benützbarkeit.

Zu utilitas (Gebrauch): Man muss im Zuge einer vorgegebenen Trasse in der Landschaft einfach und sicher über oder unter eine Brücke kommen – auch das Gefühl dafür muss sich einstellen. Fußgänger und Radfahrer sollten sich auf vom übrigen Verkehr getrennten Spuren bewegen und neben dem Queren der Brücke auch auf ihr stehen bleiben können, um den Ausblick auf Stadt und Land zu genießen –

auch müssen sie ungefährdet die Seite wechseln können. Betrachter und Benützer sollen sich auch unter der Brücke wohlfühlen und müssen diesen Ort gut erreichen können.

Zu venustas (Ordnung, Maßstab und Harmonie): Die Gestalt ist wichtig für den Einklang mit Landschaft, Stadt und Umgebung, wie überhaupt eine Brücke ganz verschieden betrachtet wird,
– wenn man darüber fährt (Tempo),
– wenn man darüber geht (Beschaulichkeit),
– wenn man darunter fährt oder geht,
– wenn man sie von der Umgebung und Landschaft aus betrachtet.

Brückenbauwerke sind erst durch die sinnliche Wirkung begreifbar.

demands, they have the following implications for the building of bridges:

Firmitas (strength): Naturally one cannot do without load capacity and stability, but there should not be any stubborn adherence to traditional technical knowledge or regulations. Open-mindedness in the interest of reasonable progress should be brought to the fore. What is required is a balance between feasibility, the structure's form and the economic requirements. As we know, in most cases the noble art of structural engineering is better value than uninspired off-the-shelf solutions. Mediocre engineers may well maintain the contrary over and over again, but they do so primarily to justify their own incompetence and for their own convenience. Especially when it comes

to bridges, the structure developed by engineers is the most important element, its quality determining not only the appearance of the bridge, but also its economy and usability

Utilitas (utility): Following a given route across a landscape, one should be able to pass over or underneath a bridge easily and safely; in addition, one should be prepared for it emotionally. Pedestrians and cyclists should be manoeuvred along paths separated from the rest of the traffic and allowed a chance to stop and enjoy the view of the city or landscape. It should also be possible for them to change sides safely. Moreover, viewers and users should feel comfortable underneath the bridge, a spot that should be easy to reach.

Venustas (order, scale, harmony): The form of a bridge is of importance in ensuring harmony with the surrounding landscape or townscape. Generally, a bridge can be looked at from different perspectives:
– when driving over it (speed),
– when walking over it (tranquillity),
– when passing underneath it,
– when seen from its surroundings.

It is only through sensory perception that bridge structures become fully understandable.

As an engineer I would also like to pursue some further thoughts on the important structure that, after all, constitutes the main part of every bridge.

11

8

Ich möchte mir darüber hinaus noch ein paar Gedanken als Ingenieur speziell über das wichtige Tragwerk machen, das ja doch den Hauptteil jeder Brücke ausmacht.

Der Begriff der strukturellen Form ist unabhängig von allen Strömungen in der Architektur – dies gilt auch für Brücken. Ein gutes, kreatives und schönes Tragwerk ist zwar Voraussetzung für eine schöne Form und eine zufriedenstellende Funktionalität, jedoch keinesfalls ein Garant dafür. Ich meine damit, dass die beste Ingenieurleistung ohne entsprechend behutsame, rücksichtsvolle, kreative und innovative Formensprache nicht gelingt.

Dazu ein Zitat von Otto Wagner: „Der Urgedanke jeder Konstruktion ist aber nicht in der

rechnungsmäßigen Entwicklung, der statischen Berechnung zu suchen, sondern in einer gewissen natürlichen Findigkeit, er ist etwas Erfundenes. (…) *Der nicht auf die werdende Kunstform, sondern nur auf die statische Berechnung und auf den Kostenpunkt Rücksicht nehmende Ingenieur spricht daher eine für die Menschheit unsympathische Sprache, während andererseits die Ausdrucksweise des Architekten, wenn er bei Schaffung der Kunstform nicht von der Konstruktion ausgeht, unverständlich bleibt.“*

Fast der gesamte öffentliche Raum ist von Bauingenieuren entworfen: alle Brücken und Straßen, der öffentliche Verkehr, der Industriebau und vieles mehr, das unsere Umwelt prägt. Trotzdem findet man kaum Erwähnens-

wertes. Viele glauben immer noch, dass eine Brücke nur konstruktiven oder ökonomischen Forderungen zu entsprechen hat, und wissen nicht, dass sie eine Aufgabe ist, die weit über das Verbinden zweier Ufer hinausgeht.

Unsere Zeit, die vorgibt, eine des technischen Fortschritts und der genialen Erfindungen zu sein, wird als eine Epoche der Kulturlosigkeit im Ingenieurbau in die Geschichte eingehen. Wir haben zwar in den letzten Jahren ungeheure Quantitäten produziert, die Qualität jedoch fehlt unseren Bauwerken. So hängen das derzeit herrschende Misstrauen gegenüber der Technik und die Ablehnung ihres Fortschritts auch damit zusammen, dass vielen unserer Bauwerke jeder Anspruch auf Schönheit, künstlerische Bescheidenheit und

9

The concept of structural form is independent of all tendencies in architecture—this also applies to bridges. Although a good, creative and beautiful basic structure is a prerequisite for a pleasing form and satisfactory functional qualities, it is by no means a guarantee. The point I wish to make is that even the best engineering performance will not produce successful results without a formal language that is careful, considerate, creative and innovative.

Quoting Otto Wagner seems appropriate in this context: "A structure's initial concept is not to be found in its calculative development or its statics, but in a certain natural resourcefulness, it is something invented. (…) *An engineer who ignores the emerging artistic form and concentrates instead on structural calcula-*

tions and cost issues speaks a language unsympathetic to mankind, while the expression of an architect who, when designing a form, does not begin with the construction will remain incomprehensible."

Nearly all of public space is designed by civil engineers: bridges and roads, public transport, industrial buildings and many other elements that shape our environment. However, one rarely finds something worth mentioning. Many still believe that a bridge has to meet only structural and economic requirements and rarely understand that it is a design task that goes far beyond connecting two (river) banks.

Our age, which pretends to be one of technological progress and ingenious inventions,

will go down in history as an epoch characterised by a lack of refinement in structural engineering. Over the past years we have produced vast quantities of buildings, yet in most cases quality is lacking. The distrust of technology and the rejection of technological progress prevalent today have also something to do with the fact that so many of our modern buildings seem to have abandoned any aspirations towards beauty, appropriateness and harmony. Why is this the case?

One can quickly see that planning and building consist of two contradictory aspects. On the one hand there is the cultural aspect, on the other hand there is demand, constantly and repeatedly stimulated. The term "architectural culture" subsumes creativity and the

10

Harmonie abhanden gekommen ist. Warum ist das so?

Man erkennt rasch, dass Planen und Bauen aus zwei Gegensätzlichkeiten besteht. Da ist einerseits die kulturelle Seite und andererseits der Bedarf, der immer wieder neu geweckt wird. Unter dem Begriff Baukultur können wir Kreativität, die sinnliche Wirkung unserer Werke – dadurch werden sie erst begreifbar –, ihre Verträglichkeit mit der Umgebung und räumliche Harmonie verstehen. Dagegen ist der Bedarf vor allem durch den Wunsch nach Besitz, Sicherheit, technischem Komfort und Ökonomie bestimmt.

Wir können – überspitzt – sagen, dass das Bauen heute ein reines Bedarfsdeckungs-

gewerbe geworden ist, wo alles reglementiert ist und wo man glaubt, dass für jedes Problem eine technokratisch-wissenschaftliche Antwort bereit liegt, und wo die so genannte gestalterisch-ästhetische Komponente nicht existiert oder höchstens durch Modeströmungen variiert wird. Die phantasielosen Denkbereiche der meisten Techniker haben eine Art von pseudokreativem Potenzial entwickelt, dessen Eigendynamik einem den Angstschweiß auf die Stirne treibt.

Man kann jedoch für die heutige Situation nicht allein die Ingenieure verantwortlich machen. Auch viele Architekten glauben nicht an den Ingenieurbau als kreative Kraft. Viele schlechte Ingenieurbauwerke sind nämlich vor allem deswegen entstanden, weil Architekten

meinten, dass der Ingenieurbau mit seiner rein auf Funktion und Zweck angelegten Aufgabe kein Thema für ihre Kunst sei. Aus Unsicherheit und Unwissen wagen sie es nicht, den Ingenieuren in ihre Wissenschaft zu pfuschen. Ingenieurbauten sind auch Architektur, weil die Baukunst eben unteilbar ist. Sollte es aber tatsächlich eine allgemein gültige, architektonische Gesetzmäßigkeit geben, so ist es die der Konstruktion. Es würde gerade der Ingenieurbau im Allgemeinen und der Brückenbau im Besonderen die Möglichkeit bieten, den geistigen Anteil von Architekten und Ingenieuren besonders deutlich zu machen, weil er keine Verkleidungskunststücke zulässt.

Wir brauchen darüber hinaus auch eine neue Ingenieurbaukultur; sonst kommt die Allge-

sensual impact of our work—which ultimately makes our buildings comprehensible—their compatibility with their surroundings, as well as spatial harmony. In contrast demand is driven mainly by the wish for property, reliability, technical comfort and economy.

To exaggerate slightly, one could say that nowadays architecture has turned into a profession that purely meets demands, a profession where everything is regulated and which believes that there is a technocratic and scientific answer to every problem, while the so-called creative and aesthetic component is non-existent or, at best, subject to current trends and fashions. Due to the lack of fantasy of most engineers there has emerged a pseudo-creative potential

whose momentum makes one break out in a cold sweat.

But it is not the engineers alone who should be held responsible for the current situation. Many architects do not believe in civil engineering as a creative force either. One of the main reasons for the existence of so many poorly designed buildings by civil engineers is that architects considered these purely functional assignments of no relevance for their art. Out of a sense of insecurity and ignorance they do not dare to interfere with engineering science. Buildings by engineers are architecture as well, for architecture is indivisible. If there actually exists a universal rule in architecture, it must be the rule of structure. Civil engineering in general and the

construction of bridges in particular do not allow decorative tricks and therefore would offer an outstanding opportunity to demonstrate with particular clarity the intellectual contribution that architects and engineers can make.

Furthermore, we need a new culture of civil engineering, otherwise society will conclude that our profession is obsolete as others can do exactly the same as we do—but better and more cheaply. Structural engineering should not be mathematics alone. It should deal with science and today's dubious computer culture only marginally, making use of them just as tools. Nor should it flatter economical or technological stubbornness. Creative thinking, ecological awareness, modesty towards other partners und respect

13

13

meinheit zum Schluss, unser Berufsstand ist überflüssig, weil andere das genau so – billiger und besser – machen. Ingenieurbau soll nicht nur Mathematik sein, sich nur am Rand der Wissenschaft und der heutigen EDV-Unkultur als Hilfsmittel bedienen und darf keinem ökonomischen und technischen Eigensinn nachlaufen. Vielmehr müssen kreatives Denken, Umweltbewusstsein, Demut vor anderen Partnern und Respekt für menschliche Bedürfnisse als Voraussetzungen für innovatives Handeln stehen.

Mut zur Öffentlichkeit

Darüber hinaus meine ich, dass der Ingenieurbau dringend eine qualifizierte Darstellung in der Öffentlichkeit braucht. Niemand weiß, was Ingenieure wirklich machen, und daher

müssen wir fernab der Fachsprache allgemein verständlich unsere Arbeit in der Öffentlichkeit in höchster Qualität präsentieren und uns eine Diskussion darüber sowie Kritik – auch wenn sie negativ ist – gefallen lassen.

Wie unterschiedlich diese Kritik manchmal sein kann, hat Hartmann in seinem Buch *Ästhetik im Brückenbau* treffend beschrieben. Es ging dabei um die Bewertung der gewaltigen Eisenbahnbrücke über den Firth of Forth, über deren Qualität sich zwei Architekten jener Zeit, Wehner und Zucker, in die Haare gerieten.

Architekt Wehner schreibt: „Die Brücke wälzt sich wie ein Ungeheuer der vorgeschichtlichen Zeit über den Meeresarm mit seinen zarten Uferlinien, ganz unbekümmert um den

Maßstab dieser Landschaft und die Dinge, die sich in ihr dem Auge darbieten. Sie stellt sich abseits dieses Maßstabes, rollt mit furchtbarer Wucht drohend über das feine Wesen dieses Erdenfleckens hinweg und zerschlägt es." Später bemerkt er noch: „Die große Umrisslinie läßt an Hilflosigkeit nichts zu wünschen übrig."

Architekt Zucker schreibt: „Die Schönheit des Bauwerkes liegt nicht in der Größe des Maßstabes, sondern vor allem in der rhythmischen Bestimmtheit der Bewegung in der Seitenansicht. Die beschwingte Bewegung des Linienzuges ist künstlerisch überaus wirksam." In seinem Buch schreibt er weiters: „Die Brücke scheint mit der Landschaft durch die Schwingung der Untergurte und des einge-

for human needs should be the prerequisites for innovative action.

The courage to go public

Moreover, I think that civil engineering urgently needs a qualified public platform. Nobody knows exactly what engineers do. Therefore we need to explain our work to the public in comprehensible terms, avoiding technical jargon and remaining open for discussion and criticism, even if it is negative.

In his book *Ästhetik im Brückenbau* (Aesthetics in Bridge Construction) Hartmann precisely describes how diverse criticism can sometimes be. The passages quoted below deal with the evaluation of the huge railway

bridge across the Firth of Forth, with two architects of that period (Wehner and Zucker) arguing about the quality of the bridge. According to Wehner, "The bridge wallows over the delicately carved shores of this firth like a monster of prehistoric times, ignoring the scale of the landscape and the things in it catching the viewer's eye. It stands aside of this scale and rolls across the fragile nature of this site with dreadful vehemence, smashing it to pieces." Later he remarks that "The huge outline leaves nothing to be desired in terms of helplessness."

According to Zucker, "The beauty of this building does not lie in its scale but in the rhythmical definition of its movement when seen from the side. The oscillating movement

of its outline also has something artistic about it." In his own book he continues: "Through its curving bottom chord and suspended beams the bridge seems to be naturally connected with the surrounding landscape. The railway line appears to be the homogeneous backbone of the entire structure, although it sits above the girders, in the middle of the cantilevered beams and below the hinged beams."

While in one review the outline is regarded as entirely helpless, in the other it works well from the artistic point of view. In one case it smashes the landscape but in the other is naturally connected to it!

Criticism of civil engineering also requires a knowledge of the subject, possibly the main

13

14

14

hängten Balkens ganz natürlich verbunden. Die Fahrbahn wirkt einheitlich als Rückgrat des ganzen Bauwerkes, obwohl sie bei den Balkenträgern oben, bei den Auslegerträgern in der Mitte und bei den eingehängten Trägern unten liegt."

Also einmal lässt die Linienführung an Hilflosigkeit nichts zu wünschen übrig, das andere Mal ist sie künstlerisch überaus wirksam. Bei dem einen zerschlägt die Brücke die Landschaft, beim anderen ist sie natürlich mit ihr verbunden.

Kritik an der Ingenieurbaukunst verlangt auch ein Wissen darüber – das ist wohl der Hauptgrund, warum sie so selten umfassend und fundiert ist.

Teamarbeit

Unbedingt notwendig ist die konsequente Vernetzung von Planungen aller Disziplinen. Es darf kein Neben- oder Hintereinander von Ideen geben, die nicht einmal den geringsten innovativen Ansprüchen genügen. Gerade die Brückenarchitektur hat deutlich erkennbare Wurzeln in der funktionalistischen Modernen.

Im *Handbuch der Ingenieurwissenschaften* von 1904 (!) stehen im Teil Brückenbau unter dem Abschnitt „Verhältnis zwischen Technik und Kunst" die folgenden Sätze: „... es ist Voraussetzung, dass Brücken neben der wissenschaftlichen Behandlung einer künstlerischen Auffassung unterworfen werden können und sollen. Kostenersparnis wird immer stärker als das oberste Gebot im Bauwesen betont und deshalb jede Rücksicht auf Schönheit grundsätzlich verbannt, weil sie angeblich stets Geld kostet. Wenn der Ingenieur nicht durch eigene Studien in den Stand gesetzt ist, die bei seinen Werken vorkommenden künstlerischen Aufgaben vollständig zu lösen, so sollte er doch zumindest so viel Liebe und Verständnis für die Sache haben, um die Grundzüge eines Bauwerkes künstlerisch abzuwägen und vorzubereiten und nötigenfalls mit Hilfe eines Architekten im einzelnen auszuarbeiten. Oder es müssen Ingenieure und Architekten das Bauwerk von vornherein gemeinsam entwerfen, damit letzterer schon bei den Grundlinien ästhetische Rücksichten zur Geltung bringe, andererseits aber auch die technischen und wirtschaftlichen Gedanken

15

reason why it is so rarely profound and substantial.

Teamwork

The consistent linking of all disciplines involved is absolutely necessary. Ideas that do not come up to even the lowest standards in terms of innovative quality should be ruled out from the very beginning. The design of bridges in particular has clearly defined roots in functional modernism.

A construction manual on bridge design published in 1904 (!) contains a chapter about the relationship between technology and art that reads as follows: "... it is a requirement that bridge design, besides its scientific treatment, should be considered from an artistic point of view. Cost efficiency is increasingly becoming the decisive factor in building and therefore every consideration of beauty is categorically banned as it, allegedly, costs more money. If his own studies do not enable the engineer to solve the artistic problems he encounters during his work, he should at least have enough love and affection for his cause to assess and prepare the basic configurations of a building in an artistic way, and if necessary work in co-operation with an architect. Or engineers and architects should embark on the design of a building as a team so that the latter may point out aesthetic considerations during the initial phase and on the other hand learn to comprehend the engineer's economical and technical way of thinking, making it the basis of their further artistic development."

I have also realised that there should be an ongoing exchange of ideas and thoughts with our partners even when there is no immediate need. The famous engineer Ove Arup once told me that every now and then he used to meet with architects, clients, construction companies and public authorities in a casual way, even without any specific project, just to keep an open dialogue going. He and everybody else involved benefited immensely from it.

The client

We all know that clients frequently have other things on their minds than the art of civil

16

16

des Ingenieurs verstehen lerne und zur deutlichen Grundlage bei der weiteren künstlerischen Ausbildung mache."

Darüber hinaus habe ich festgestellt, dass über unsere Ideen und Vorstellungen ein ständiger Gedankenaustausch mit unseren Partnern stattfinden muss, auch wenn dazu nicht immer ein unmittelbarer Anlass besteht. Der berühmte Ingenieur Ove Arup hat mir einst erzählt, dass er sich immer wieder in gewissen Zeitabständen in lockerer Form, auch ohne den Zwang eines aktuellen Projektes, mit Architekten, Ausführenden, Behörden und potenziellen Bauherren getroffen hat, nur zu dem Zweck, mit ihnen einen zwanglosen Dialog zu führen. Dieser hat ihn selbst und alle Beteiligten ungemein bereichert.

Bauherren

Wir wissen alle, dass der Bauherr und Auftraggeber sehr oft andere Interessen als die Ingenieurbaukunst hat. Er wünscht sich Ökonomie, Sicherheit und optimale Funktionalität der Bauwerke. Wir aber wollen – hoffentlich – mehr: Qualität, Kreativität, Verträglichkeit mit Umraum und menschlichen Bedürfnissen – Dinge, die oft mit wirtschaftlichen Maßstäben nicht zu messen sind. Daraus entstehen Konflikte und der Ingenieur hat die schwierige Aufgabe, den Auftraggeber für eine qualitativ hochstehende Ingenieurleistung zu gewinnen.

Gesetzgebung

Es ist unbedingt eine Lockerung der Vorschriften

im Sinne der Zuweisung größerer Verantwortung an den konstruierenden Ingenieur und die Bauindustrie anzustreben. Wir werden nämlich keinesfalls durch Regeln erreichen, dass unsere Bauwerke schöner und besser werden. Ich meine, dass eine Vorschrift nur dann Sinn hat, den Konstrukteuren weitgehend freie Hand lässt und Sicherheit bietet, wenn sie sich darauf beschränkt, die von einer ausgereiften Technik definierten Regeln zu interpretieren. Andernfalls ist sie ein Klotz am Bein.

Mut zum Ingenieurbau-Wettbewerb

Es gibt immer noch viel zu wenige Wettbewerbe für Ingenieurbauten. Ein Wettbewerb soll als Resultat bessere Bauwerke ergeben und nicht zusätzliche Aufträge an Planer.

engineering. They ask for economy, reliability and optimum functionality in their buildings. Hopefully, though, we desire more: quality, creativity, compatibility with the environment and human needs—aspects that often cannot be measured on an economic scale. Hence conflicts arise, and the engineer has the delicate task of winning the client over for an engineering achievement of high quality.

Legislation

There is no doubt that we have to aim at a relaxation of building regulations that will assign the structural engineers greater responsibility. Using existing legislation we will never live to see our buildings becoming more beautiful or better. I think that regulations

only make sense, leave the designer adequate freedom and offer sufficient safety when they are restricted to the interpretation of rules based on proven knowledge. Otherwise they are nothing but a millstone around a designer's neck.

The courage to hold engineering competitions

There are still not enough competitions in the field of structural engineering. The result of a competition should always be a better building, not additional contracts for the designers. However, for a client a competition means higher initial expenditure in terms of money and time than a direct commission. Therefore a client will only be willing to hold a competition if he is convinced that he will obtain

17

design proposals of the highest possible quality. Where commissions are secured through competition rather than fee negotiations the designers make special efforts, from which the client ultimately benefits as he can choose the most suitable solution out of a number of well-engineered proposals.

Competitions in structural engineering must be held on an interdisciplinary basis. This only makes sense if all the participants invited are able to contribute on an equal level, as only a fruitful combination of all disciplines will provide an optimum solution. On no account should budgetary thinking be the main focus of a design competition. Satisfactory structural engineering and economic efficiency, though, do not necessarily contradict each other. This

19

Er bedeutet jedoch für den Bauherrn vorerst größeren Aufwand an Geld und Zeit als bei Erteilung eines Direktauftrags. Er wird daher nur dann dazu bereit sein, wenn er die Garantie hat, dass er durch dieses Verfahren höchste Qualität an Entwurfsarbeit erhält. Muss man sich nämlich Aufträge in einem Gestaltungswettbewerb erkämpfen und nicht in einem Honorarstreit werden Sonderanstrengungen geleistet. Von diesen profitiert letztlich der Bauherr, weil es sogar mehrere ausgereifte Lösungen einer gestellten Aufgabe gibt und er sich die für ihn am besten Geeignete aussuchen kann.

Wettbewerbe für Ingenieurbauten müssen unbedingt interdisziplinär ausgeschrieben werden, was jedoch nur dann einen Sinn hat, wenn die geladenen Teilnehmer gleiches Gewicht haben. Denn lediglich eine geglückte Verknüpfung aller Disziplinen ergibt eine optimale Lösung. Auf keinen Fall darf bei einem Entwurfswettbewerb vorwiegend ökonomisches Denken im Vordergrund stehen. Guter Ingenieurbau und Wirtschaftlichkeit müssen keine Gegensätze sein. Dieser Grundsatz kann bereits in der Ausschreibung, der Gewichtung der Begutachtungskriterien und in der Besetzung der Jury zum Ausdruck kommen. Darüber hinaus ist eine Trennung in einen Entwurfswettbewerb und einen folgenden Bieterwettbewerb der prämierten Entwürfe gemeinsam durch Planer und Bauausführende dringend zu empfehlen.

Obwohl im zwanzigsten Jahrhundert zuneh-

mend Angst und Misstrauen gegenüber der Technik aufgekommen sind – während wir immer stärker von Technik abhängig werden –, sind wir doch von Brücken fasziniert. In der Geschichte der Menschheit haben Brücken schon immer eine besondere Rolle gespielt. Schon unsere Vorfahren aus grauer Vorzeit haben Brücken gebaut, indem sie einen Baum fällten, um einen Fluss oder ein anderes Hindernis zu überschreiten.

Bis zur heutigen Zeit zeigt die Geschichte des Brückenbaus, welche schönen und genialen Ideen die Baumeister und Ingenieure entwickelt haben, um von einem Ort zum anderen zu kommen. Viele Brücken sind zu Symbolen oder Wahrzeichen geworden. Es ist nahezu unmöglich, sich den Hafen von Sydney, den

basic principle can be laid down in the competition documents as well as by emphasising the relevant assessment criteria and carefully selecting the members of the jury. Furthermore, it is highly recommended that there should be a separate design competition and a subsequent tender competition, in which the designers of the entries premiated in the design competition should work in teams with construction companies.

Although an increasing distrust and fear of technology took hold in the 20th century—while we grew more and more dependent on it—we still remain fascinated by bridges. In the history of mankind bridges have always played a key role, our ancestors in distant times used to build bridges by cutting trees in

order to overcome a river or any other kind of obstacle.

Up to the present day the history of bridge construction demonstrates beautiful and brilliant ideas developed by engineers and builders in order to get from one place to another. Many bridges have become symbols or landmarks. It is nearly impossible to picture Sydney Harbour, the Firth of Forth in Scotland or the Salgina Canyon (Salginatobel) in Switzerland without the bridges that span them, and in no way can it be claimed that they did any harm to their natural surroundings.

Today's bridges look very different to those of the past. Apart from the multitude of technological innovations, this is accounted for by

the high speed at which we move across them. Our forefathers used to walk or travel in horse carriages. Today we drive cars or ride in trains advancing with enormous velocity. This alone requires a different position of the bridge within a proposed route and therefore a different location in the landscape. Furthermore, in our society, with its close relationship to technology and the science of engineering, bridges still hold a special significance.

That is why I love dreaming about bridges.

20

21

Firth of Forth in Schottland oder die Salgina Schlucht (Salginatobel) in der Schweiz ohne jene Brücken vorzustellen, die sie überspannen. Und man kann keineswegs behaupten, dass sie der Natur und ihrer Umgebung Schaden zugefügt hätten.

Heute sehen Brücken ganz anders aus als früher. Dies hat neben den vielen technischen Möglichkeiten auch mit der Geschwindigkeit zu tun, mit der wir sie überqueren. Unsere Vorfahren gingen zu Fuß oder fuhren mit dem Pferdewagen. Heute bewegen wir uns mit dem Auto oder der Eisenbahn mit enormer Geschwindigkeit darüber. Das allein bedingt eine andere Stellung der Brücke im Zuge einer Wegeführung und somit ihrer Lage in der Landschaft. Darüber hinaus hat sie auch

in unserer heutigen Gesellschaft mit ihrem außergewöhnlichen Naheverhältnis zu Technik und Ingenieurwissenschaft einen ganz besonderen Stellenwert.

Und darum träume ich gerne von Brücken.

22

Abbildungen

1 Pons Salarino über den Anio bei Rom
2 Brücke Nepal
3 Ponte Vecchio, Florenz (1345)
4 Brücke, Mostar, Bosnien-Herzegowina (1566)
5 Salgina Tobelbrücke, Schweiz
6 Rosanna-Brücke, Strengen, Vorarlberg
7 Brücke West-Virginia (1875)
8 Brücke über den Kitoj, Sibirien (1898)
9 Leichte Behelfsbrücke
10 Severnbrücke, England (1777)
11 Brückeneinsturz Quebec
12 Golden Gate Bridge, San Francisco
13 Firth of Forth Bridge, North Queensferry
14 Fußgängerbrücke Bilbao
15 Brücke Maracaibo-See, Venezuela
16 Millenniumsbrücke London
17 Brücke über die Menai-Straße
18 Millau-Brücke, Südfrankreich
19 Fußgängerbrücke Bedford
20 Sacramento River Trail Fußgängerbrücke, Kalifornien
21 Brücke aus Weidengerten
22 Kragbrücke im Parotal in Bhutan

Illustrations

1 Pons Salarino over the river Anio near Rome
2 Bridge in Nepal
3 Ponte Vecchio, Florence (1345)
4 Bridge, Mostar, Bosnia-Herzegovina (1566)
5 Salginatobel Bridge, Switzerland
6 Rosanna Bridge, Strengen, Vorarlberg, Austria
7 Bridge in West Virginia, USA (1875)
8 Bridge over the Kitoj, Sibiria (1898)
9 Light temporary construction bridge
10 Bridge over the Severn, England (1777)
11 Collapsed bridge, Quebec, Canada
12 Golden Gate Bridge, San Francisco, USA
13 Railway bridge over the Firth of Forth, Scotland (1890)
14 Footbridge Bilbao, Spain
15 Bridge over Lake Maracaibo, Venezuela
16 Millennium Bridge, London, England
17 Menai Strait Bridge, Wales
18 Millau Bridge, southern France
19 Footbridge, Bedford, England
20 Sacramento River Trail Pedestrian Bridge, California, USA
21 Bridge made of willow rods
22 Cantilever bridge in Parotal, Bhutan

What is Truth?
Was ist Wahrheit?

Günther Feuerstein

„Was ist Wahrheit?", fragt Pontius Pilatus den angeklagten Jesus (Joh 18,38). Und die Antwort? Vergeblich suchen wir sie in den folgenden Versen.

Was ist Wahrheit? Ist das eine Frage, die den Architekten, den Konstrukteur überhaupt interessiert? Wo doch in den Künsten auf weite Strecken scheinbar die Unwahrheit regiert: Alles, was unser Herz und Gemüt bewegt, beruht auf Unwahrheit: Rembrandts *Nachtwache* ist ein farbliches Täuschungsmanöver, in Michelangelos *David* ist keine Spur von Fleisch und Blut und Bruckners *Fünfte* ist aus physikalischen Schwingungen zusammengesetzt, Hamlet stirbt nicht wirklich und in *Metropolis* flimmern gar nur Lichtflecken über eine weiße Fläche. Trotzdem sind wir bewegt,

erschüttert, begeistert – wie ist das möglich? Die äußere technologische „Lüge" wird überbaut, überstrahlt von einer „Wahrheit, die wahrer ist als die reine Wahrheit" (Francis Bacon), von der großen inneren Wahrheit der Kunst. Botschaften erreichen uns, die in das Innerste unserer Existenz vordringen. Allerdings: In jedem Moment der Rezeption ist mir, in einer bestimmten Bewusstseinsebene, dennoch die Täuschung bewusst.

Aber in der Architektur als der einzigen Kunst (wenn wir, entgegen Adolf Loos, dabei bleiben, dass sie eine Kunst ist) – haben wir es doch mit der absoluten Realität, mit der konkreten Wirklichkeit, zu tun? Und daher verlangen wir auch Wahrheit? Oder vielmehr: Daher können wir der Wahrheit nicht entfliehen?

In den sechziger Jahren des vorigen Jahrhunderts haben wir dieses Thema leidenschaftlich diskutiert: Alles, was wir in der gebauten Umwelt sehen, müsse „Wahrheit" sein, das heißt: eine korrekte, eindeutige Information vermitteln. Holz muss wie Holz ausschauen, direkt aus Wald oder Sägewerk oder Hobelmaschine (wehe dem Pilzbefall), Stahlprofile müssen unverkleidet bleiben (wehe dem Brandschutz) und Beton – selbstverständlich Sichtbeton – schalrein (wehe dem Armierungsrost und den Regenflecken).

Ohne Bedenken haben wir den Illusionismus der Renaissance, des Barock schlichtweg abgelehnt, haben wir jede Art der Verkleidung, der Vortäuschung, der Camouflage, der Präparierung als Sakrileg wider die Wahrheit

"What is truth?", Pontius Pilate asked the accused Jesus (John 18/38). In the following verses we look for the answer in vain.

What is truth? Is an architect or engineer interested in this question at all, considering that art is dominated by what is untrue most of the time? Everything that touches our hearts and souls is based on untruths: Rembrandt's *Nightwatch* is a coloured deception, in Michelangelo's *David* there is not a trace of flesh and blood, and Bruckner's *Fifth Symphony* is composed of physical oscillations. Hamlet does not really die and in *Metropolis* only bright spots of light flicker across a white screen. Still, we are moved, shocked, excited. How is that possible? The outer technological "lie" is covered or eclipsed by a "truth, truer than

the literal truth" (Francis Bacon), by the huge inner truth of art; we are reached by messages that gain access to the innermost core of our existence. Though at every single moment of reception we are, on a certain level of our consciousness, aware of this illusion.

But is not architecture the only art form (if we, contrary to Adolf Loos, maintain that it is art) that is concrete and confronts us with absolute reality? Is this the reason why we expect it to be true? Or rather, is that why we cannot escape truth?

In the 1960s we were discussing this topic passionately: Everything visible in the built environment had to be "true", meaning it was supposed to communicate correct and explicit

information. Wood has to look like wood, as if it came directly from the forest, the sawmill or the planing machine (beware of fungal decay), steel sections should not be encased (beware of fire) and concrete naturally had to be fair-faced concrete (beware of rusting of the reinforcement and weathering stains).

Without thinking twice we utterly rejected the illusionisms of the Renaissance and Baroque, damned any kind of cladding, delusion, camouflage or preparation as a sacrilege against truth in architecture. Admittedly we were amazed to see that even Adolf Loos tolerated cladding of materials. And it also took us by surprise that Mies van der Rohe, allegedly a true functionalist, applied steel sections like Baroque pilaster

in der Architektur verteufelt. Freilich haben wir mit Überraschung zur Kenntnis genommen, dass selbst Adolf Loos die Bekleidung von Materialien toleriert hat. Und ebenso überrascht waren wir, dass der große, angebliche Funktionalist Mies van der Rohe die Stahlprofile wie barocke Lisenen auf die nicht sichtbare (weil brandgeschützte) Konstruktion appliziert hat.

Trotzdem: Wir forderten die Wahrheit! Das heißt, dass jede sichtbare Konstruktion eine richtige, präzise Information über den statischen Sachverhalt vermitteln musste: keine ästhetischen Über- oder Unterdimensionierungen, keine heimlichen Hilfskonstruktionen, keine Verschleierungen, keine Krücken, keine Beschönigungen haben wir geduldet.

Nein, es ging nicht nur darum, dass die Konstruktion einfach hält, standfest, solid ist, sondern die Art und Weise, wie sie es tut, musste dem Betrachter richtig, wahrhaftig und eindeutig mitgeteilt werden.

Nun war es aber nicht zu vermeiden, dass ästhetische Vorstellungen (leicht oder wuchtig, schlank oder massiv, monumental oder klassisch, traditionell oder modern) mit diesen Wahrheitsprinzipien nicht immer zu vereinbaren waren, denn der Wandel der klassischen Architekturästhetik, um die Mitte des 19. Jahrhunderts beginnend, war keineswegs schon vollendet, die Konstituierung einer neuen Ästhetik ist nach wie vor ein unvollendetes Projekt. So also drängten die Architekten die Konstrukteure an die Wand: Gibt's denn

keine Stahlbetonsäule unter 20 cm Durchmesser? Gibt's keine Raumfachwerke mit 20 mm Rohrdurchmesser? Gibt's keine freien Auskragungen über 30 m?

Die Konstrukteure ihrerseits gingen aber zum Gegenangriff vor: Sie erfanden, entwickelten, errechneten, phantasierten Konstruktionen, mit denen sie die Architekten weit links überholten, die gleichwohl wahrhaftig waren! Aber waren sie das auch immer?

Kann die Pilatus-Frage aus der Ästhetik-Bibel eliminiert werden? Nein, noch immer steht das Problem als ein Meta-Ästhetisches im Raum.

Sind die Konstruktionen eines Pier Luigi Nervi, eines Felix Candela, um nur zwei Beispiele

strips onto a non-visible (fire protected) construction.

Still: We wanted truth! Which meant that every visible element in construction had to provide correct and precise information in terms of the structural conditions. We tolerated neither over- nor undersizing for the sake of aesthetics, nor hidden support structures, disguises, crutches or embellishments.

No, it was not only about structures that should simply be stable and solid, but about how this was to be communicated to the spectator as clearly, truthfully and unambiguously as possible.

However, it was impossible to avoid that

aesthetic concepts (light or bulky, slender or massive, monumental or classic, traditional or modern) were not always in line with these principles of truth. The change in classic architectural aesthetics, starting in the middle of the 19th century, had by no means been completed; in fact, the constitution of a new aesthetic value system remains an unfinished project. So architects put engineers to the wall: Isn't there a concrete column with a diameter less than 20 centimetres? Aren't there any space frames using 20 millimetre tubes? Isn't there a cantilever of more than 30 metres?

Engineers, on their part, launched a counterattack: They started to invent, develop, calculate and imagine structures on their own, out-

stripping architects by far, at the same time staying true to their principles! But did they always?

Can the question of Pilate be eliminated from the bible of aesthetics? No, the problem, which is a meta-aesthetical one, is still unresolved.

Can the structures of Pier Luigi Nervi or Felix Candela, to name just two examples, be comprehended only in terms of the rationality of their construction, and does the artistic selection out of a vast pool of possibilities suffice to guarantee the translation of an idea into a work of architecture? If that were the way things are, and every single structure were mathematically and structurally optimised, all sports halls with a span of 60 metres

zu nennen, nur und einzig und allein aus der Rationalität der Konstruktion zu deuten, und genügt die künstlerische Selektion aus einem riesigen Repertoire der Möglichkeiten, um die Transferierung in ein Werk der Baukunst zu garantieren? Wenn dem so wäre und jede Konstruktion mathematisch determiniert und statisch optimiert wäre, dann müssten ja etwa alle Sporthallen mit 60 m Spannweite in der ganzen Welt gleich ausschauen. Dankenswerterweise tun sie das nicht.

Wo also liegt die kreative Variationsbreite der Konstruktion, die über die bloße Selektion hinausgeht? Wie groß ist der formale Aspekt beim Centre Pompidou in Paris? Als statische Laien fehlt uns die Möglichkeit der Überprüfung des Wahrheitsgehalts der Konstruktion,

aber der hohe ästhetische „Reiz" lässt den Verdacht aufkommen, dass nicht jedes Detail der Berechnung entspringt. Ist es nur das „corriger la fortune" der Konstruktion – hier eine Trosse mehr, da eine kleine Rundung, dort ein Stab dazu – oder ist es mehr: die Schaffung einer neuen Ästhetik im Spannungsfeld zur Statik? Viele der Konstruktionen und Bauten von Santiago Calatrava scheinen aus der Statik allein unmöglich erklärbar. Jedoch: „Man merkt die Absicht und ist verstimmt" – wenn wir den Verdacht haben, dass eben Form nicht als Form an sich, sondern als Ratio verkauft wird. In der Barockarchitektur sind wir uns darüber im Klaren: Es ist nicht der Pilaster mit Basis und Kapitell, an der Mauer appliziert, der trägt, sondern die dahinter liegende Ziegelmauer, und über diesen Sachver-

halt besteht kein Zweifel und wir akzeptieren die Metapher des Tragens. Mies van der Rohe hat es nochmals versucht, aber heute fällt es uns schwer, neue Metaphern zu konstituieren.

„Corriger l'esthétique": Eero Saarinen ist beim Eishockey-Stadion in Yale mit der rationalen Konstruktion Fred Severuds keineswegs einverstanden: Er fügt noch ein Schwanzerl an und verwandelt die Schildkröte in einen Vogel! Was ist Wahrheit?

Wie sehen wir nun das Dach, das wunderbare „Schiff der Kirche" auf Le Corbusiers Wallfahrtskirche von Ronchamp? Halten wir es für eine Betonschale (etwa im Sinne Candelas)? Dann wären wir freilich falsch informiert – es ist einfach ein skulpturales Betongebilde.

would have to look the same all over the world. Fortunately, they do not.

But then how can the broad creative range of construction that goes beyond mere selection be accounted for? How crucial were formal aspects for the Centre Pompidou in Paris? As amateurs, uneducated in structural science, we lack the ability to verify the structure's validity, but its high aesthetic appeal nurtures the suspicion that not every detail was shaped purely by calculation.

Is it just *corriger la fortune* of the structure—one more truss over here, another curvature, an additional rod over there—or is it more than that? The establishment of new aesthetics in a field of tension with structural engineering?

Corriger l'esthétique: Eero Saarinen does not at all approve of the rational structure of the hockey stadium by Fred Serverud in Yale: By

It seems impossible to explain many of the structures and buildings of Santiago Calatrava from a structural point of view alone. Still, "one realises the intention and is annoyed" whenever one's suspicion is aroused that form is not intended as pure form but as ratio essendi. In Baroque architecture we are aware of the fact that it is not the pilaster with its base and capital applied to the wall that bears the load, but the brick wall behind it. There has never been any doubt about this, and we accept it as a metaphor of bearing. Mies van der Rohe tried to do it again, but nowadays we find it difficult to constitute new metaphors.

attaching a tiny twirl, he turns the turtle into a bird! What is truth? How do we experience the roof, the magnificent "Ship of the Church" of Le Corbusier's pilgrimage church in Ronchamps? Do we perceive it as a concrete shell (in Candela's sense)? If so we are misled —it is no more than a concrete sculpture.

This takes us already to the next chapter.

"Deconstructivists", with Coop Himmelb(l)au at their head, are faced with a totally different problem: Their expressive struts, their shifting, pushing and pitching have never even pretended to be "true". We simply know that we are in a realm of spatial fantasy. Hence, where playfulness, irony, fantasy and incidence become evident and recognisable, our ques-

Damit nähern wir uns schon dem nächsten Kapitel.

Ganz anders liegt das Problem bei den „Dekonstruktivisten", allen voran den Coop Himmelb(l)aus: Ihr expressives Gestänge, Geschiebe, Gedränge, Gestürze gibt ja gar nicht erst vor, „wahre" Konstruktion zu sein, sondern wir wissen, dass wir uns im Bereich der räumlichen Phantastik bewegen. Dort, wo also Spiel, Ironie, Phantasie, Inzidenz erkennbar, durchschaubar sind, darf unsere Frage nach der rationalen „Wahrheit" verstummen. Traum, Spiel, Phantasie bewegen sich nun auf einer ganz anderen Ebene der „Wahrheit", verwandt jener, die eingangs im Zusammenhang mit den anderen Künsten zitiert wurde. Und ähnlich wie in der Barockarchitektur und im

Expressionismus – beide dem Dekonstruktivismus verwandt – ist es eine Wahrheit höherer Ordnung, eine mehrwertige Wahrheit, eine metarationale Wahrheit, mit der wir diesen Architekturen begegnen. Die Verunsicherung ist durchaus kalkuliert, ja sie ist elementarer Bestandteil dieser Architekturen.

Ach so, ich soll einen Beitrag über Wolfdietrich Ziesel schreiben! Aber um ihn geht es ja schon die ganze Zeit!

Denn ich habe den Verdacht, dass wir bei seinen Konstruktionen die längst vergessene Frage nach der Wahrheit stellen dürfen und trotzdem vor Werken einer faszinierenden, einer neuen, einer gleichsam spirituellen Ästhetik stehen. Ich habe weiters den Ver-

dacht, dass Wolfdietrich Ziesel es nicht nötig hat, mit Tricks, mit Täuschungen, mit Korrekturen zu arbeiten, aber seine Werke trotzdem, oder gerade deswegen, in der Ebene einer neuen Rezeption des „Schönen" liegen (verwenden wir ruhig diesen scheinbar altmodischen Ausdruck).

Und ich bin sicher, dass Wolfdietrich Ziesel die geläufigen Begriffe einer Alltagssprache der Konstruktion in eine neue Irrationalität transferiert. Das heißt: „Tragen" ist nicht nur eine statische Formel, sondern – wie die Atlanten im Belvedere in Wien zeigen – ein existenzielles Schicksal, „Spannen" ist nicht nur Ausnützung der Zugkraft, sondern ein psychischer Zustand, „Transparenz" ist nicht nur durchscheinendes Glas, sondern Gleichnis,

tions as to rational "truth" may fall silent. Dreaming and playing belong to an entirely different level of "truth" which is more related to the one mentioned in the beginning, in the context of different art forms. And as in Baroque architecture and Expressionism, both of which are somehow related to Deconstructivism, it is truth of a higher order, a kind of multidimensional or metarational truth we use to approach these forms of architecture. It is disconcertion deliberately calculated, an elementary component of such buildings.

Oh! I am supposed to be writing an essay on Wolfdietrich Ziesel. But indeed that is what I have been doing all along.

I assume that when it comes to his structures

we are allowed to ask the long forgotten question as to truth once again, in the face of a fascinating, new, and somehow spiritual concept of aesthetics. I also assume that Wolfdietrich Ziesel does not need to rely on tricks, illusions and corrections. Despite or maybe even because of that, his work encourages a new reception of "beauty" (why not use this seemingly outdated expression).

I am convinced that Wolfdietrich Ziesel transfers familiar terms of architecture's everyday language into a new realm of irrationality. This is to say that "bearing" does not only refer to a constructive formula, but is, as is exemplified by the Atlantes in the Vienna Belvedere, an existential destiny; "spanning" is not the exploitation of tensile forces, but a

mental condition; "transparency" is not only translucent glass, but an allegory of and a yearning for life; "light" is not only a lux-based value, but a metaphysical quality, an opening towards the divine, a connection between heaven and earth, like in Gothic cathedrals or Baroque domes. And still, all these qualities do not fundamentally oppose measurement and order. As early as in the fifth century B.C., the Pythagoreans considered geometry, numbers and beauty to be an inseparable unity. In the third century, however, Plotin thought this definition to be incomplete: "What, by the assembly of many parts, is to become one whole is arranged to form a uniform structure by the idea." And a hundred years later Augustine postulated *ordo*, according to which God had ordered

Wunsch, Sehnsucht des Lebens, „Licht" ist nicht nur hohe Lux-Zahl, sondern metaphysische Qualität, Zugang zum Göttlichen, Verbindung von Himmel und Erde, wie es der gotischen Kathedrale, der barocken Kuppel gelungen ist. Allein: Alle diese Qualitäten widersetzen sich nicht grundsätzlich der Zahl, dem Maß, der Ordnung. Schon für die Pythagoräer im fünften vorchristlichen Jahrhundert waren Geometrie, Zahl und Schönheit eine untrennbare Einheit. Aber für Plotin im dritten Jahrhundert ist diese Definition unvollständig: „Was durch Zusammensetzung aus vielen Teilen zu einer Einheit werden soll, das ordnet die Idee zu einem einheitlichen Gefüge." Und Augustinus, hundert Jahre später, postuliert die „Ordo", nach der Gott alles „nach Maß, Zahl und Gewicht" angeordnet hat.

Ich glaube nicht, dass Wolfdietrich Ziesel – und damit gleicht er den Künstlern – eine ästhetische Theorie liefern kann, vielleicht Aphorismen, die den Zugang zur „Aisthesis", zur Wahrnehmung seiner Werke erleichtern. Ich kann mir auch vorstellen, dass Wolfdietrich Ziesel meinen theologischen Exkursen überhaupt nicht zustimmt und er sich selbst ganz anders interpretiert. Indes: Das ewige Schicksal des Produzenten ist es, dass seine Werke Freiwild für den Konsumenten, den Interpreten, sind. Und wir haben auch das Recht, etwaigen Interpretationen der Künstler keinen Glauben zu schenken – und vice versa.

Biblisch habe ich begonnen, scholastisch möchte ich schließen: „Pulchrum splendor veritatis", heißt es bei Thomas von Aquin, das

Schöne ist der Schein, der Abglanz, der Reflex der Wahrheit. Also kehre ich zurück zu der Idee der Wahrheit, wie immer wir diese heute auch definieren mögen.

Keineswegs habe ich mich aber von Wolfdietrich Ziesel entfernt, denn ich glaube, dass er, ohne doktrinär, puritanisch zu sein, in seinen Werken eine neue Wahrheit, eine neue Schönheit und damit eine neue Transzendenz des Bauens aufzeigt.

everything "on the basis of measurement, figure and weight".

I do not believe that Wolfdietrich Ziesel—and in this respect he is like an artist—can provide an aesthetic theory. He may come up with aphorisms facilitating the approach to *aisthesis*, the perception of his work. I can even imagine that Wolfdietrich Ziesel does not agree at all with my theological excursions and that he would interpret himself in a completely different way. But it is a creator's eternal destiny that his products are easy game for the consumer or the interpreter. We do have the right to distrust the interpretations of artists, and vice versa.

I started with the Bible and I will end scholastically: *"Pulchrum splendor veritatis,"* beauty is the semblance, the reflection of truth, says Thomas Aquinas. This makes me come back to the idea of truth, whatever definition may be assigned to it nowadays.

At no point, though, have I digressed from Wolfdietrich Ziesel, for I think his work stands for a new truth, a new beauty, and therefore a new transcendence in building, without his being doctrinaire or puritanical.

Überbrückt	Ort	Länge	Material	Auftraggeber	Architekten	Status
Spans	Location	Length	Material	Client	Architects	Status
Traun	Wels	98 m	Stahl	Stadt Wels	ARTEC –	Wettbewerb
	Upper Austria		Steel	City of Wels	Richard Mahnal,	Competition
					Bettina Götz	

002

Traunsteg

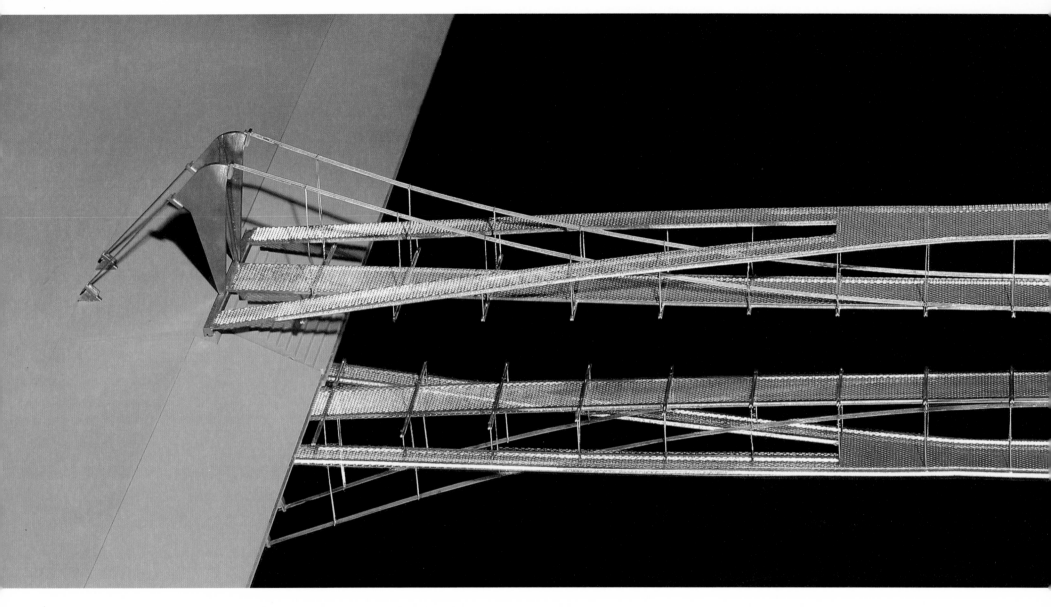

Es soll eine attraktive Fußgänger- und Radfah-
rerverbindung zwischen Wels und Thalheim
über die Traun gefunden werden. Die Idee
ist, funktionelle Erfordernisse und konstruktives
Konzept zur Übereinstimmung zu bringen.

Aus einem funktionellen Vorteil – der klaren
Trennung von Fuß- und Radweg – wird ein
statisches Konzept entwickelt, welches ohne
Mittelpfeiler sehr transparent den grünen
Flussraum überspannt.

Der Entfall eines Pfeilers im Fluss bedeutet
neben der wesentlich besseren Gestaltung
eine erhebliche Einsparung gegenüber der
Fundierung und Errichtung desselben in
Flussmitte.

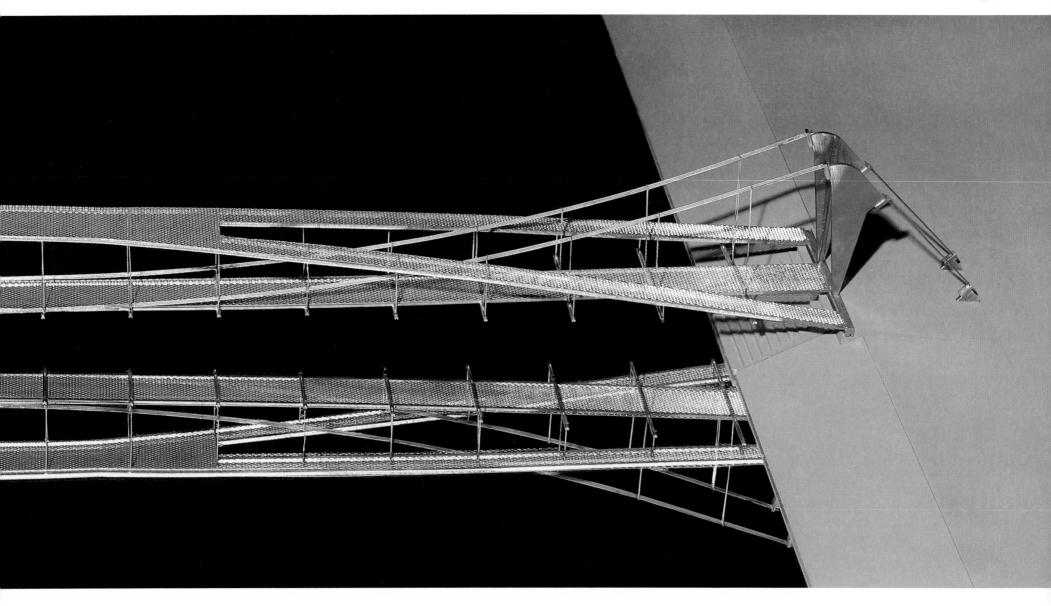

The aim was to develop an attractive route for pedestrians and cyclists across the Traun, linking Wels and Thalheim. The main design idea was to combine the given functional requirements with the structural necessities of the bridge.

The creation of separate lanes for pedestrians and cyclists offers a clear functional advantage and was used as a starting point for the development of a structural concept that allows the river to be spanned without a pier in the river bed.

Dispensing with a centre pier has not only resulted in a much better design, but also means a significant reduction of construction costs.

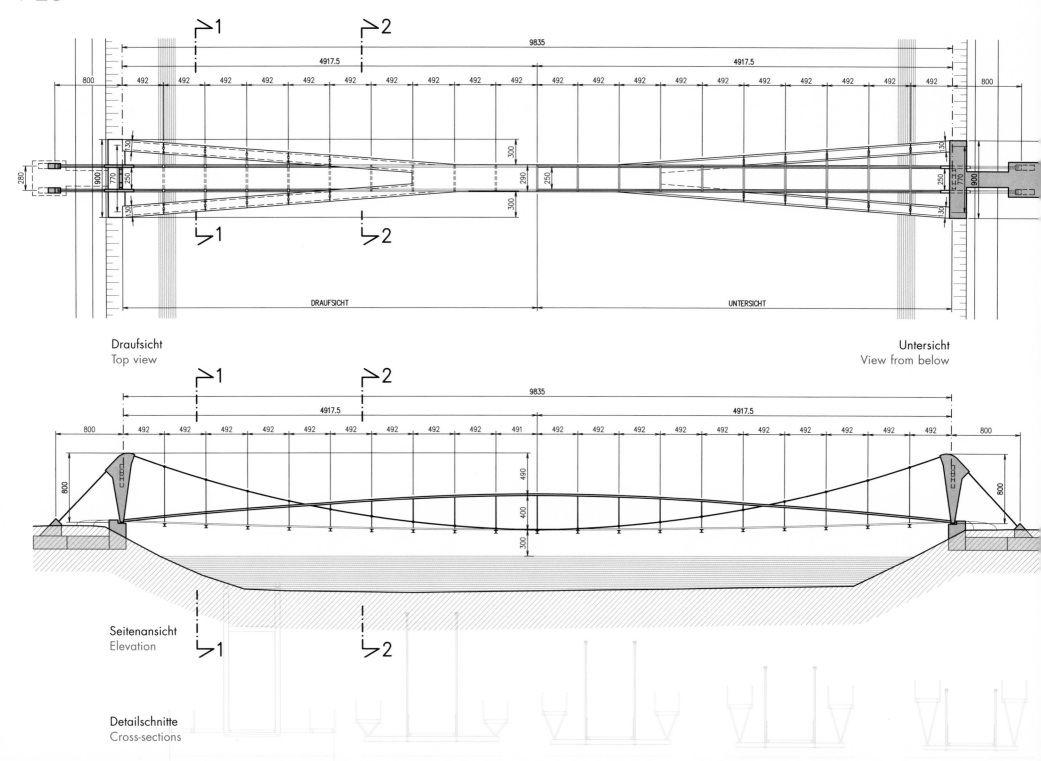

Draufsicht
Top view

Untersicht
View from below

DRAUFSICHT

UNTERSICHT

Seitenansicht
Elevation

Detailschnitte
Cross-sections

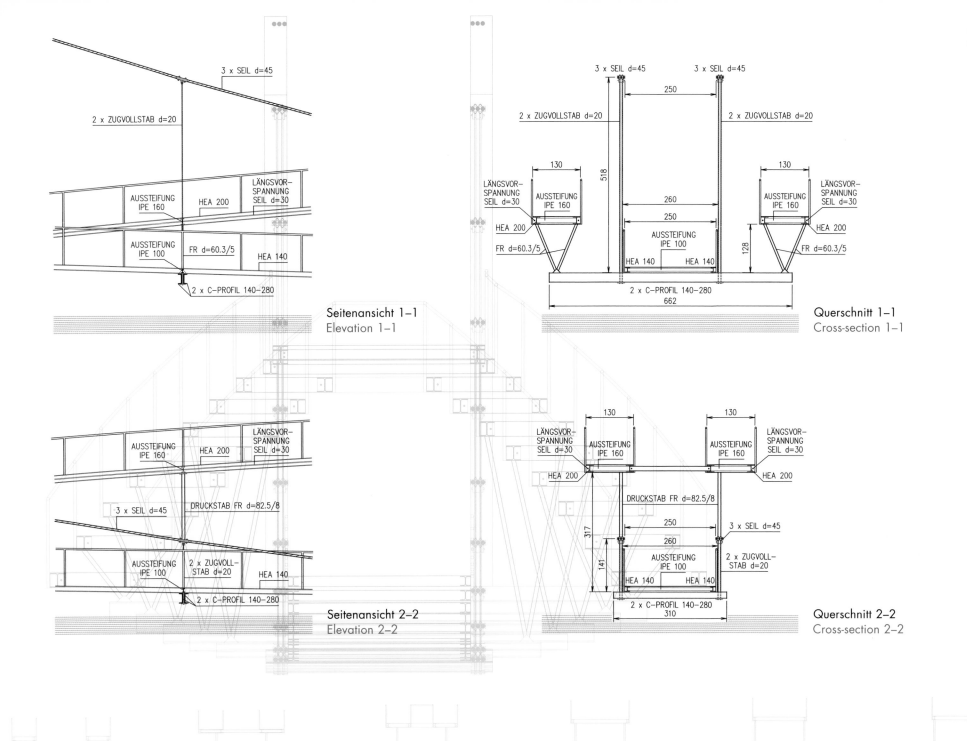

3 x SEIL d=45

2 x ZUGVOLLSTAB d=20

AUSSTEIFUNG IPE 160

HEA 200

LÄNGSVOR-SPANNUNG SEIL d=30

AUSSTEIFUNG IPE 100

FR d=60.3/5

HEA 140

2 x C-PROFIL 140-280

Seitenansicht 1-1
Elevation 1-1

3 x SEIL d=45   3 x SEIL d=45

250

2 x ZUGVOLLSTAB d=20

2 x ZUGVOLLSTAB d=20

518

130   130

LÄNGSVOR-SPANNUNG SEIL d=30

AUSSTEIFUNG IPE 160

AUSSTEIFUNG IPE 160

LÄNGSVOR-SPANNUNG SEIL d=30

HEA 200

260

250

AUSSTEIFUNG IPE 100

HEA 200

FR d=60.3/5

128

FR d=60.3/5

HEA 140   HEA 140

2 x C-PROFIL 140-280

662

Querschnitt 1-1
Cross-section 1-1

AUSSTEIFUNG IPE 160

HEA 200

LÄNGSVOR-SPANNUNG SEIL d=30

3 x SEIL d=45

DRUCKSTAB FR d=82.5/8

AUSSTEIFUNG IPE 100

2 x ZUGVOLL-STAB d=20

HEA 140

2 x C-PROFIL 140-280

Seitenansicht 2-2
Elevation 2-2

130   130

LÄNGSVOR-SPANNUNG SEIL d=30

AUSSTEIFUNG IPE 160

AUSSTEIFUNG IPE 160

LÄNGSVOR-SPANNUNG SEIL d=30

HEA 200

DRUCKSTAB FR d=82.5/8

HEA 200

317

250

3 x SEIL d=45

260

AUSSTEIFUNG IPE 100

2 x ZUGVOLL-STAB d=20

141

HEA 140   HEA 140

2 x C-PROFIL 140-280

310

Querschnitt 2-2
Cross-section 2-2

2013.18
2013.19

14.156
11.19
1905.45
1905.46
0.01
0.01
309.42
20.00
53.48

2813.07
2814.10

Auflagerreaktionen
Reactions at bearings

Konstruktive Idee ist eine Hängekonstruktion – auf reinen Zug beansprucht – mit einer Spannweite von 98 Metern und einem Stich von neun Metern (etwa 1/10), bestehend aus drei Seilen mit einem Durchmesser von 45 Millimetern (voll verschlossen, Produktbezeichnung: VVS-2 dizn), die über zwei Randstützen geführt und dahinter in den Boden verspannt werden. An dieser Zugkonstruktion ist die Fahrbahn für die Radfahrer abgehängt.

The basic design idea is a suspended construction—a system based exclusively on tensile forces, with an overall span of 98 metres and a pitch of nine metres. It consists of three main cables on either side with a diameter of 45 mm each. These cables are led over pylons on either side of the river and are anchored in the ground behind them. The cycle track is directly suspended from this tensile structure.

Dazu kommt ein gegensinnig gekrümmter Druckbogen, der vor allem der Stabilisierung der Zugkonstruktion dient und gleichzeitig Weg für die Fußgänger ist. Dieser Bogen ist zu den Auflagern hin im Grundriss gespreizt, was vor allem der Stabilität gegen Horizontalbeanspruchung dient und die Wegeführung verbessert.

Beide Haupttragwerke werden zur Reduktion der Verformungen und Schwingungen vorgespannt, die Zugseile mit etwa je 300 KN je Seil, der Druckbogen mit zwei mal 200 KN je Bogenhälfte.

The tensile structure is stabilised by a corresponding compression arc, which at the same time serves as a walkway for pedestrians. This arc splays in plan as it approaches its bearing points, which increases its resistance to horizontal forces and improves the pedestrian circulation route.

Both structural elements are pre-stressed to minimise deformation and vibration in the system—the tension cables with 300 KN each and the arcs with 2 x 200 KN for each half.

Die Auswirkungen der doppelten Spannweite auf das Tragwerk sind nicht so gravierend, wie man im ersten Moment meinen würde. Es ergeben sich lediglich für die Haupttragwerke Vergrößerungen der entsprechenden Dimensionen. Nachdem es sich jedoch vorwiegend um zug- und druckbeanspruchte Konstruktionselemente handelt, bleiben die höheren Materialerfordernisse in vertretbarem Rahmen.

The impact of the structure's double span on the construction is not as serious as one may think. Only the dimensions of the main structural elements had to be increased. But as the whole system deals mainly with compression and tension forces, the increase in material input remains within a justifiable range.

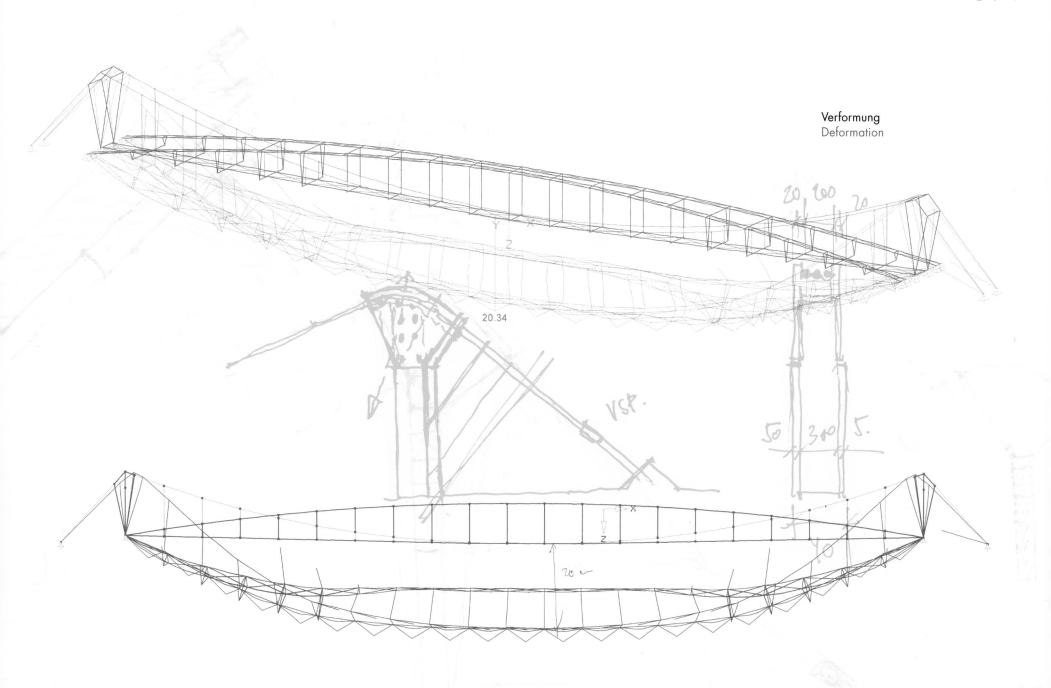

Verformung
Deformation

32

Überbrückt Spans	Ort Location	Länge Length	Material Material	Auftraggeber Client	Architekt Architect	Status Status
Enns	Steyr Upper Austria	80 m	Stahl Steel	Stadt Steyr City of Steyr	Rupert Falkner	Projekt Project

002

Steyr Bridge
Brücke Steyr

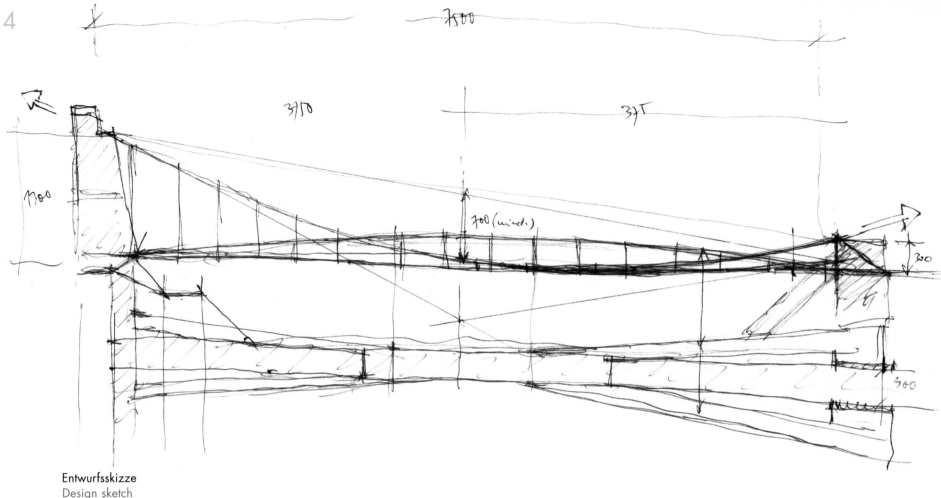

7500

3750   375

1300

700 (mind.)

300

300

Entwurfsskizze
Design sketch

Die Ennsbrücke in Steyr ist eine besonders heikle Aufgabe für den entwerfenden Ingenieur, da sich eine moderne, zeitgemäße und innovative Konstruktion mit der äußerst wertvollen Fassade der Altstadt von Steyr zum Ennsfluss hin vertragen muss.

Designing a bridge across the River Enns in Steyr is a particularly sensitive task for a civil engineer. The modern and innovative structure had to blend in with the unique building ensemble of the old city centre of Steyr, whose façades face the site of the bridge.

Die Brücke selbst ist ein ähnliches konstruktives System wie der Traunsteg in Wels. Die Fuß- und Radwege werden gleichfalls getrennt, in optischer und funktioneller Übereinstimmung mit den konstruktiven Gegebenheiten.

The bridge's structural system is similar to that used for the Traun bridge in Wels. Following structural and functional necessities, the flows of traffic are split to create two visually and structurally separated bridge elements for pedestrians and cyclists.

Anders als beim Traunsteg in Wels muss die Unterkante des Brückentragwerks wegen ständig zu erwartender Hochwasserstände der Enns weit höher über dem Fluss liegen. Dies bedeutet vor allem, dass die Auflager am Brückenende höhere Widerlagerpfeiler werden, die die Horizontalkräfte der Brückenkonstruktion entsprechend ableiten müssen.

The level of the underside of the bridge, however, had to take into account the river's frequent high water levels and is therefore far higher above normal water level than in the case of the Traun footbridge. As a result, the bridge's bearing pads become pylon-like structures accommodating the horizontal forces.

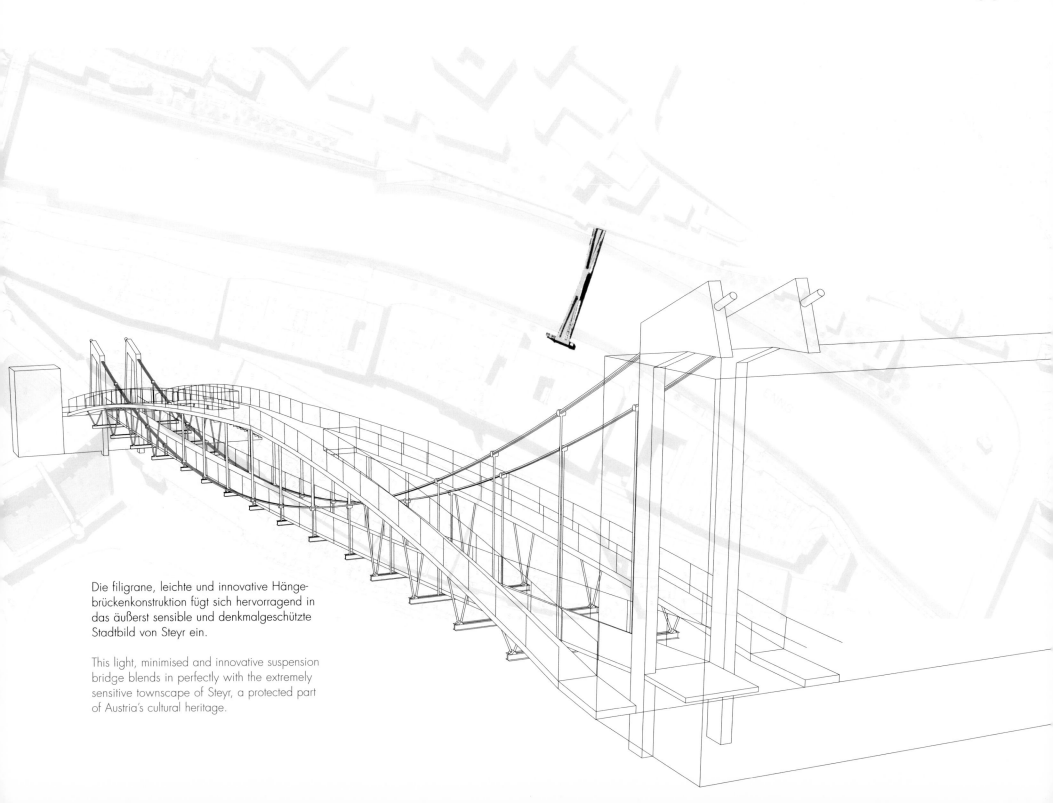

Die filigrane, leichte und innovative Hänge-
brückenkonstruktion fügt sich hervorragend in
das äußerst sensible und denkmalgeschützte
Stadtbild von Steyr ein.

This light, minimised and innovative suspension
bridge blends in perfectly with the extremely
sensitive townscape of Steyr, a protected part
of Austria's cultural heritage.

36

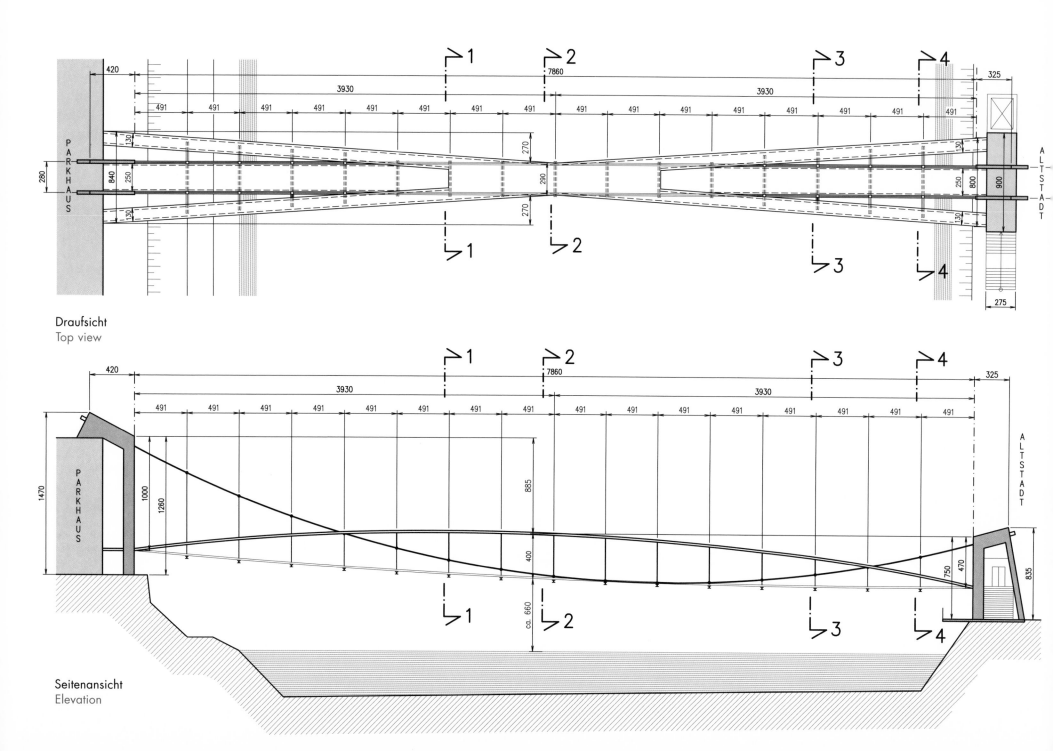

Draufsicht
Top view

Seitenansicht
Elevation

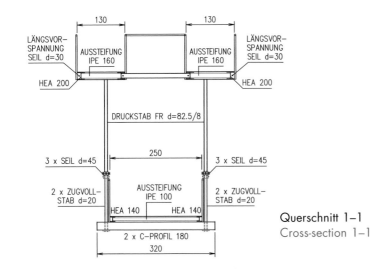

Querschnitt 1–1
Cross-section 1–1

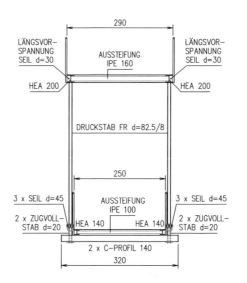

Querschnitt 2–2
Cross-section 2–2

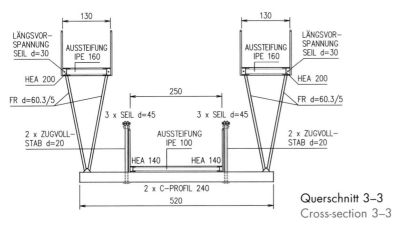

Querschnitt 3–3
Cross-section 3–3

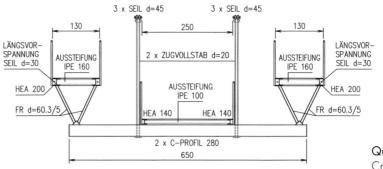

Querschnitt 4–4
Cross-section 4–4

Die Spannweite beträgt etwa 78 Meter – verglichen mit dem Traunsteg mit zirka 100 Metern. Die notwendigen Pfeiler und die dazugehörenden Verankerungen sind daher geringer beansprucht.

Compared to the Traunsteg with a length of approximately 100 metres, the bridge's span of 78 metres is slightly smaller so that the resulting loads at its buttresses and anchorage are considerably reduced.

Auf der Altstadtseite werden die Horizontalkräfte über ein entsprechend konstruktiv und gestalterisch ausgebildetes Stiegenbauwerk abgeleitet.

On the side closer to the old city centre, a staircase structure is designed to take the horizontal forces.

Auf der gegenüberliegenden Seite entsteht ein neues Gebäude mit Garage und Büros, in welchem die horizontalen und vertikalen Auflagerkräfte der Brücke aufgenommen werden.

On the opposite side a newly proposed office building will take the bridge's horizontal and vertical bearing loads.

| Überbrückt | Ort | Länge | Material | Auftraggeber | Architekt | Status |
Spans	Location	Length	Material	Client	Architect	Status
Pöls	Gabelhofen	36 m	Stahl	Zoidl	Schnögass + Partner	Projekt
	Styria, Austria		Steel			Project

001

Gabelhofen Bridge

Brücke Gabelhofen

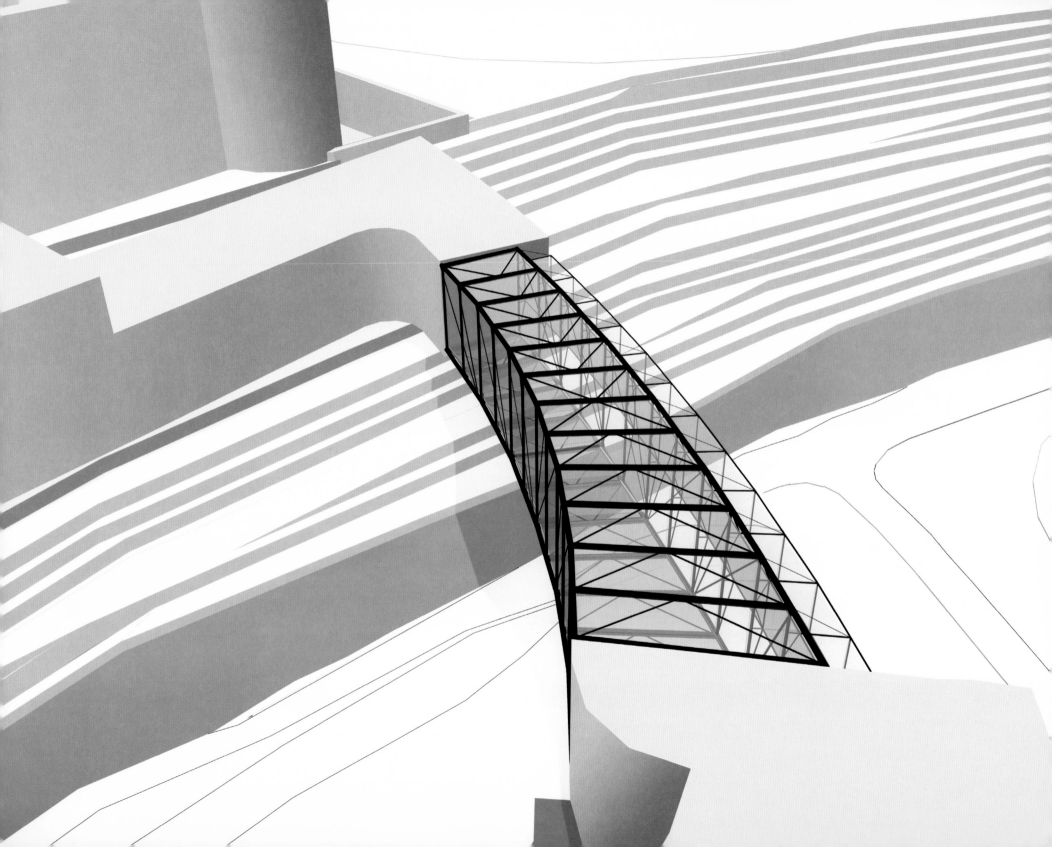

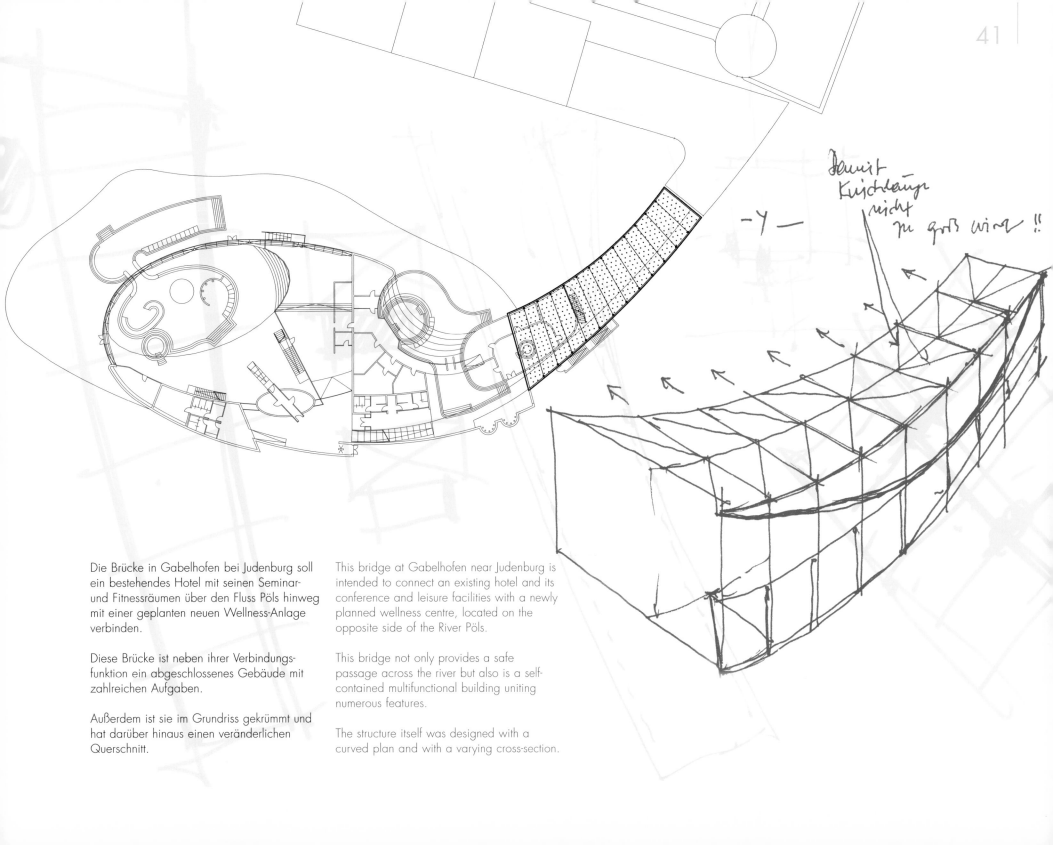

Die Brücke in Gabelhofen bei Judenburg soll ein bestehendes Hotel mit seinen Seminar- und Fitnessräumen über den Fluss Pöls hinweg mit einer geplanten neuen Wellness-Anlage verbinden.

Diese Brücke ist neben ihrer Verbindungsfunktion ein abgeschlossenes Gebäude mit zahlreichen Aufgaben.

Außerdem ist sie im Grundriss gekrümmt und hat darüber hinaus einen veränderlichen Querschnitt.

This bridge at Gabelhofen near Judenburg is intended to connect an existing hotel and its conference and leisure facilities with a newly planned wellness centre, located on the opposite side of the River Pöls.

This bridge not only provides a safe passage across the river but also is a self-contained multifunctional building uniting numerous features.

The structure itself was designed with a curved plan and with a varying cross-section.

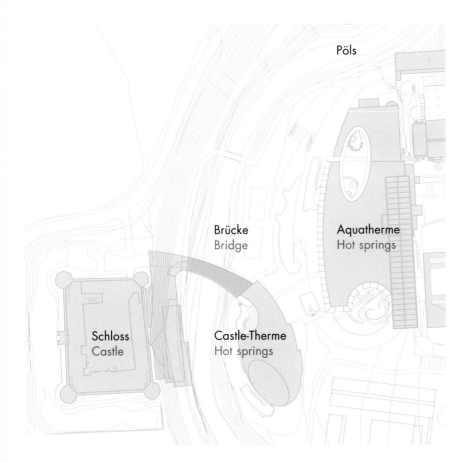

Pöls

Brücke
Bridge

Aquatherme
Hot springs

Schloss
Castle

Castle-Therme
Hot springs

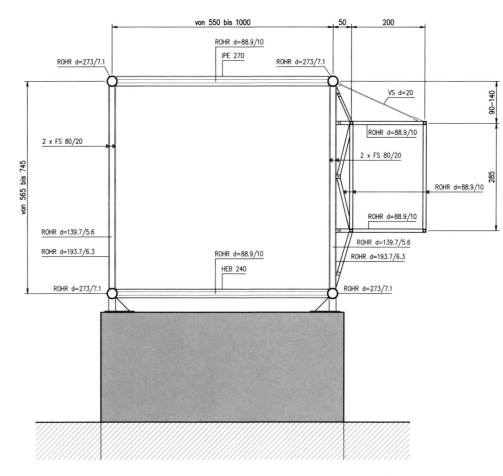

Querschnitt
Cross-section

Es bietet sich als konstruktive Lösung für diese Probleme ein geschlossenes Tragwerk an. Die lotrechten Brückenteile haben als verglaste Fachwerke die vorwiegenden Biegebeanspruchungen aus vertikalen Lasten aufzunehmen.

The best constructional solution for this design problem was to use a complete quadrilateral space truss as the main load bearing structure. The lateral glazed frameworks on either side of the structure are mainly subjected to bending moments resulting from vertical loads.

Die Decke und der Boden des Bauwerks sind ebenfalls fachwerkartig ausgebildet. Sie haben Horizontalkräfte und die – sich aus der Brückenkrümmung ergebenden – Torsionsbeanspruchungen aufzunehmen.

Roof and floor plates were designed as planar trusses. They take up the horizontal loads and torsional stresses resulting from the curvature of the bridge.

Dieses Brückenbauwerk wird ein besonderer Glanzpunkt der ganzen Anlage und wegen seiner eleganten Transparenz und Leichtigkeit ein ganz wichtiger Bestandteil des Projekts sein. Man könnte sich sogar vorstellen, dass es – wie viele seiner Vorbilder – ein Wahrzeichen für die Wellness-Anlagen in Gabelhofen wird.

Due to its elegant structure, transparent design and prominent position, the bridge will certainly become special feature of the project. One could even imagine it, like many bridges in the past, becoming a landmark — in this case for the entire wellness complex.

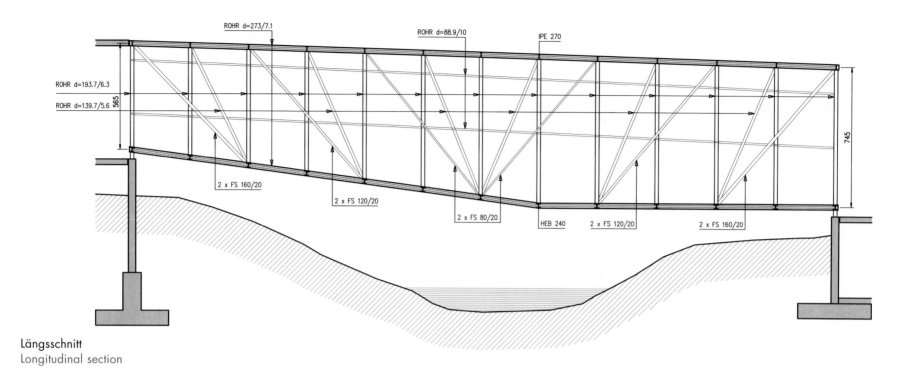

ROHR d=273/7.1

ROHR d=88.9/10

IPE 270

ROHR d=193.7/6.3

ROHR d=139.7/5.6

565

745

2 x FS 160/20

2 x FS 120/20

2 x FS 80/20

HEB 240

2 x FS 120/20

2 x FS 160/20

Längsschnitt
Longitudinal section

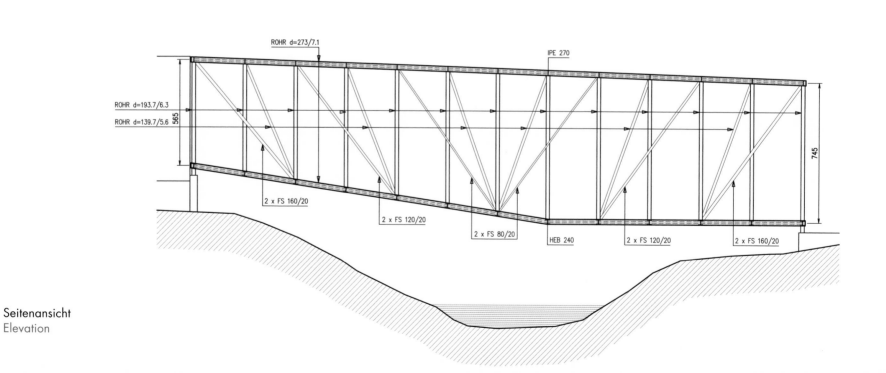

ROHR d=273/7.1

IPE 270

ROHR d=193.7/6.3

ROHR d=139.7/5.6

565

745

2 x FS 160/20

2 x FS 120/20

2 x FS 80/20

HEB 240

2 x FS 120/20

2 x FS 160/20

Seitenansicht
Elevation

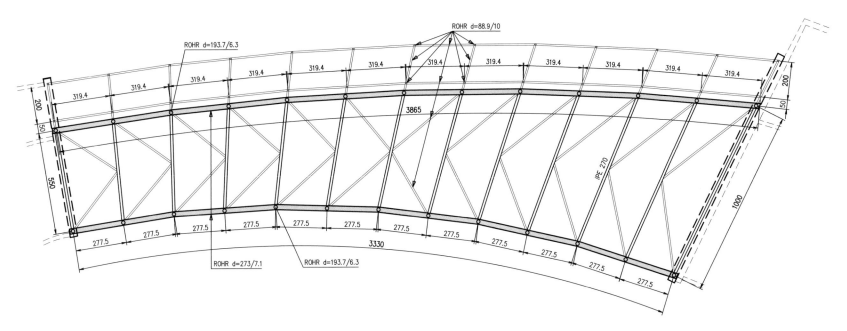

ROHR d=193.7/6.3

ROHR d=88.9/10

319.4 319.4 319.4 319.4 319.4 319.4 319.4 319.4 319.4 319.4 319.4

319.4

200

50

3865

IPE 270

550

200

50

1000

277.5 277.5 277.5 277.5 277.5 277.5 277.5 277.5 277.5 277.5 277.5 277.5

3330

ROHR d=273/7.1

ROHR d=193.7/6.3

Draufsicht
Top view

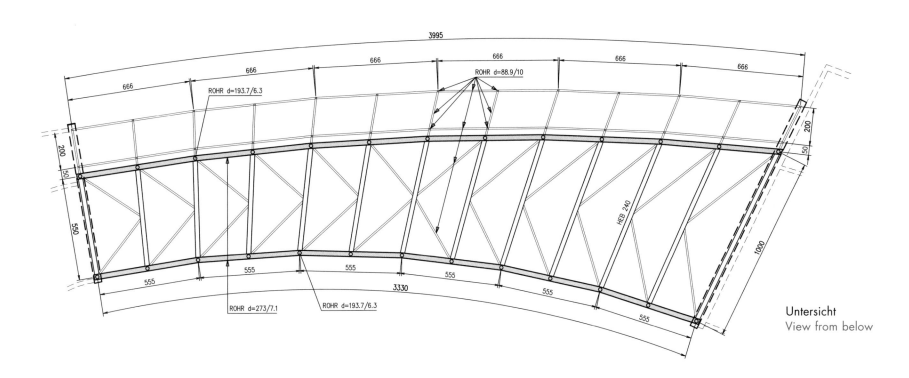

3995

666 666 666 666 666 666

ROHR d=193.7/6.3

ROHR d=88.9/10

200

50

HEB 240

550

200

50

1000

555 555 555 555 555 555

3330

555

ROHR d=273/7.1

ROHR d=193.7/6.3

Untersicht
View from below

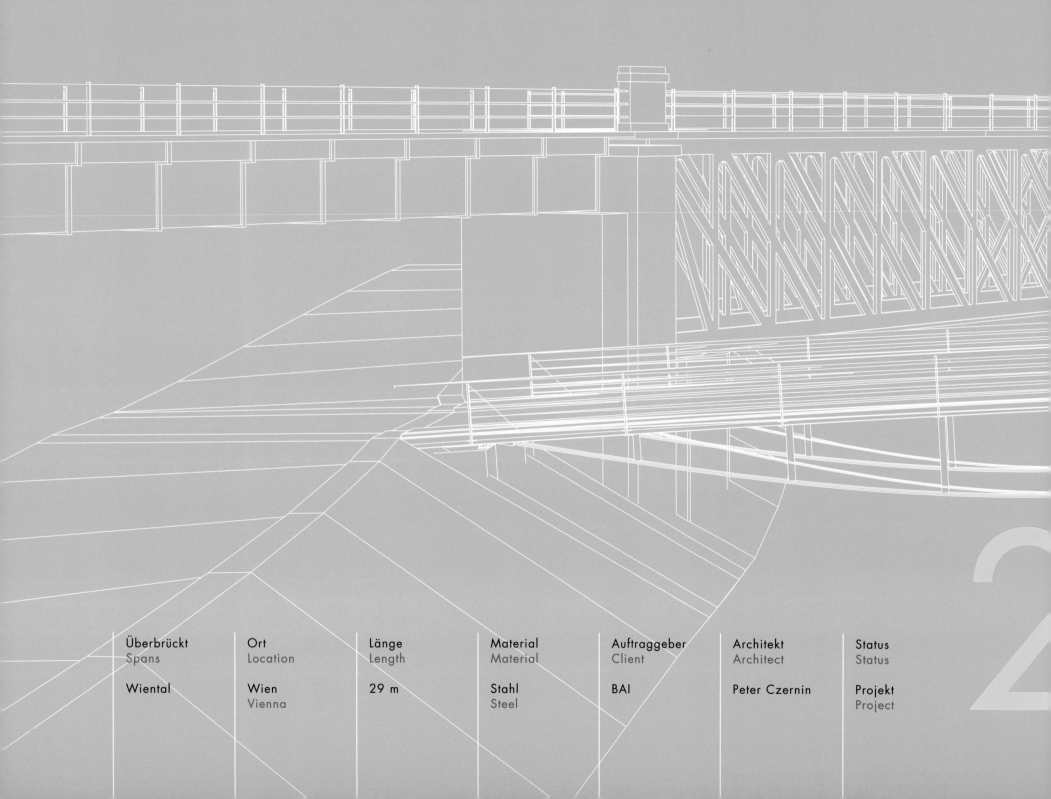

Überbrückt	Ort	Länge	Material	Auftraggeber	Architekt	Status
Spans	Location	Length	Material	Client	Architect	Status
Wiental	Wien	29 m	Stahl	BAI	Peter Czernin	Projekt
	Vienna		Steel			Project

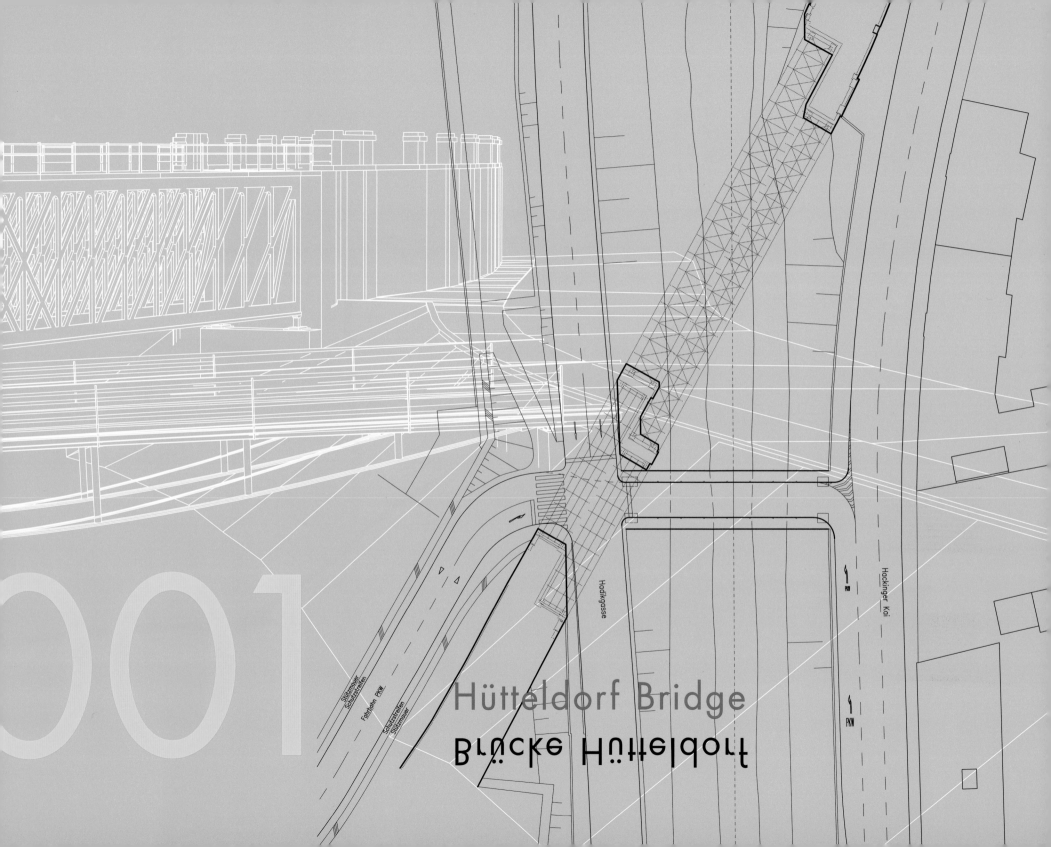

001

Hütteldorf Bridge

Brücke Hütteldorf

Stützmauer
Schutzstreifen
Fahrbahn PKW
Schutzstreifen
Stützmauer

Hadikgasse

Hackinger Kai

PKW

PKW

Entwurfsskizzen
Design sketches

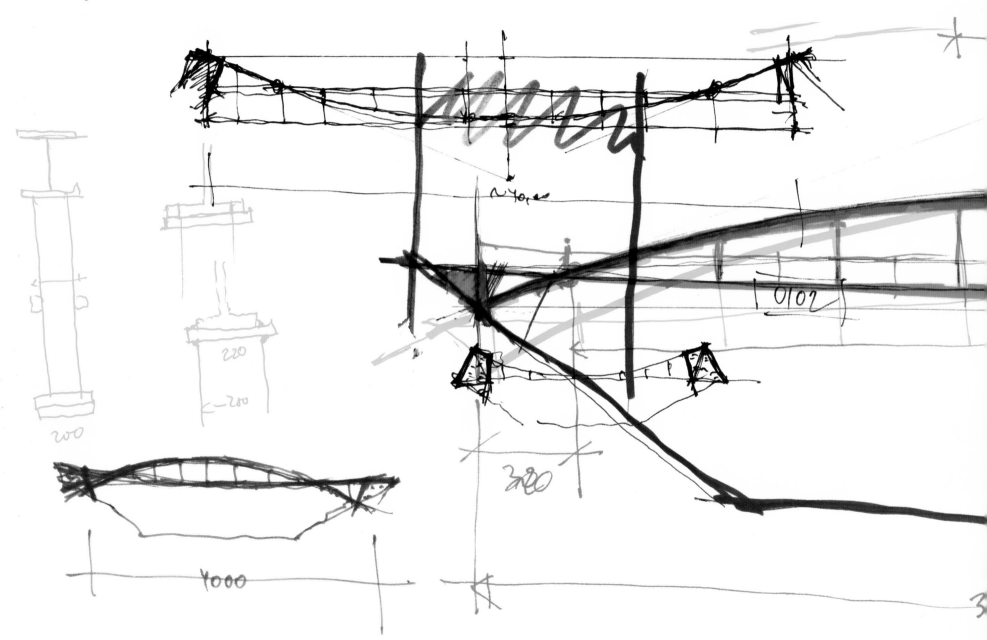

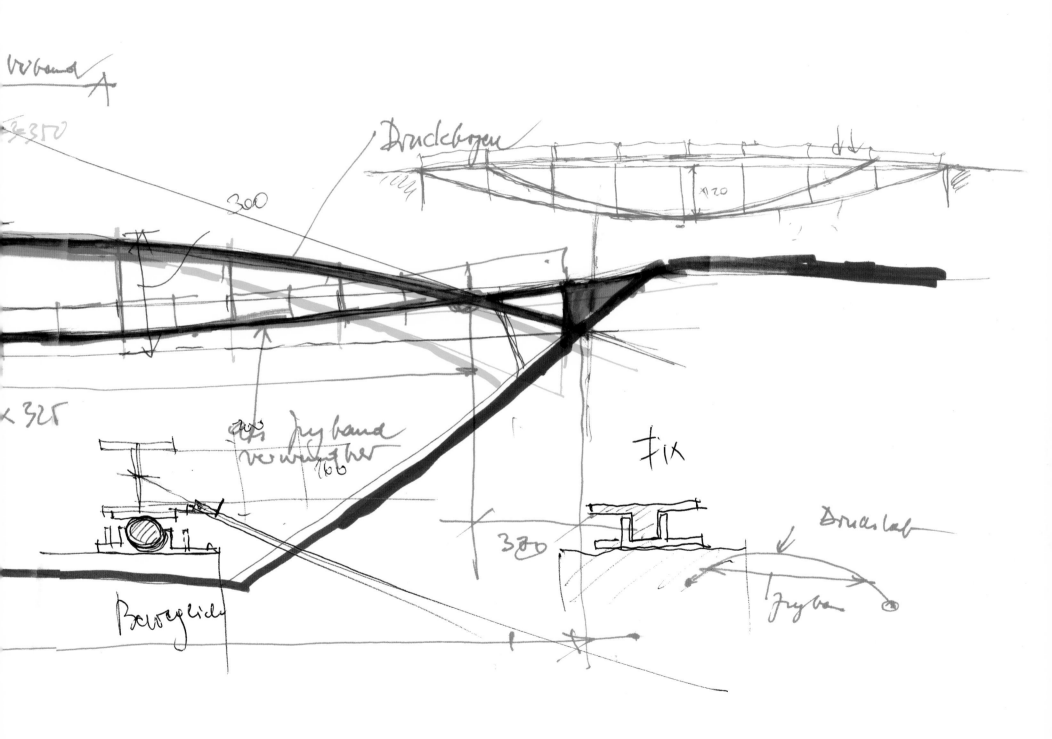

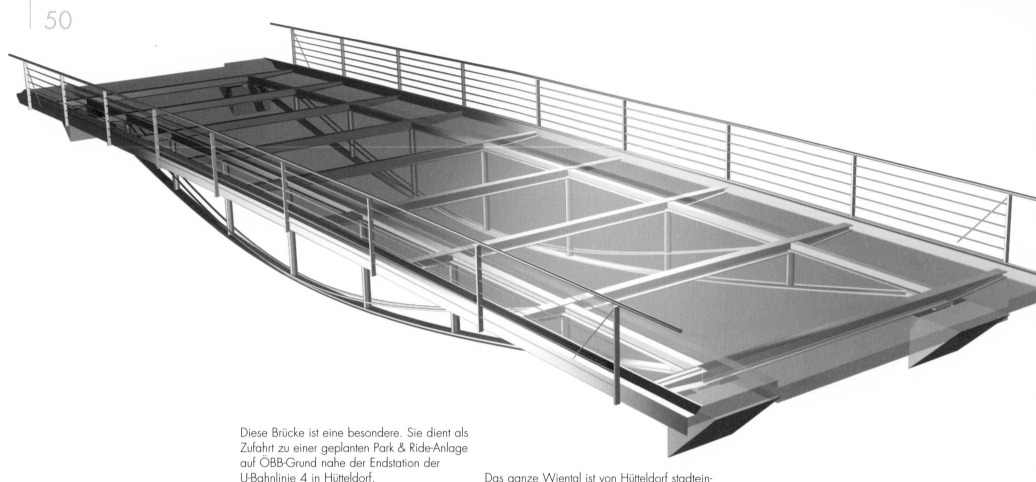

Diese Brücke ist eine besondere. Sie dient als Zufahrt zu einer geplanten Park & Ride-Anlage auf ÖBB-Grund nahe der Endstation der U-Bahnlinie 4 in Hütteldorf.

Die von Westen kommenden Autofahrer – sie benützen die Garage vorwiegend – müssen den Wienfluss und die stadtauswärts führende Hadikgasse überqueren, um zur Zufahrt der Park & Ride-Anlage zu gelangen.

This bridge is a special one as it is destined to serve as the main driveway to a projected park & ride facility near the terminal of the U4 subway line in Hütteldorf.

In order to gain access to the P & R building, car drivers coming from the west, i.e. the main direction of approach, need to cross the River Wien and the eastbound route of Hadikgasse.

Das ganze Wiental ist von Hütteldorf stadteinwärts eine sensible Zone, da die von Otto Wagner errichteten Baulichkeiten wie Stationen und Brücken unter Denkmalschutz stehen. Genau an der gewünschten Kreuzung mit dem Wienfluss befindet sich eine im schrägen Winkel angeordnete Brücke, die über die frühere Stadtbahn zur heutigen Endstation der U4 führt.

The entire Wiental area is an extremely sensitive area from the architectural point of view, as infrastructure buildings such as the train stations and bridges, designed by Otto Wagner, are protected as historical monuments. Very close to the planned location of the new crossing, an existing bridge structure runs diagonally across the river, leading to the terminus of the subway.

Wenn man stadteinwärts blickt, soll die neue Brücke genau vor der alten Otto-Wagner-Brücke liegen. Auch das Denkmalamt hat in seiner Stellungnahme darauf hingewiesen, dass eine besonders sensible und bescheidene Brückenkonstruktion an dieser Stelle notwendig ist.

Looking towards the city centre from the west, the proposed structure would sit right in front of this old Otto Wagner bridge. In a statement the Department for Monument Conservation pointed out the need for special sensitivity and restraint in the design of a new bridge at this specific location.

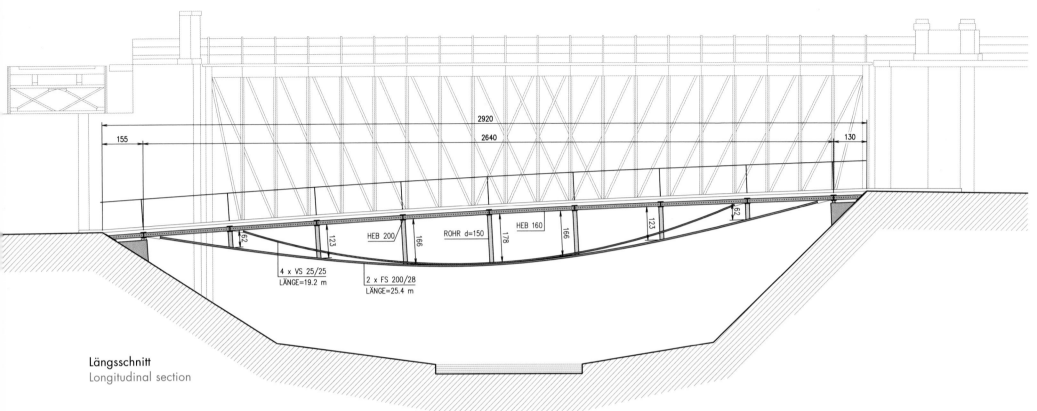

2920
2640

155

130

HEB 200

ROHR d=150

HEB 160

178

166

123

62

123

166

62

4 x VS 25/25
LÄNGE=19.2 m

2 x FS 200/28
LÄNGE=25.4 m

Längsschnitt
Longitudinal section

Daher waren die nachstehenden Entwurfs-
kriterien maßgebend, um den Anregungen
des Denkmalamts nachzukommen.

Die neue Brücke darf die alte keineswegs
optisch abdecken. Es muss ein Tragwerk
gefunden werden, das sich unter der
Silhouette der neuen Brücke entwickelt.

To take into account the Department's major
architectural concerns, a number of design
criteria were established.

The new bridge was not to obstruct the view
of the existing structure. This suggested the
development of a structural system situated
below the outline of the new bridge.

Die neue Brücke muss das Wiental unbedingt
in einem rechten Winkel kreuzen. Zum einen,
damit optisch keine ungünstigen Verschnei-
dungen stattfinden. Zum anderen wird die
neue Brücke auf diese Weise so kurz wie
möglich. Sie kann auch dadurch gegenüber
der großen U-Bahnbrücke eine bescheidene
Form bilden und ist keine übermäßige
Konkurrenz zu dieser.

The new bridge must span across the river at
a right angle—on the one hand, to avoid
unfavourable visual intersections, on the other
hand, to keep the bridge as short as possible.
This minimised length allows for a more modest
construction compared to the impressive
railway bridge, avoiding any rivalry.

Schließlich spielt auch die Materialwahl eine
entscheidende Rolle. Es kommt nur Stahl in
Frage, der bei der vorgegebenen Spannweite
äußerst filigrane, leichte Tragwerke ermöglicht,
die in ihrer Wirkung gegenüber der bestehenden Brücke zurücktreten. Das eigentliche
Tragwerk besteht aus jeweils zwei Bögen aus
Flacheisen, die sich vor allem bei wandernder
Last gegenseitig ergänzen.

In terms of material, steel seemed to be the
perfect choice in order to minimise the structure's dimensions for the given span and to
achieve a light structural system that would
not compromise the Otto Wagner bridge.
The new bridge's main load bearing elements
are two arches on either side made of flat
steel sections that complement one another
especially when handling moving loads.

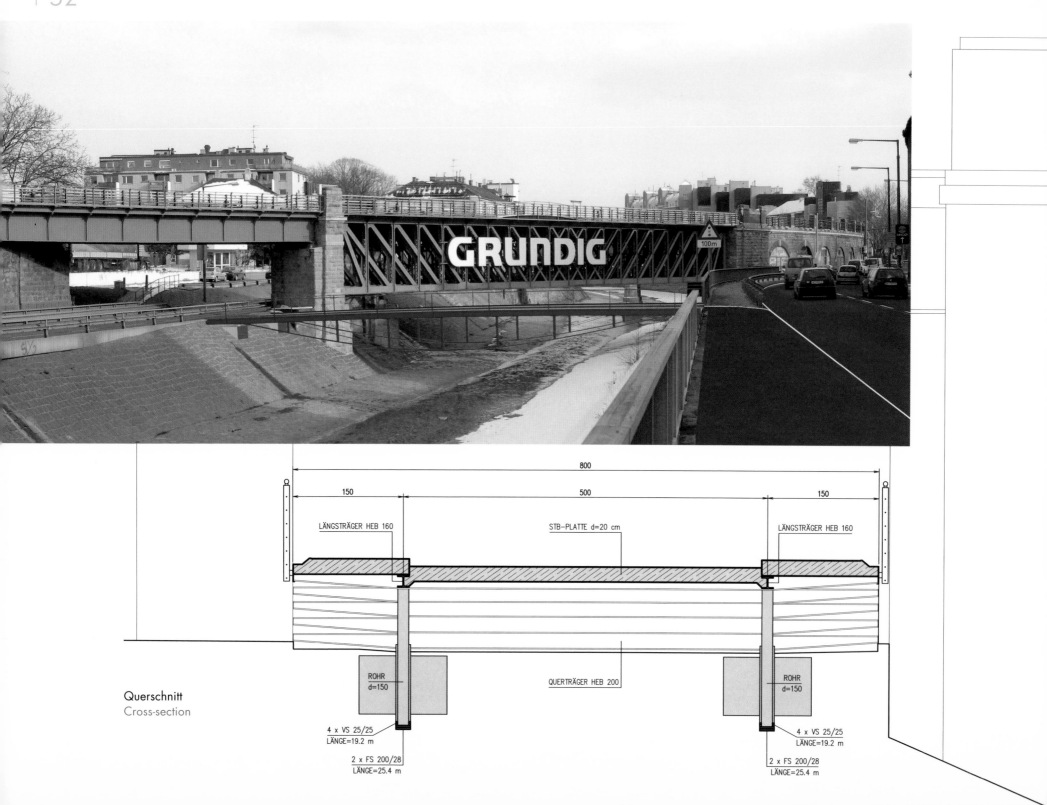

Querschnitt
Cross-section

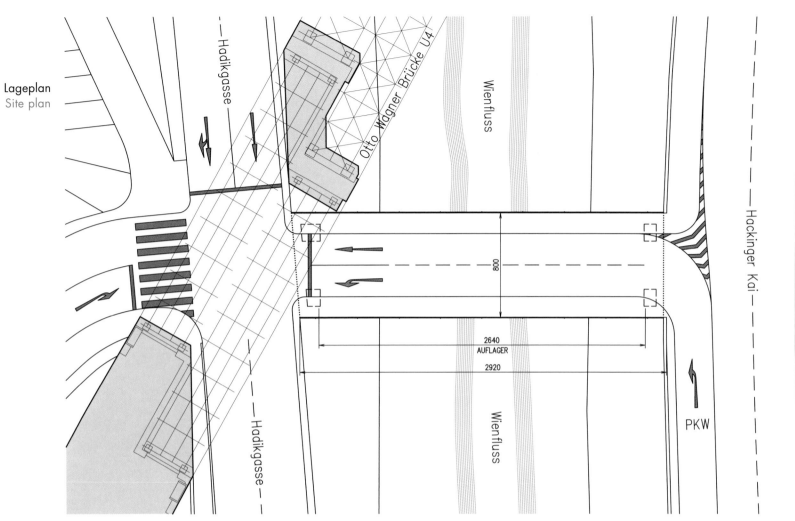

Lageplan
Site plan

Hadikgasse

Otto Wagner Brücke U4

Wienfluss

Hackinger Kai

800

2640
AUFLAGER

2920

Hadikgasse

Wienfluss

PKW

Wichtig ist jedoch der Entwurf einer hoch-
gradig qualitätvollen und zeitgemäßen Trag-
werksform, die sich in ihrer Schönheit nicht
vor den Brücken der früheren Stadtbahn ver-
stecken muss. Ich meine sogar, dass sie die
alten Tragwerke in den Schatten stellen kann.

The important apect was to design a contemporary structure of high quality with a beauty
matching that of the old railway bridges.
In fact, I belive, it could even outshine them!

Wie wir wissen, hat Otto Wagner den
Brückenbauingenieuren seinerzeit bei der
Entwicklung ihrer Konstruktionen weitgehend
freie Hand gelassen und nur die Auflager
und deren Form und Gestalt selbst sorgfältig
entworfen.

We know that Otto Wagner left the development of his bridges' structural concept largely
to the bridge engineers themselves. He
focussed mainly on the form of the bridge
abutments, which he designed very carefully.

In diesem Sinn setzt die neue Brücke durchaus
selbstbewusst ein Zeichen für qualitätvolle
Ingenieurbaukunst, die sich mit den denkmal-
geschützten Bauwerken der heutigen U-Bahn
ohne weiteres messen kann. Das Denkmalamt
konnte von diesem Entwurf überzeugt werden.

Along these lines, the new bridge can be
understood as a self-confident signal of today's
art of civil engineering, which can easily
match the historical monuments of Vienna's
public transport system. This design proposal
finally convinced the Department for the
Conservation of Monuments.

Wolfdietrich Ziesel—A Voice Crying in the Wilderness Jörg Schlaich
Wolfdietrich Ziesel – Rufer in der Wüste

Der Ingenieur Wolfdietrich Ziesel bezeichnet sich als Außenseiter, weil er sich nicht auf das Berechnen der von Architekten vorgegebenen Konstruktionen reduzieren lassen will und deshalb Statiker als Schimpfwort empfindet und weil er in der Zusammenarbeit mit Architekten beim Entwerfen mitreden und seine Brücken selbst entwerfen will.

Ist das nicht eine verkehrte Welt? Wieso ist er nicht der Normalfall und sind nicht die Statiker die Außenseiter? Kann es sein, dass die Mehrheit einer ganzen Berufsgruppe die inhärente Chance ihres Berufs, einen kulturellen Beitrag zu leisten, in den Wind schlägt und sich zu Sklaven degradieren lässt? Dabei braucht es, um eine gut gestaltete Tragstruktur zu entwerfen, doch nur ein solides fachliches Wissen

(von der Werkstoffkunde über die Statik und Dynamik bis zur Fertigungstechnik) und ein gewisses Maß an Kreativität (Intuition, Phantasie, Neugierde, Schaffenslust, Risikobereitschaft). Dieses Wissen kann sich jeder mit durchschnittlicher Intelligenz an unseren Hochschulen staatlich verordnen lassen und fast jeder kann Blockflöte spielen oder ein Bildchen malen, ist also kreativ.

Aber warum geschieht's dann nicht, oder so selten? Warum sind unsere Brücken mehrheitlich so totlangweilige, plumpe Einheitsträger oder von sich selbst überschätzenden Architekten hochstilisierte und ihren liebedienerischen Handlangern hingerechnete, sinnlos teure, selbstverliebte Millennium- oder Signatur-Landmarken? Und warum gebiert all

The engineer Wolfdietrich Ziesel refers to himself as an outsider. Regarding his professional title as an insult (in German he is a "Statiker", the one who provides the statics calculations), Ziesel is not willing to accept that the scope of his work be reduced to merely calculating construction schemes predefined by architects. He makes a point of having a say in the design process when co-operating with architects, and of designing bridges on his own.

Is this not an upside down world? Why is it not he who represents the norm, the outsiders being the rest of the structural engineers? Could it be that the majority of an entire professional group disregards the chance inherent in their profession of making a cultural contribution, letting themselves instead be

degraded to slavery? Yet all it takes to design a decent structure is sound technical knowledge (from materials technology and structural analysis to dynamics and product engineering) and a certain amount of creativity (intuition, imagination, curiosity, the will to devise and the readiness to take risks). Everybody of average intelligence can acquire this knowledge by state prescription at our universities, and almost everybody can play the flute or paint a little picture and is therefore creative.

Well then why does it not happen or happen so rarely? Why are most of our bridges either bulky and deadly boring standardised beams or overly stylised, unreasonably expensive self-centred landmarks dedicated to the millennium or some other cause, designed by architects

dieser Fortschritt, von den neuen und ultra-
hochfesten Werkstoffen über FEM und CAD
bis CNC in der Praxis so wenig Neues,
wirklich Gutes, gar Überraschendes? Wo
sind die selbstbewussten kreativen Ingenieure
geblieben, die wie Wolfdietrich Ziesel für
ihre Ingenieurbauten, die 25 Brücken in
diesem Buch, reklamieren, „dass bei diesen
Arbeiten der Ingenieur den Entwurf bestimmt
und es sich zeigt, dass Ausgewogenheit,
Ideenreichtum und korrekte Struktur einen
entscheidenden Beitrag zum architektonischen
Wert eines Bauwerks leisten können"? Auch
im Hochbau dürfen wir die Schuld nicht auf
das Desinteresse der Architekten an der Konstruktion schieben. Ein wirklich guter Architekt
ist neugierig und auf Anregungen bedacht
und in einer wirklich guten Zusammenarbeit

zählt nicht, was von wem kam, sondern nur
das Endergebnis, die Qualität. Gerade davon
zeugen die Arbeiten Wolfdietrich Ziesels im
Team mit Architekten, über die er schreibt, dass
„gegenseitiges Vertrauen und Verständnis für
die Arbeit des andren die Entwürfe bestimmt
haben. Der Ingenieur frönt nicht seiner
undurchschaubaren Wissenschaft, und der
Architekt ist frei von kreativem Hochmut."
(Beide Zitate aus Ingenieurbaukunst 1989)

Und damit sind wir unversehens der Antwort
auf unsere Frage, warum denn die Bauingenieure die kreative Chance ihres Berufs so
selten nutzen, näher gekommen. Es liegt an
der Art ihrer Ausbildung. Da wird offenbar
die jedem Menschen angeborene Kreativität,
die Lust am Werkeln und Gestalten unter

Bergen von Mathematik und Mechanik,
unanschaulich abstrakt vermittelter Statik und
trockener Werkstoffkunde verschüttet, ganz
zu schweigen von der „normengerechten"
Vermittlung des Beton-, Stahl- und Holzbaus.

Um gleich jedem Missverständnis vorzubeu-
gen: Ohne ein gründliches Wissen, ohne
eine ganz solide fachliche Grundlage läuft
natürlich im Ingenieurbau gar nichts und es
ist von der Natur der Sache her erst mal
unvermeidlich, dass die Verfügbarkeit der
Kreativität als Folge eines ingenieurwissen-
schaftlichen Studiums erst mal absinkt (a).
In dieser Zeit wäre etwa ein gemeinsames
Entwerfen mit Architekturstudenten sinnlos, denn
die können bereits in Zeitschriften blätternd
locker eine Schale oder ein Hochhaus

overestimating themselves and calculated by
their obedient accomplices? Why does all
this progress, from newly developed high-
strength materials to FEM, CAD and CNC,
give birth to such a small number of new outstanding, or even better surprising, results?
Where have all the self-confident and creative
engineers gone who claim for their work, as
Wolfdietrich Ziesel does for the 25 bridges in
this book, that "it was the engineer who was
in charge of the design, and the result clearly
demonstrates that balance, imagination and
a proper structural design are vital contributions to the architectural value of a building"?
Also when it comes to building construction,
we should not blame architects for their lack
of interest in structural issues. An architect
who is really good at his profession is always

curious and eager to be inspired. In really
productive collaboration what counts is not
the single contribution or by whom it was
made, but the final result. This is precisely the
quality inherent in those works of Wolfdietrich
Ziesel that were conceived in co-operation
with architects and about which he comments
that "the design process was guided by mu-
tual trust and understanding for each other's
work. The engineer does not indulge in his
inscrutable science, and the architect is free
from creative arrogance." (Both quotes from
The Art of Civil Engineering, 1989)

And this, suddenly, gets us closer to the reason
why structural engineers rarely seize the creative opportunities offered by their profession.
It is the way they are educated. Their initial

creativity and zest for composition and
design are buried under mountains of mathematics, mechanics, abstract structural concepts and uninspiring materials technology,
not to mention the teaching of "standard"
construction principles with regard to concrete, timber and steel.

Just to avoid any misunderstanding: Without
thorough knowledge and solid technical train-
ing one does not get anywhere in structural
engineering, and it lies in the nature of things
that creativity dips as a consequence of
embarking on one's studies of structural
science (a). During this phase a collaborative
design project with students of architecture
would be pointless because they would
already be capable of sketching a shell or a

skizzieren, während der Bauingenieurstudent noch am Durchlaufträger kaut.

Natürlich lässt sich dieses Absinken (a) mildern, durch eine möglichst anschauliche und zugleich deduktive, vom Allgemeinen zum Speziellen fortschreitende, Rezepte meidende und Modelle suchende Lehre. So haben wir in Stuttgart vor Jahren die „werkstoffübergreifende Lehre" initiiert, um das gemeinsame wie auch unterschiedliche Verhalten aller Werkstoffe herauszuarbeiten, weil ja ein gutes Haus oder eine gute Brücke das Ziel ist, nicht ein Beton-, Stahl- oder Holzbau, und weil dieses Ziel meist sogar am besten durch die Kombination von Werkstoffen erreichbar ist. Dazu haben wir versucht, mit Stabwerkmodellen das komplexe Verhalten des Stahlbetons

anschaulich, aber doch mit der nötigen Schärfe zu durchleuchten.

Entscheidend aber ist, zum richtigen Zeitpunkt vor Ende des Studiums das „endgültige" Absinken (b) durch eine Entwurfslehre von Ingenieuren für Ingenieure abzufangen. Dazu braucht es Lehrer wie Wolfdietrich Ziesel, mit starkem Bezug zur Ingenieurpraxis und vollem Verständnis der geschilderten Problematik. Ihnen kann es so gelingen, den Ingenieurstudenten die Freude am Entwerfen dadurch einzuimpfen, dass sie sie lehren, ihre angeborene Kreativität mit ihrem erlernten Wissen zu paaren und ihre Bereitschaft und ihren Ehrgeiz zu wecken, daran auch nach Ende des Studiums weiterzuarbeiten. Der Erfolg lehrt aber, dass diese so wiederentdeckte Krea-

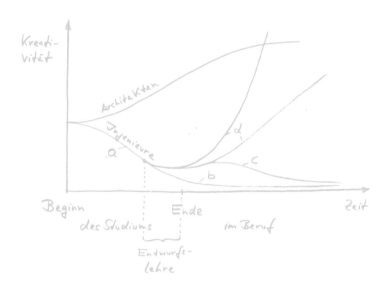

high-rise building without effort while casually browsing through magazines, whereas engineering students would still be struggling with the concept of a continuous beam.

This decline (a) in creativity can of course be alleviated by descriptive teaching methods that advance deductively from the general to the specific, avoid simple recipes and foster model-oriented education. This is why we initiated a course focussing on comprehensive materials technology in Stuttgart years ago, in order to analyse the common and distinctive behaviours of building materials, our objective being always to devise an ideal house or bridge and not just a concrete, steel or timber structure, as, for the most part, this goal is achieved with a combination of different

materials. We have also tried to examine the complex behaviour of reinforced concrete in a descriptive but nevertheless serious way by constructing framework models.

However, it is most crucial to avoid that "ultimate" abatement (b) of creativity towards the end of young engineers' studies by introducing a design course given by engineers at the right moment. This is when teachers like Wolfdietrich Ziesel are most needed, professionals firmly rooted in engineering practice and fully aware of the difficulties previously illustrated. They may be able to inject a joy in designing by teaching students to connect their natural creativity with their acquired knowledge, and, by arousing their ambitions, to encourage them to continue working along

tivität nur dann am Leben bleibt, wenn sie in der Praxis auch abgerufen wird (d), und dass sie in leider viel zu vielen Fällen wieder verkümmert, wenn das berufliche Umfeld vor allem in den ersten Berufsjahren zu technokratisch orientiert ist (c).

Eine solche Entwurfslehre stellt an Lehrende und Studierende hohe Anforderungen, belohnt aber beide mit vielfältigen Anregungen. Die Aufgaben sollen funktionell relativ einfach sein – gegeben die Trasse und der Talquerschnitt mit Baugrund und Zufahrten für eine Straßen-, Bahn- oder Fußgängerbrücke oder ein Sportfeld, eine Tribüne oder eine Ausstellungsfläche zur Überdachung oder ein Wasservolumen für einen Wasserturm mit Restaurant oder, oder … –, begleitet durch einen Einführungs-

vortrag mit guten und schlechten Beispielen und Literaturhinweisen. Erlaubt oder erwünscht sind in der Regel Zweier-, ausnahmsweise auch Dreiergruppen oder Einzelkämpfer. Ein Gruppenmitglied kann auch Architekt sein, was sich aber ganz selten bewährt, weil dann die Ingenieure meist die Hände in den Schoß legen, bis sie rechnen dürfen, genau das Gegenteil des Erstrebten. Ideal sind wenigstens sechs Gruppen (wegen der Vielfalt) und höchstens zwölf (wegen der Übersicht). Jede Woche treffen sich alle gemeinsam.

Zunächst muss jede Gruppe etwa fünf hinsichtlich der gestalterischen Ansprüche, der Werkstoffe, der Kosten etc. möglichst breit gefächerte Lösungen skizzieren und dem anwesenden „Gemeinderat" die ihm am

geeignetsten erscheinende „verkaufen" (denn es soll auch Reden und Rede-und-Antwort-Stehen geübt werden). Dabei werden „total ausgeflippte" Lösungen ebenso abgelehnt wie langweilige, mit der Tendenz eher zu viel zu riskieren und vor allem dem Recht zur „Selbstverwirklichung", ja keine Anbiederung an den Geschmack des Professors, wie allzu bekannt bei Architektenentwürfen. So kommt es auch zu alle überraschenden Lösungen, die so im Laufe von zwei bis drei Sitzungen (von denen auch mal eine übersprungen werden darf) zeichnerisch verfeinert und überschlägig (!) berechnet, schließlich reingezeichnet einschließlich eines detaillierten Montageablaufs und vor allem eines selbstgebauten Modells zur Schlusspräsentation am Semesterende (oder beim hierfür etwas kurzen Sommer-

these lines also after graduation. Our experience, however, has shown us that this rediscovered creativity will stay alive only if it is constantly used in everyday practice (d) and that it unfortunately vanishes again in far too many cases, especially if an engineer's environment is oriented too much towards technocracy (c) during the first years of practice.

Such a design-focussed education makes high demands on teachers and students, but is also highly rewarding and inspiring. The assignments should be fairly simple in their functional aspects: a pedestrian or railway bridge or a viaduct with a route, a valley profile, a site and possible ways of access pointed out in the brief, sport grounds, a stand for spectators, the roofing of an exhibition space, or the

design of a water tower housing a restaurant, based on a given water volume, etc., always accompanied by an introduction illustrating good and bad examples and providing bibliographical references. Usually students are encouraged to work in groups of two or sometimes even three, and occasionally they are also allowed to tackle a problem individually. One of the group members may be an architect. This, however, has turned out to be detrimental most of the time, as engineers tend to twiddle their thumbs until they are supposed to start calculating, which would be exactly the reverse of what is intended. It is ideal to work with at least six groups (to reach a certain diversity), up to a maximum of twelve (to be able to keep track of proposals). Meetings are held once a week.

First of all, each group has to draft five solutions offering a broad range with regard to aesthetics, material and costs, and is then asked to "sell" the best proposal to the attending "city council" (in order to practice defending and justifying a project). In this process "totally eccentric" as well as boring solutions are rejected. The tendency is rather towards taking higher risks and letting the students express themselves. There should be no ingratiating attempts whatsoever to appeal to the professor's personal taste, as is far too common with design proposals in architecture. This group approach leads to the production of surprisingly innovative solutions. Then the proposals are refined and roughly calculated in the course of two to three sessions (of which one or the other may be skipped).

semester zu Beginn der Semesterferien) gebracht werden. Dazu, aber nicht zur Notensitzung, jedoch wieder zum Abschlussfest sind Freunde und Kollegen eingeladen.

Es ist fast überflüssig hinzuzufügen, dass eine solche Entwurfslehre auch die geeignete Vorbereitung zur Teilnahme an Entwurfswettbewerben für Ingenieure ist, wie sie Wolfdietrich Ziesel zurecht immer wieder fordert. Es ist tatsächlich überhaupt nicht einzusehen, dass für Museen, Banken, ja Kindergärten groß angelegte Wettbewerbe durchgeführt werden, während man die Aufträge für die Planung von ihrem Umfeld allein wegen ihrer Größe und längeren Lebensdauer viel stärker belastende oder bereichernde Brücken nach dem billigsten Honorar vergibt.

Die Baukunst ist unteilbar und unsere gebaute Infrastruktur wird erst durch Kultur zur Zivilisation. Um das immer wieder ins Bewusstsein zu rücken, braucht es unermüdliche Vorbilder und Rufer in der Wüste wie Wolfdietrich Ziesel.

Finally, a set of construction drawings and a detailed assembly scheme are worked out and, most importantly, a hand-made structural model is presented at the end of the term (or also at the beginning of the semester break, depending on the time available). Friends and colleagues are invited to attend the presentation and the subsequent party, but are excluded from the grading session.

It goes without saying that such a design course is also the ideal way to prepare students for participation in design competitions held for engineers, which Wolfdietrich Ziesel rightly calls for again and again. It is indeed hard to see why large competitions are held for museums, banks and even nursery schools, whereas planning contracts for bridges, which, due to their dimensions and design life, have a much greater positive or negative impact on their environment, are allocated according to the lowest tender.

The art of building is indivisible, and it is only through culture that our built infrastructure becomes part of civilisation. In order to be constantly reminded of this fact we need untiring role models, voices crying in the wilderness like that of Wolfdietrich Ziesel.

Ort	Höhe	Material	Auftraggeber	Bildhauer	Status
Location	Height	Material	Client	Sculptor	Status
Gleisdorf	25 m	Stahl	Land Steiermark	Hartmut Skerbisch	Projekt
Styria, Austria		Steel	State of Styria		Project

001

Sunfans Weiz

Sonnentacher Weiz

Lagebestimmung
Location

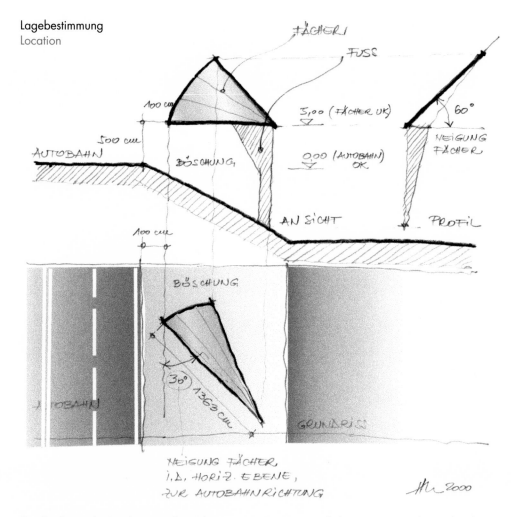

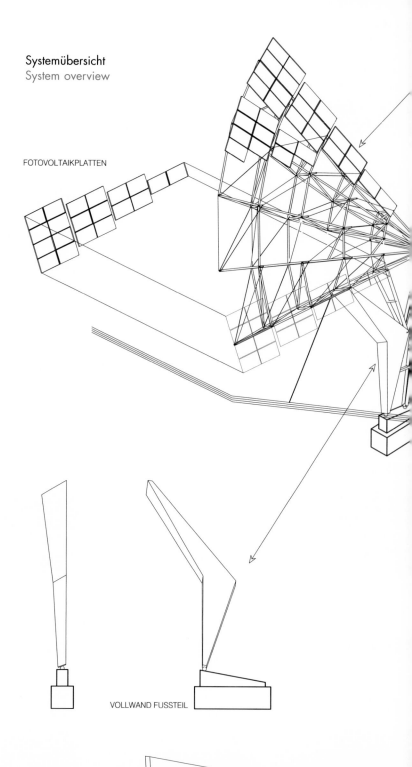

Systemübersicht
System overview

FOTOVOLTAIKPLATTEN

VOLLWAND FUSSTEIL

Für die Steirische Landesausstellung des Jahres 2001, die unter dem Titel „Energie" veranstaltet wurde, sollten unter anderem an der Autobahn A2 als Hinweis auf die Veranstaltung so genannte Sonnensegel aufgestellt werden.

Diese sind fächerartige Konstruktionen, die mit Fotovoltaikplatten bestückt sind und auf der Böschung neben der Fahrbahn Richtung Graz aufgestellt werden.

For its annual show in 2001, devoted to the subject of energy, the Federal State of Styria commissioned a series of so-called sun-sails. They were to be installed alongside motorway A2, serving as eyecatchers for the nearby exhibition.

These sun-sails are fan-like constructions equipped with photovoltaic panels, erected on the embankments next to the motorway on the way to Graz.

RADIALTRÄGER

Träger senkrecht zur Fächerebene für Windaus- steifung.

FUSS-BESTANDTEILE

PERSP. VON HINTEN

20°

30°

Da das eigentliche Segel – oder der Fächer – aus der modularen Zusammenfügung von Fotovoltaikplatten besteht, ist die Größe dieser Platten maßgebend für dessen Planung und die daraus resultierenden Gesamtmaße. Es wurden Platten in der Größe von 123 Zenti- metern Höhe mal 67 Zentimetern Breite ange- nommen, mit Fugen von einem Zentimeter in der Querrichtung und 6,2 Zentimetern in der Längsrichtung.

Die Neigung des Segels von der Horizonta- len beträgt 60 Grad, die Neigung des Fußes 90 Grad vertikal.

Die Unterkante der Segelkonstruktion befindet sich in fünf Metern Höhe über der Autobahn – die Oberkante ist im Maximalfall fast 20 Meter hoch, so dass sich ziemlich große Höhen und damit auch erhebliche Angriffs- flächen für Wind, Schnee und Eisbefall ergeben.

As the whole structure was conceived as an assembly of individual photovoltaic elements, the latters' size determines the design and overall dimensions of the object. The panels chosen measure 123 high by 67 cm wide, with a spacing between the panels of 1 cm in cross direction and 6.2 cm lengthwise.

While the structure's base column is vertical, the photovoltaic surface is inclined 60 degrees from the horizontal.

The lower edge of this sail construction is located five meters above road level, where- as the upper edge rises to a maximum of twenty metres above the ground, exposing a surface of considerable size to wind, snow and ice.

Ansicht
Elevation

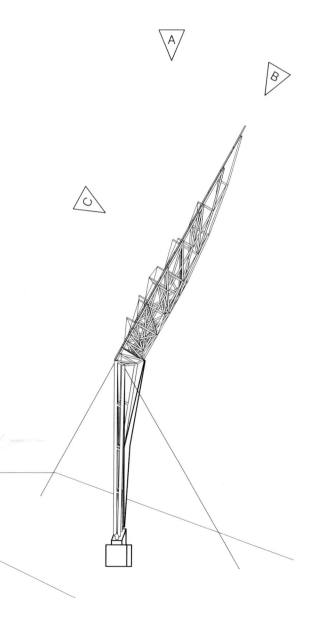

A

B

C

64

Maximalbestückung
Maximum number of elements

Ansicht A
Draufsicht
Elevation A,
top view

Ansicht C
Elevation C

Ansicht B
Normal zu
Fächerebene
Elevation B,
at right-angles
to plane of fans

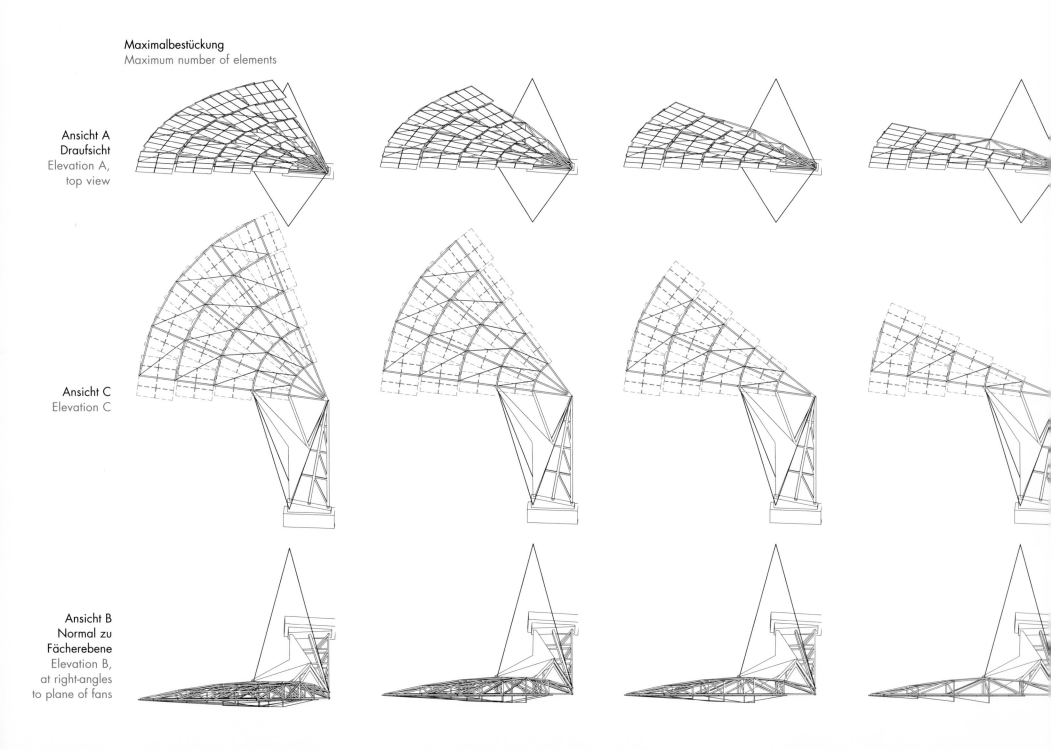

Minimalbestückung
Minimum number of elements

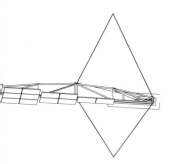

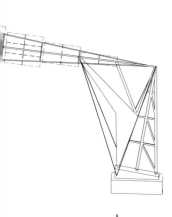

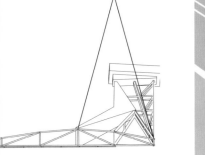

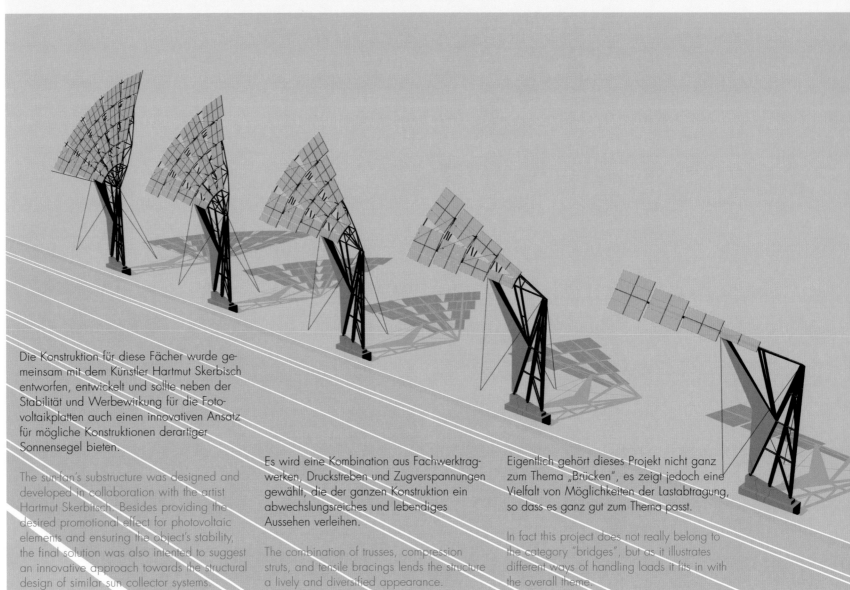

Die Konstruktion für diese Fächer wurde gemeinsam mit dem Künstler Hartmut Skerbisch entworfen, entwickelt und sollte neben der Stabilität und Werbewirkung für die Fotovoltaikplatten auch einen innovativen Ansatz für mögliche Konstruktionen derartiger Sonnensegel bieten.

The sun-fan's substructure was designed and developed in collaboration with the artist Hartmut Skerbitsch. Besides providing the desired promotional effect for photovoltaic elements and ensuring the object's stability, the final solution was also intented to suggest an innovative approach towards the structural design of similar sun collector systems.

Es wird eine Kombination aus Fachwerktragwerken, Druckstreben und Zugverspannungen gewählt, die der ganzen Konstruktion ein abwechslungsreiches und lebendiges Aussehen verleihen.

The combination of trusses, compression struts, and tensile bracings lends the structure a lively and diversified appearance.

Eigentlich gehört dieses Projekt nicht ganz zum Thema „Brücken", es zeigt jedoch eine Vielfalt von Möglichkeiten der Lastabtragung, so dass es ganz gut zum Thema passt.

In fact this project does not really belong to the category "bridges", but as it illustrates different ways of handling loads it fits in with the overall theme.

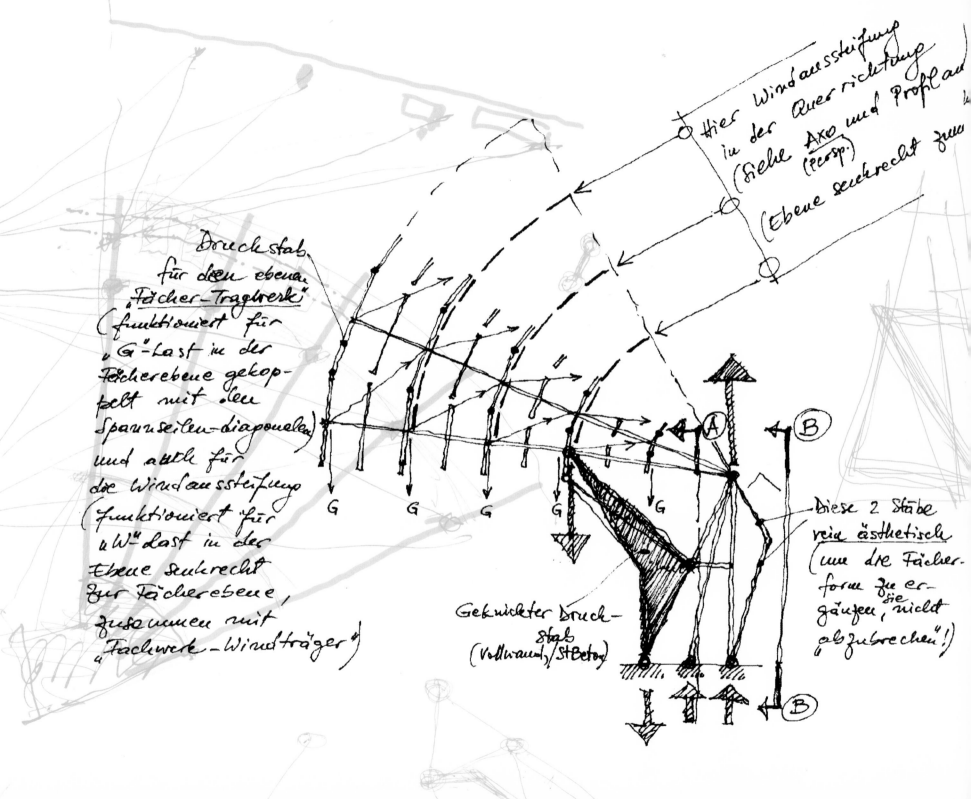

Hier Windaussteifung in der Querrichtung (siehe Axo und Propl... (persp.) (Ebene senkrecht zu...

Druckstab für den ebenen „Fächer-Tragwerk" (funktioniert für „G"-Last in der Fächerebene gekoppelt mit den Spannseilen-diagonalen) und auch für die Windaussteifung (funktioniert für „W"-last in der Ebene senkrecht zur Fächerebene, zusammen mit „Fachwerk-Windträger")

Geknickter Druck-stab (Vollwand/StBeton)

Diese 2 Stäbe rein ästhetisch (um die Fächer-form zu ergänzen, sie nicht abzubrechen"!)

G G G G G A Ⓐ Ⓑ Ⓑ

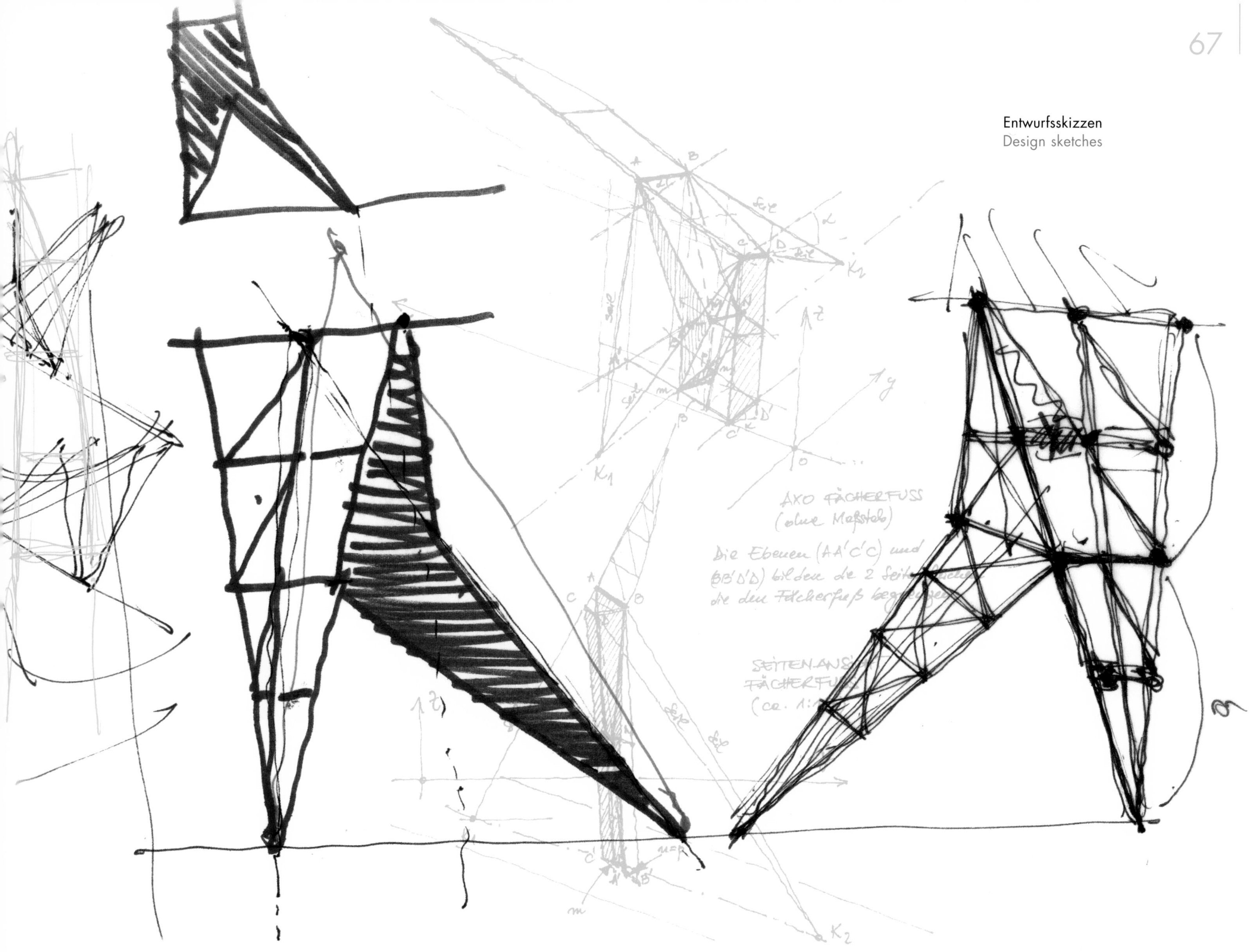

AXO FÄCHERFUSS
(ohne Maßstab)

Die Ebenen (AA'C'C) und
(BB'D'D) bilden die 2 Seitenflächen
die den Fächerfuß begrenzen

SEITEN-ANSICHT
FÄCHERFUSS
(ca. 1:?)

Ansicht
Elevation

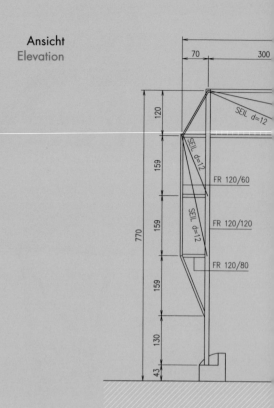

70   300

120

159   FR 120/60

159   FR 120/120

159   FR 120/80

130

43

770

SEIL d=12

SEIL d=12

SEIL d=12

Grundriss
Plan

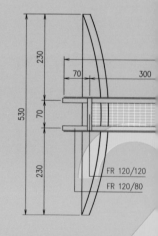

230

70   300

70

530

230

FR 120/120
FR 120/80

Überbrückt Spans	Ort Location	Länge Length	Material Material	Auftraggeber Client	Bildhauer Sculptor	Status Status
Autobahn A2 A2 Motorway	Gleisdorf Styria, Austria	22 m	Stahl Steel	Land Steiermark State of Styria	Hartmut Skerbisch	Projekt Project

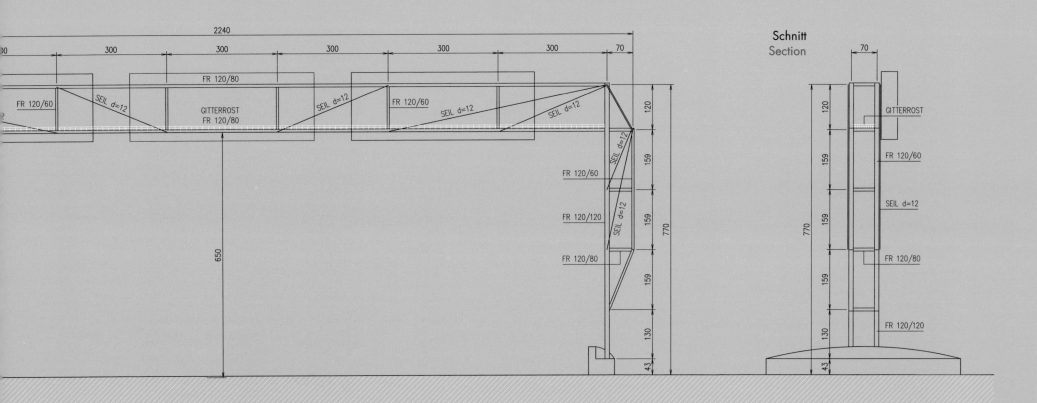

2240

300 | 300 | 300 | 300 | 300 | 70

FR 120/80

FR 120/60

SEIL d=12

GITTERROST
FR 120/80

SEIL d=12

FR 120/60

SEIL d=12

SEIL d=12

SEIL d=12

FR 120/60

SEIL d=12

FR 120/120

SEIL d=12

FR 120/80

120

159

159

159

130

43

650

770

Schnitt
Section

70

GITTERROST

FR 120/60

SEIL d=12

FR 120/80

FR 120/120

120

159

159

159

130

43

770

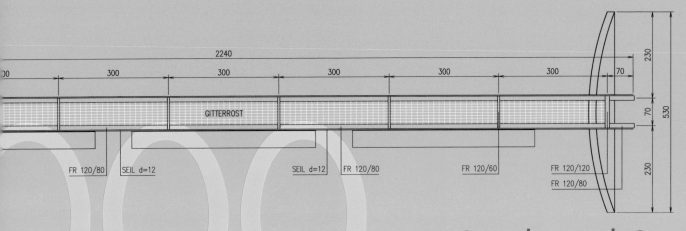

2240

300 | 300 | 300 | 300 | 300 | 70

GITTERROST

FR 120/80

SEIL d=12

SEIL d=12 | FR 120/80

FR 120/60

FR 120/120
FR 120/80

230

70

230

530

Signboard Structures

Schildertbrücken A2

Skizzen
Sketches

Die Autobahnen und Schnellstraßen werden mit Rahmen-Brücken-Konstruktionen überspannt, auf denen alle für Autofahrer wichtigen Informationen angebracht sind. Die Konstruktionen für diese Brücken sind einfallslos, plump und stören das gesamte Bild und Ambiente dieser wichtigen Verkehrsverbindungen. In anderen Ländern, zum Beispiel in den USA, hat man schon wesentlich elegantere und ansprechendere Konstruktionen gefunden.

Im Zug der Entwicklung der Sonnenfächer für die Steirische Landesausstellung 2001 wurde auch daran gedacht, die einfallslosen Schilderbrücken im Bereich Gleisdorf durch innovative, moderne Konstruktionen zu ersetzen.

Prinzipiell wurde eine filigrane, elegant aufgelöste Stabfachwerkkonstruktion in Form eines Rahmens entwickelt – und dann auch in etwas abgeänderter Form im Zuge der Autobahn A2 bei Gleisdorf realisiert.

Wie immer wurden möglichst viele Zugstäbe erfunden, die Bestandteil einer zarten, optisch ansprechenden Konstruktion sind. Diese ist in allen Richtungen ausgesteift. Die Brücke soll zur Wartung auch begehbar sein, daher hat sich ein trogförmiger Querschnitt angeboten.

In order to provide motorists with vital information, frame structures holding relevant signs and boards span across highways and motorways. The design of these constructions, however, is usually crude and unimaginative and creates an unfavourable overall impression of such important traffic connections. In other countries, such as in the USA, more elegant and attractive solutions have already been developed.

On the occasion of the development of the "sunfans" for the Federal State of Styria's regional exhibition 2001, it was also considered replacing some of the existing, uninspired signboard substructures in Gleisdorf with more innovative, modern constructions.

The initial design was an elegant minimised three-dimensional steel frame. Finally, a slightly modified version was realised on the A2 motorway near Gleisdorf.

Based on the usual constructional principle, as many tensile elements as possible were developed to form part of a delicate, visually appealing three-dimensional frame, which is braced in all directions. For maintenance purposes the structure must be easily accessible, which is why a trough-shaped cross-section was chosen.

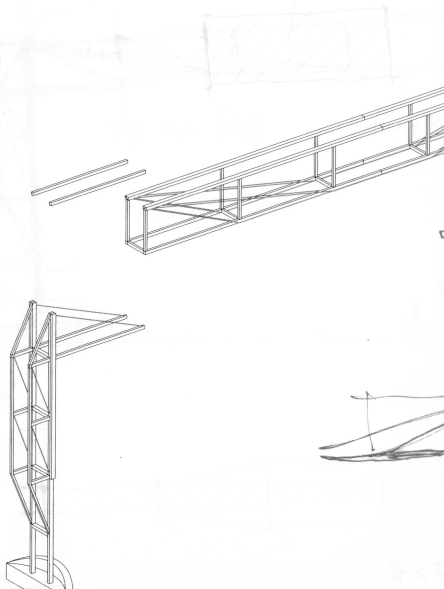

Realisierte Brücke – stark verändert
Realized signboard structure—much modified

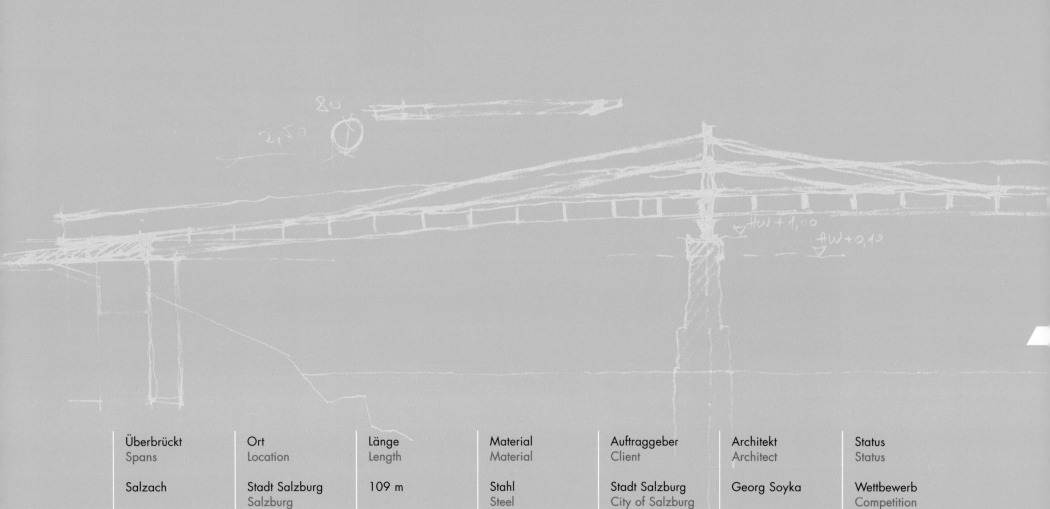

Überbrückt	Ort	Länge	Material	Auftraggeber	Architekt	Status
Spans	Location	Length	Material	Client	Architect	Status
Salzach	Stadt Salzburg	109 m	Stahl	Stadt Salzburg	Georg Soyka	Wettbewerb
	Salzburg		Steel	City of Salzburg		Competition

998

Makartsteg

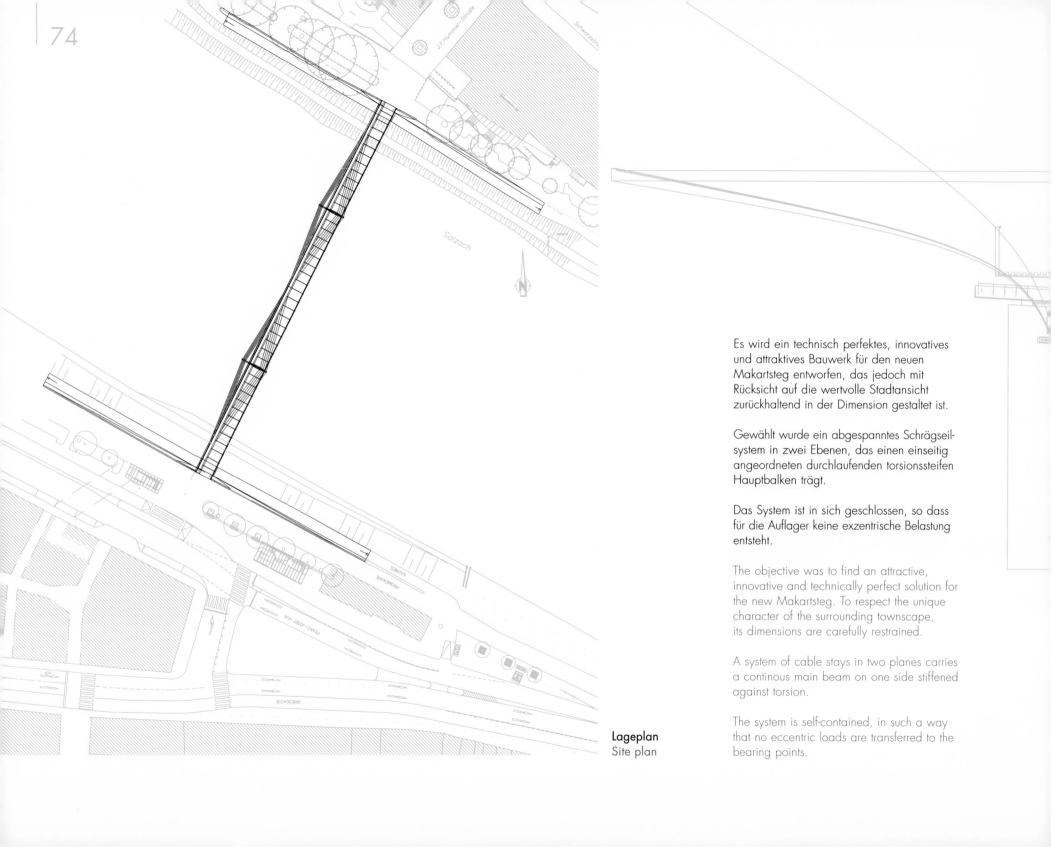

Es wird ein technisch perfektes, innovatives und attraktives Bauwerk für den neuen Makartsteg entworfen, das jedoch mit Rücksicht auf die wertvolle Stadtansicht zurückhaltend in der Dimension gestaltet ist.

Gewählt wurde ein abgespanntes Schrägseilsystem in zwei Ebenen, das einen einseitig angeordneten durchlaufenden torsionssteifen Hauptbalken trägt.

Das System ist in sich geschlossen, so dass für die Auflager keine exzentrische Belastung entsteht.

The objective was to find an attractive, innovative and technically perfect solution for the new Makartsteg. To respect the unique character of the surrounding townscape, its dimensions are carefully restrained.

A system of cable stays in two planes carries a continous main beam on one side stiffened against torsion.

The system is self-contained, in such a way that no eccentric loads are transferred to the bearing points.

Lageplan
Site plan

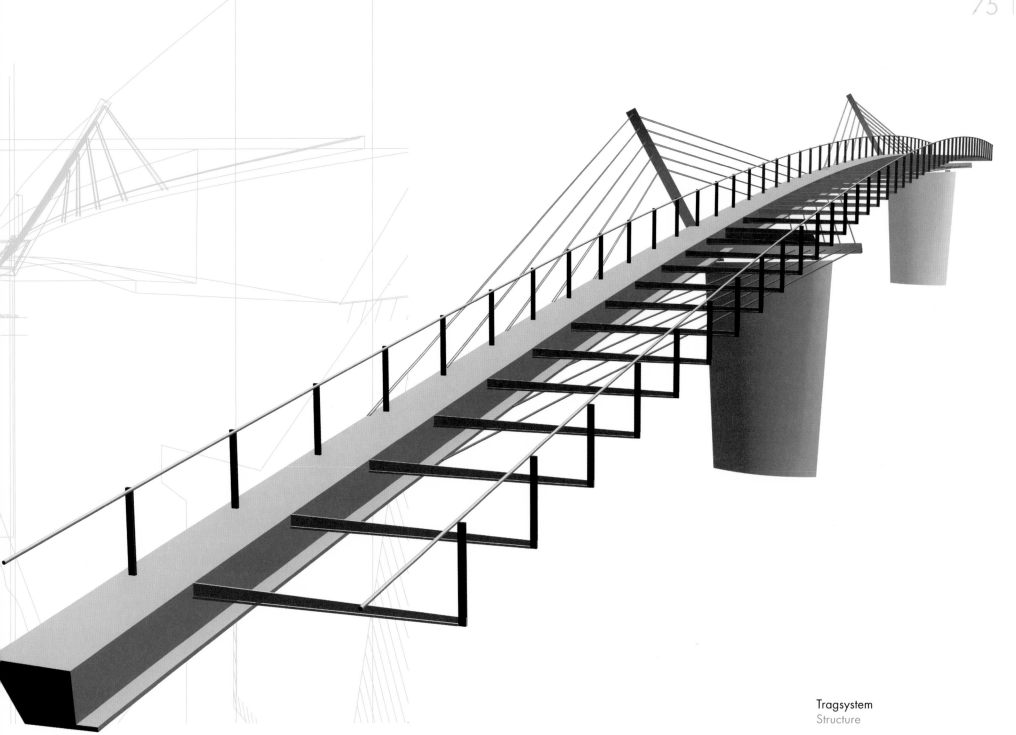

Tragsystem
Structure

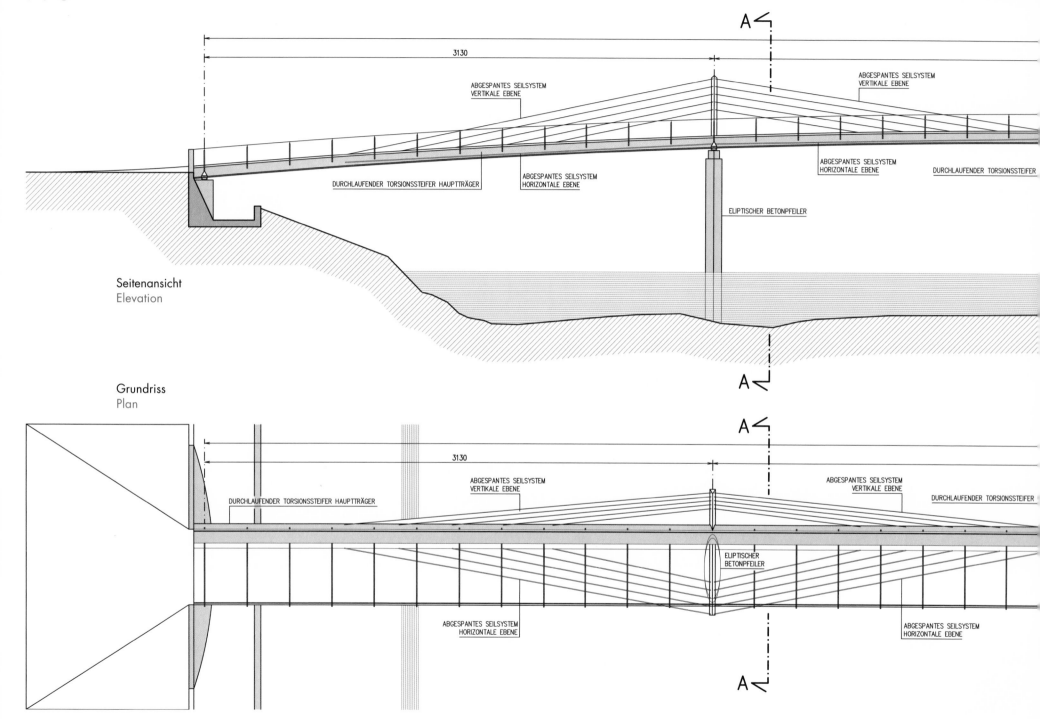

A

3130

ABGESPANTES SEILSYSTEM
VERTIKALE EBENE

ABGESPANTES SEILSYSTEM
VERTIKALE EBENE

ABGESPANTES SEILSYSTEM
HORIZONTALE EBENE

DURCHLAUFENDER TORSIONSSTEIFER

DURCHLAUFENDER TORSIONSSTEIFER HAUPTTRÄGER

ABGESPANTES SEILSYSTEM
HORIZONTALE EBENE

ELIPTISCHER BETONPFEILER

Seitenansicht
Elevation

A

Grundriss
Plan

A

3130

ABGESPANTES SEILSYSTEM
VERTIKALE EBENE

ABGESPANTES SEILSYSTEM
VERTIKALE EBENE

DURCHLAUFENDER TORSIONSSTEIFER HAUPTTRÄGER

DURCHLAUFENDER TORSIONSSTEIFER

ELIPTISCHER
BETONPFEILER

ABGESPANTES SEILSYSTEM
HORIZONTALE EBENE

ABGESPANTES SEILSYSTEM
HORIZONTALE EBENE

A

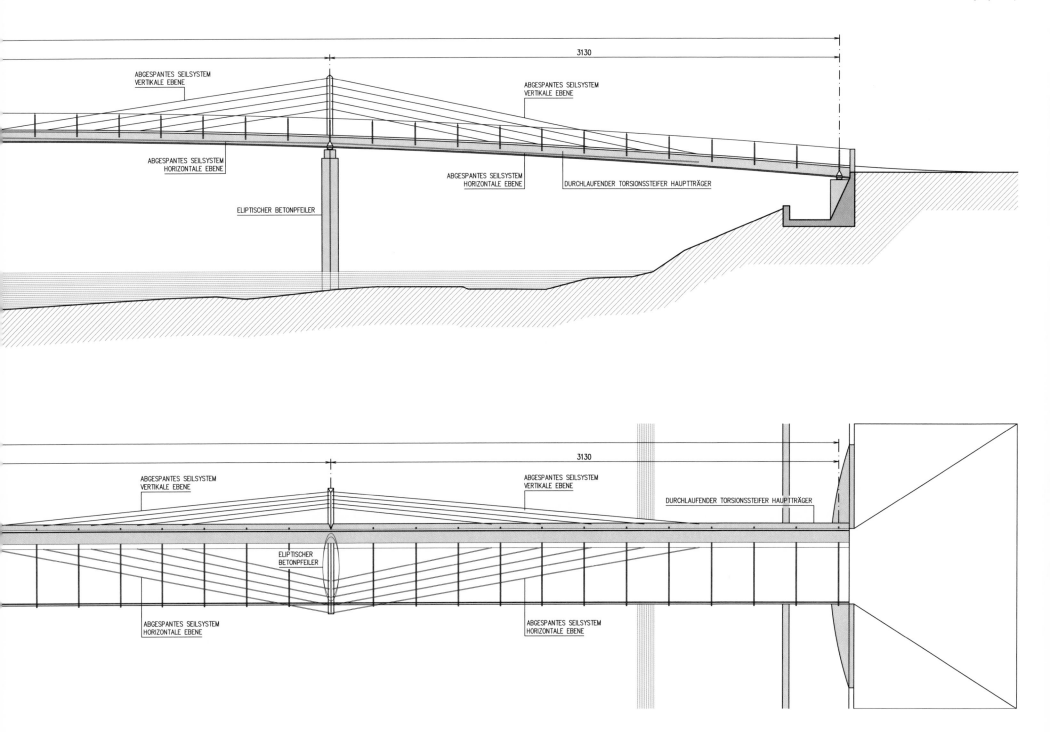

3130

ABGESPANTES SEILSYSTEM
VERTIKALE EBENE

ABGESPANTES SEILSYSTEM
VERTIKALE EBENE

ABGESPANTES SEILSYSTEM
HORIZONTALE EBENE

ABGESPANTES SEILSYSTEM
HORIZONTALE EBENE

DURCHLAUFENDER TORSIONSSTEIFER HAUPTTRÄGER

ELIPTISCHER BETONPFEILER

3130

ABGESPANTES SEILSYSTEM
VERTIKALE EBENE

ABGESPANTES SEILSYSTEM
VERTIKALE EBENE

DURCHLAUFENDER TORSIONSSTEIFER HAUPTTRÄGER

ELIPTISCHER
BETONPFEILER

ABGESPANTES SEILSYSTEM
HORIZONTALE EBENE

ABGESPANTES SEILSYSTEM
HORIZONTALE EBENE

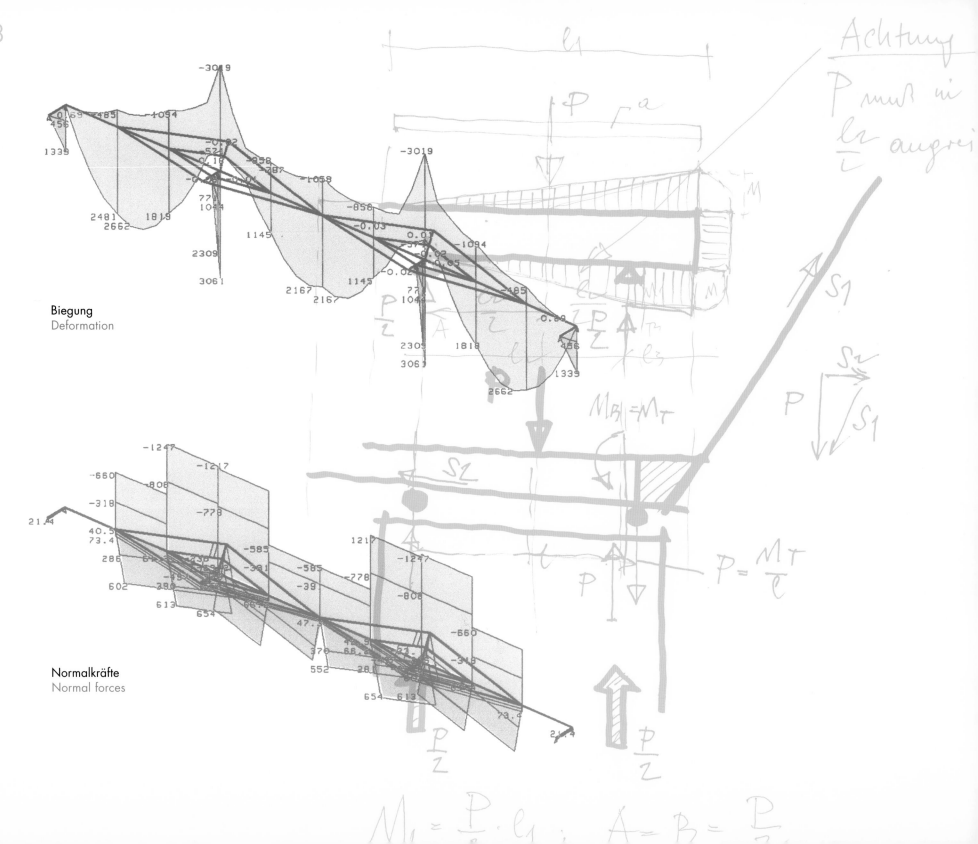

Biegung
Deformation

Normalkräfte
Normal forces

Wichtig ist die geringe Höhe des Hauptträgers wegen des Neigungsverhältnisses der
Brückenoberkante. Die Minimalhöhe für das
gesamte Bauwerk beträgt wegen der mitge-
führten Rohre 70 Zentimeter.

Die Pylone sind weg vom Stadtzentrum
geneigt – damit ist der Blick zur Stadt und
auf der Brücke ungestört. Verspannungen
in zwei Ebenen ergeben gute dynamische
Eigenschaften. Die Radwege werden unter
die Brücke abgesenkt. Die Randauflager der
Brücke befinden sich hinter dem Radweg,
so dass dieser ohne Schwenk im Grundriss
durchlaufen kann.

The structural thickness or height of the main
beam is restricted by the gentle rise of the
bridge. Due to the pipe running inside its
minimum height is 70 cm.

The cable pylons are tilted away from the city
centre, leaving the view of the city unspoiled.
The bracing in two planes guarantees good
dynamic properties. The cycle routes along
the river are lowered at the bridge and the
end bearings of the bridge are set back so
that the cycle lanes can run straight past them.

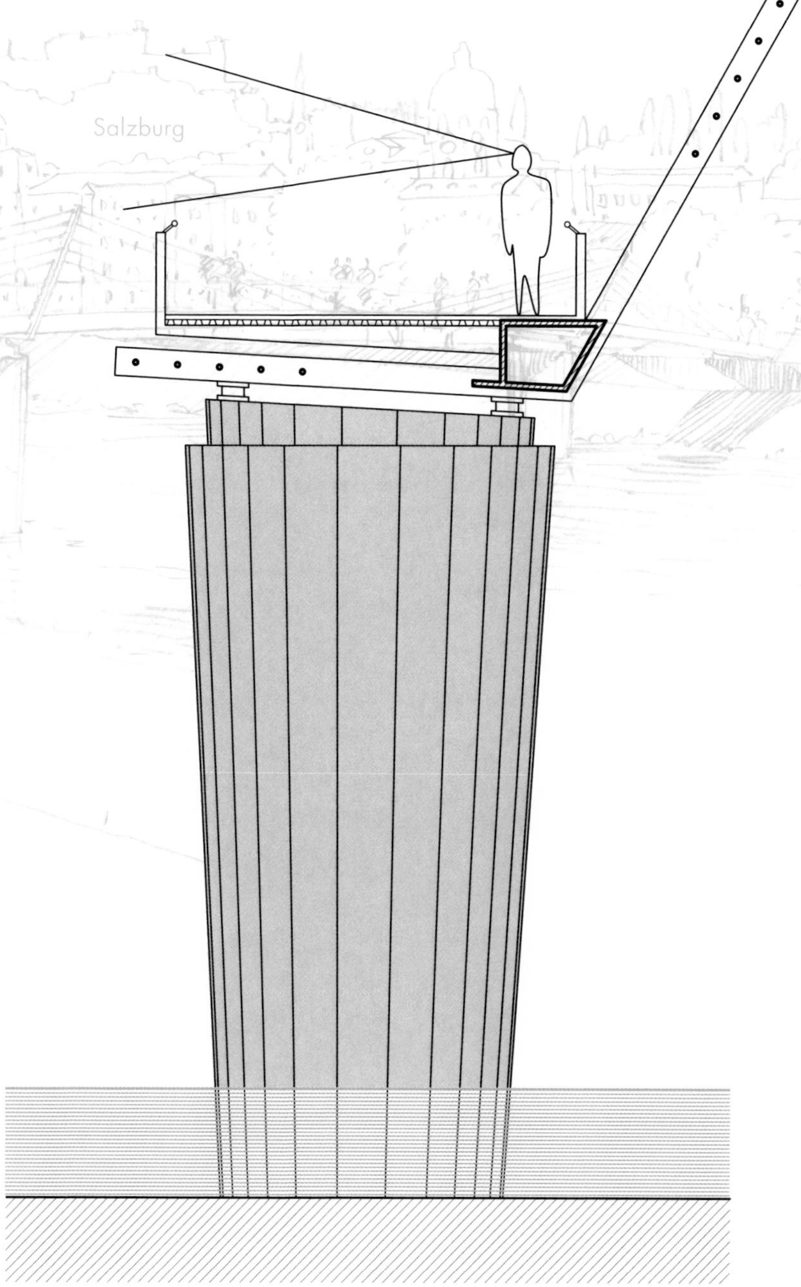

Salzburg

Querschnitt
Cross-section

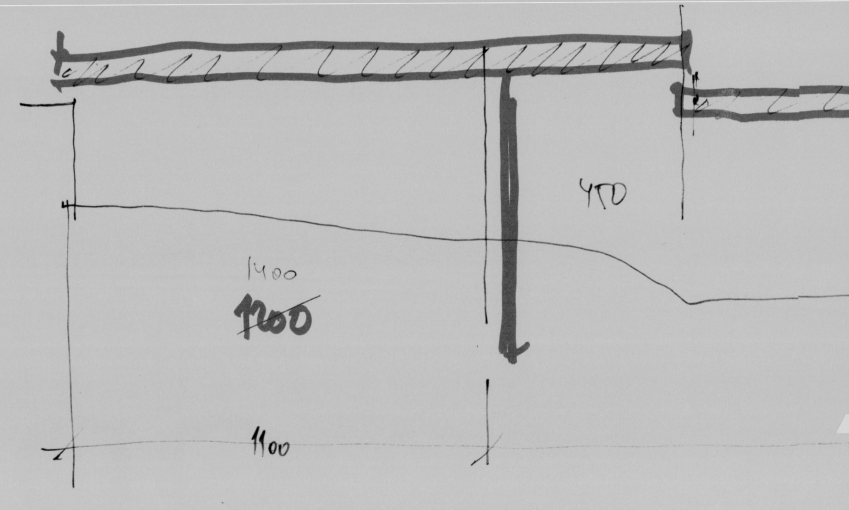

1400

1200

1100

470

Überbrückt	Ort	Länge	Material	Auftraggeber	Architekt	Status
Spans	Location	Length	Material	Client	Architect	Status
Vöckla	Vöcklabruck	49 m	Stahl	Stadt Vöcklabruck	Hans Jörg	Wettbewerb
	Upper Austria		Steel	City of Vöcklabruck	Eiblmayr	Competition

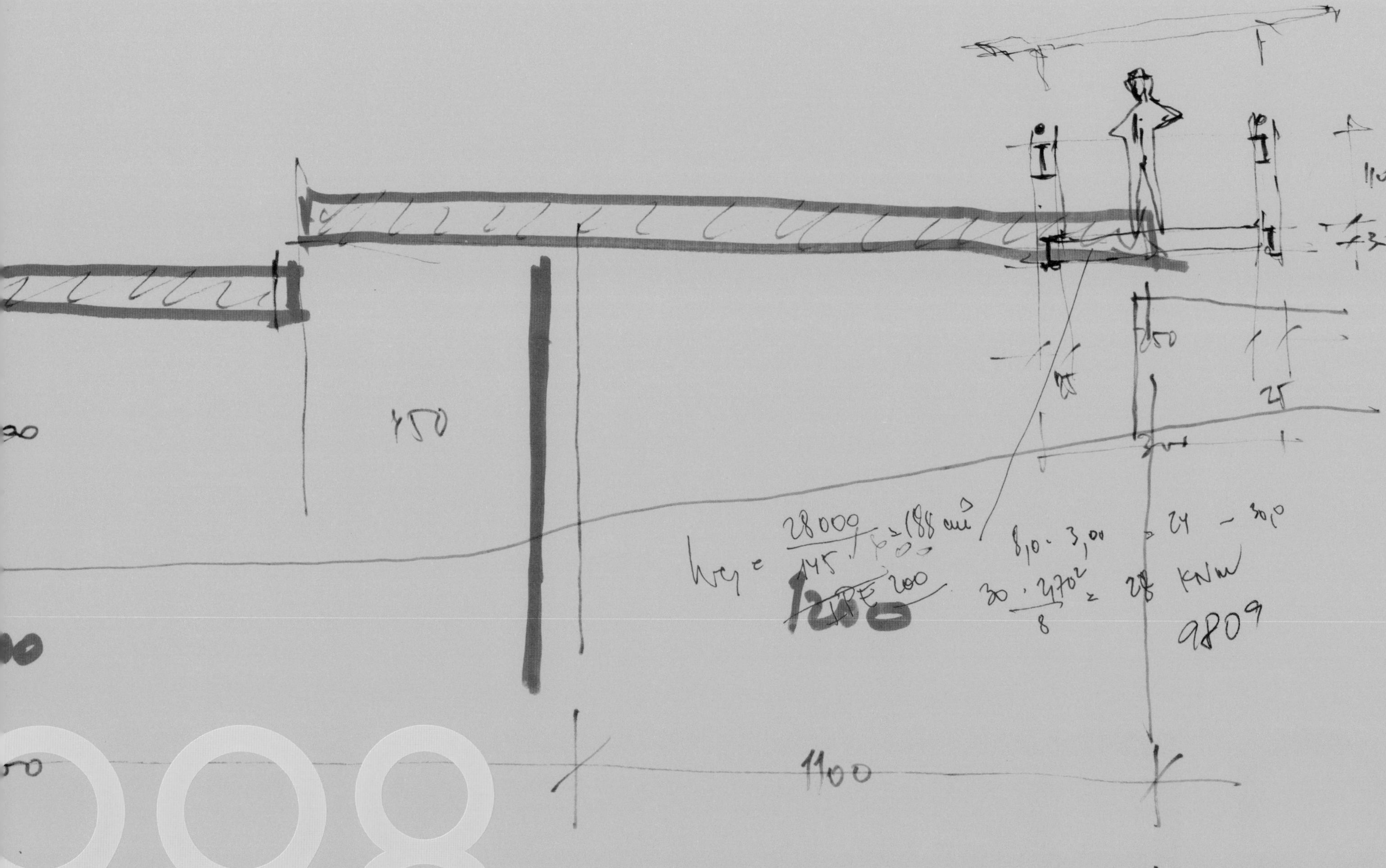

$$h_y = \frac{28\,000}{145} \cdot f = 188 \text{ cm}^3$$

HEB 200

8,10 · 3,00 = 24 — 30,0

$$\frac{30 \cdot 2,70^2}{8} = 28 \text{ KNW}$$

980 q

150

1200

1100

998

Vöcklabruck Pedestrian Bridge

Die Idee eines neuen Pioniersteges über die Vöckla war ein Bauwerk, das neben seiner gestalterischen und funktionellen Qualität auch einen innovativen Ansatz für eine besondere Ingenieurbaukunst im Sinne unserer Zeit darstellt.

Für die Konstruktion der Tragwerke wird ein dreifacher Gerberträger mit zwei Gelenken im Mittelfeld als statisch bestimmtes System gewählt. Dieses ist auf einen konsequent durchgehaltenen Raster von 3,5 Metern aufgebaut. Vorteile sind die Einfachheit in der seriellen Herstellung und Montage der Konstruktion sowie eine nahezu gleichmäßige und damit wirtschaftliche Auslastung aller Tragwerksteile. Darüber hinaus sind statisch bestimmte Systeme unempfindlich gegenüber äußeren Einflüssen wie Temperaturschwankungen, Setzungen in den Fundamenten etc.

The idea was to design a structure with formal and functional qualities which, at the same time, would constitute an innovative approach to state-of-the-art structural engineering.

An articulated gerber beam with two joints in the central bay was chosen as the structural system. The system is based on a strict grid of 3.5 metres. The merit of this approach lies in the simplicity of serial production and assembly as well as in an almost uniform, and hence economical distribution of the working load throughout the entire system. Furthermore, structurally determined systems are more resistant to external impacts such as changes in temperature, foundation settlement, etc.

Es war die Aufgabe gestellt, an Stelle des alten Pioniersteges einen neuen Steg über die Vöckla zu entwerfen, der die Innenstadt mit dem Freizeitgelände verbindet. Dieser soll die bestehende Verkehrsrelation zwischen den beiden Teilen sowie die bestehenden uferbegleitenden Wegeführungen entlang der Vöckla wieder gewährleisten.

The task was to design a new bridge across the River Vöckla that would replace the old catwalk connecting the inner city with the leisure facilities on the opposite side of the river. It was supposed to serve as a link between the river banks, improve existing traffic relations and complement the walkways running alongside the river.

Breite und Konstruktion des Steges sind auf eine gemeinsame Benützung durch Fußgänger und Radfahrer auszulegen. Sämtliche vorhandenen Fuß- und Radwege sind an das künftige Brückenbauwerk anzubinden und in ihrer Weiterführung zu beachten.

The dimensions and construction of the bridge had to allow it be used by pedestrians and cyclists simultaneously. All existing walkways and cycle tracks had to be connected to the new structure while ensuring their flow and continuation.

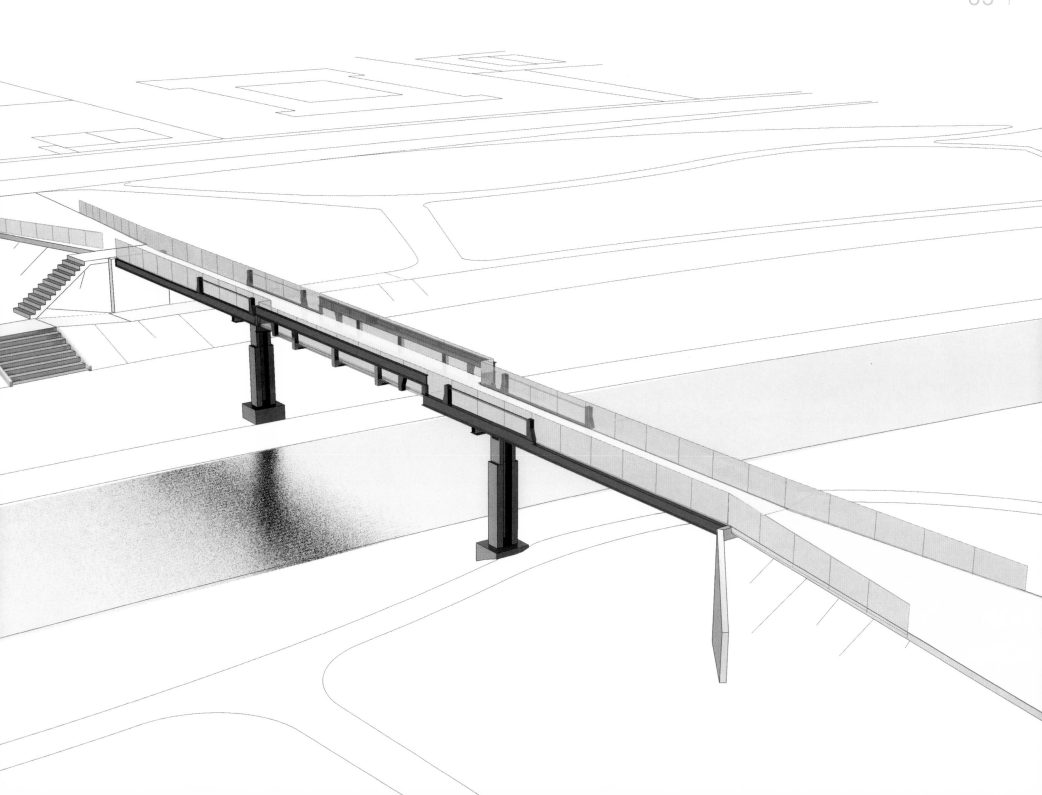

Als Materialien werden für die Hauptträger Stahl, für die Fahrbahn Trapezblech mit Ortbetonverguss gewählt. Die Pfeiler werden in einer plastischen Form den Beanspruchungen angepasst und wegen der Verträglichkeit mit dem Fluss – wie auch die Fundamente – aus Stahlbeton ausgeführt.

Wie so oft wird von mir angeregt, für das Stahltragwerk nichtrostenden Edelstahl zu wählen. Dieser Werkstoff ist zwar im Materialpreis teurer als herkömmlicher Stahl, hat jedoch – abgesehen von der wesentlich größeren optischen Qualität – den Vorteil, dass erstmaliger und aufwändiger Korrosionsschutz bei der Errichtung der Konstruktion und danach als laufender Erhaltungsaufwand entfällt. Vor allem erscheint wegen des sehr geringen Materialaufwandes die Wahl von Edelstahl unbedingt überlegenswert.

Steel is used for the main beam, while the driveway is made of corrugated sheet metal, serving as a form for in-situ concrete. The piers and their foundations are cast in concrete because of the material's compatibility with the river. Their form corresponds to the flow of forces.

Once again I proposed here to build the structure using stainless steel. Although this material involves higher initial costs, it offers —in addition to its greater visual attractiveness—the important advantage that it requires no protection against corrosion, neither at the construction phase nor later, during the structure's life span. Particularly due to the low amount of material used, stainless steel seemed an option deserving serious consideration in this project.

Das konstruktive System ist eine neuartige Methode, um möglichst viel Material zu sparen. Es werden nämlich die Spitzenwerte der Biegebeanspruchung durch eine Vorspannung (ähnlich wie beim Spannbeton) reduziert und damit eine Minimierung von Material und Verformung der Tragwerke erreicht.

The proposed structural system offers a new method of saving material. By prestressing the elements—similar to prestressing concrete— the peak values of the bending stress are reduced, thus minimising the amount of material required and the deformation of the structure.

Draufsicht
Top view

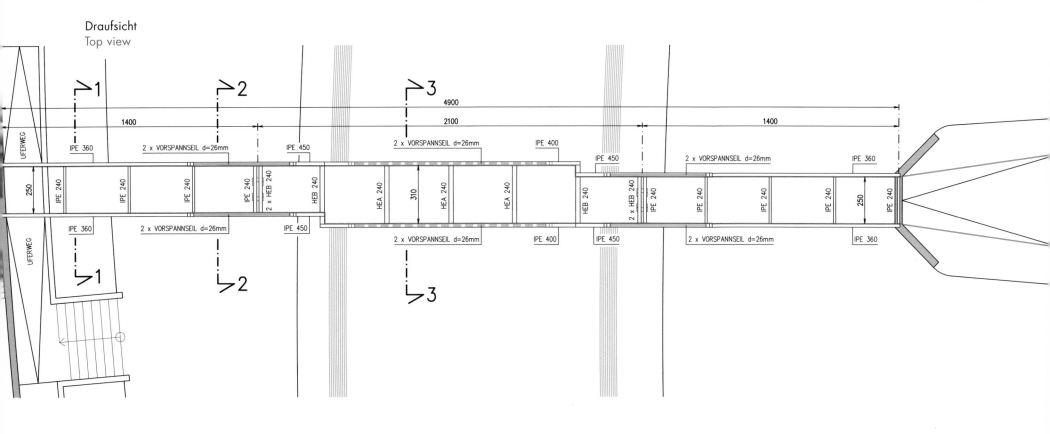

Längsschnitt
Longitudinal section

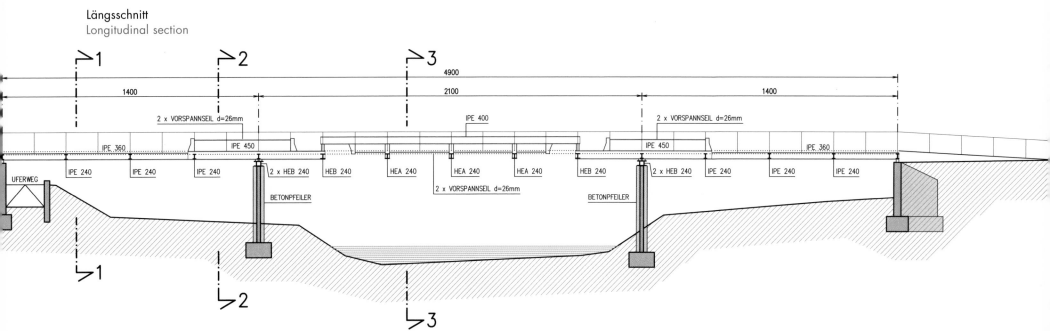

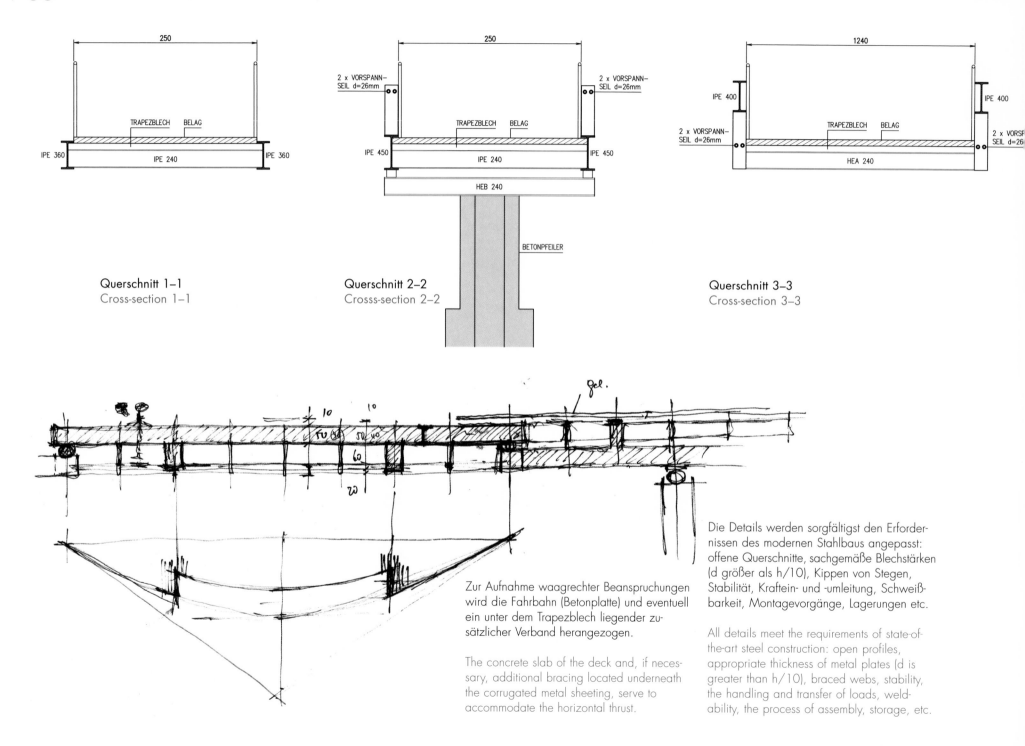

Querschnitt 1–1
Cross-section 1–1

Querschnitt 2–2
Crosss-section 2–2

Querschnitt 3–3
Cross-section 3–3

Zur Aufnahme waagrechter Beanspruchungen wird die Fahrbahn (Betonplatte) und eventuell ein unter dem Trapezblech liegender zusätzlicher Verband herangezogen.

The concrete slab of the deck and, if necessary, additional bracing located underneath the corrugated metal sheeting, serve to accommodate the horizontal thrust.

Die Details werden sorgfältigst den Erfordernissen des modernen Stahlbaus angepasst: offene Querschnitte, sachgemäße Blechstärken (d größer als h/10), Kippen von Stegen, Stabilität, Kraftein- und -umleitung, Schweißbarkeit, Montagevorgänge, Lagerungen etc.

All details meet the requirements of state-of-the-art steel construction: open profiles, appropriate thickness of metal plates (d is greater than h/10), braced webs, stability, the handling and transfer of loads, weldability, the process of assembly, storage, etc.

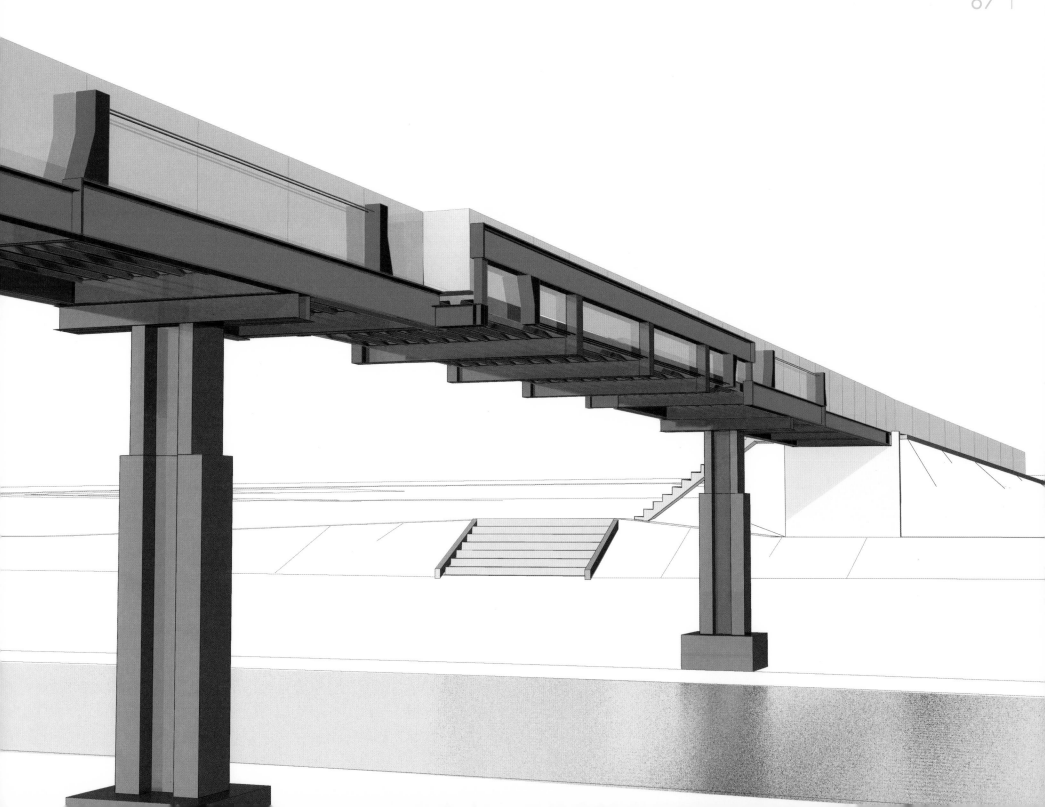

Überbrückt	Ort	Länge	Material	Auftraggeber	Architekt	Status
Spans	Location	Length	Material	Client	Architect	Status
Siebeckstraße	Wien	59 m	Stahl	Breiteneder	Otto Häuselmayer	Projekt
	Vienna		Steel			Project

997

Shopping Mall Bridge

Bridge Documentation

Entwurfsvarianten
Design sketches, variations

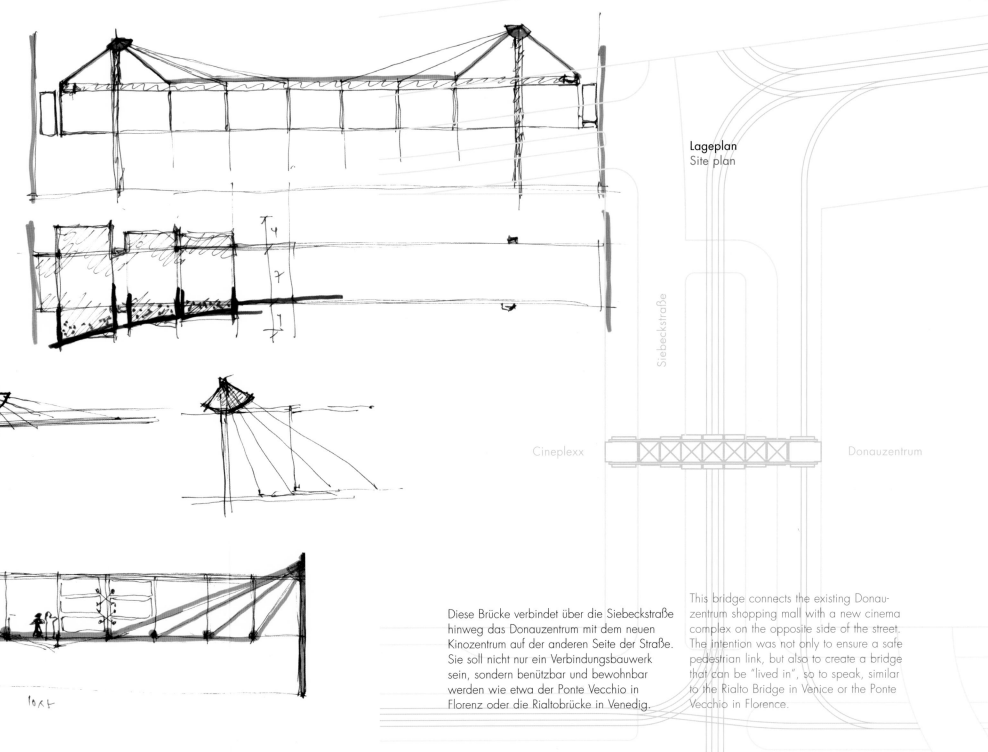

Lageplan
Site plan

Siebeckstraße

Cineplexx

Donauzentrum

Diese Brücke verbindet über die Siebeckstraße hinweg das Donauzentrum mit dem neuen Kinozentrum auf der anderen Seite der Straße. Sie soll nicht nur ein Verbindungsbauwerk sein, sondern benützbar und bewohnbar werden wie etwa der Ponte Vecchio in Florenz oder die Rialtobrücke in Venedig.

This bridge connects the existing Donauzentrum shopping mall with a new cinema complex on the opposite side of the street. The intention was not only to ensure a safe pedestrian link, but also to create a bridge that can be "lived in", so to speak, similar to the Rialto Bridge in Venice or the Ponte Vecchio in Florence.

Der Investor wünscht sich auf der Brücke Platz für Geschäfte, Boutiquen, Espressos, Werbung u.ä. Die zweite Randbedingung für den Entwurf dieser Brücke ist ein sehr knapper Raum darunter, da die notwendigen Lichtraumprofile der Straße mit ihren Verkehrsträgern einzuhalten sind. Daraus ergibt sich, dass es keine Konstruktion unter der Brücke geben darf. Das Tragwerk wird über der Brücke angeordnet und der Brückenraum an diesem aufgehängt.

The developer required space for shops, boutiques, coffee bars, advertising billboards and similar facilities on the bridge. A second project constraint was the need to keep a minimum clearance height below the bridge in order to comply with traffic requirements. As a consequence, the main load-bearing elements had to be located above the walkway, with the actual bridge suspended from them.

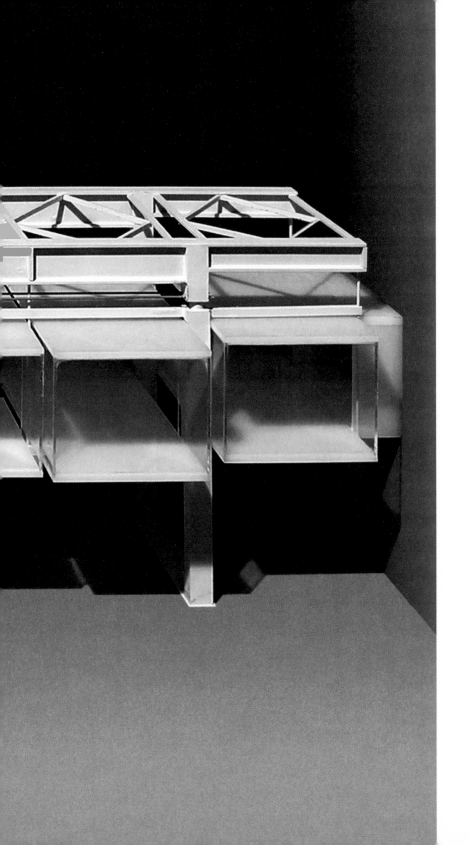

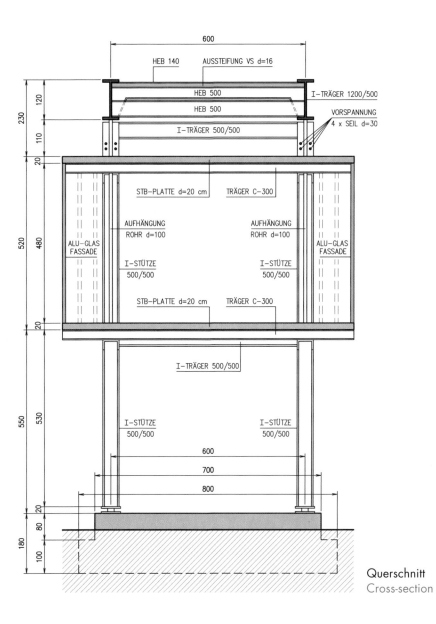

600

HEB 140   AUSSTEIFUNG VS d=16

120

230

HEB 500   I-TRÄGER 1200/500

HEB 500   VORSPANNUNG
4 x SEIL d=30

110

I-TRÄGER 500/500

20

STB-PLATTE d=20 cm   TRÄGER C-300

520

480

AUFHÄNGUNG   AUFHÄNGUNG
ROHR d=100   ROHR d=100

ALU-GLAS
FASSADE   ALU-GLAS
FASSADE

I-STÜTZE   I-STÜTZE
500/500   500/500

STB-PLATTE d=20 cm   TRÄGER C-300

20

I-TRÄGER 500/500

550   530

I-STÜTZE   I-STÜTZE
500/500   500/500

600

700

800

20

80

180

100

Querschnitt
Cross-section

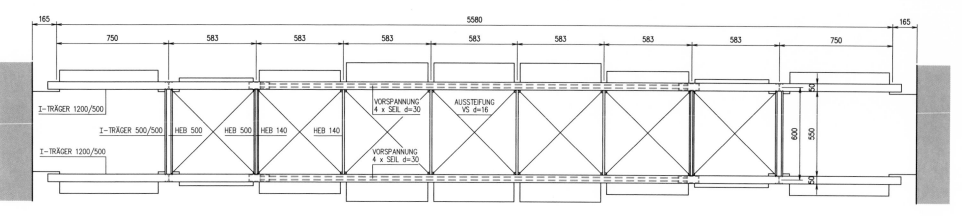

165 | 5580 | 165
750 | 583 | 583 | 583 | 583 | 583 | 583 | 583 | 750

I-TRÄGER 1200/500

I-TRÄGER 500/500 | HEB 500 | HEB 500 | HEB 140 | HEB 140

VORSPANNUNG
4 x SEIL d=30

AUSSTEIFUNG
VS d=16

I-TRÄGER 1200/500

VORSPANNUNG
4 x SEIL d=30

50 | 600 | 550 | 50

Draufsicht
Top view

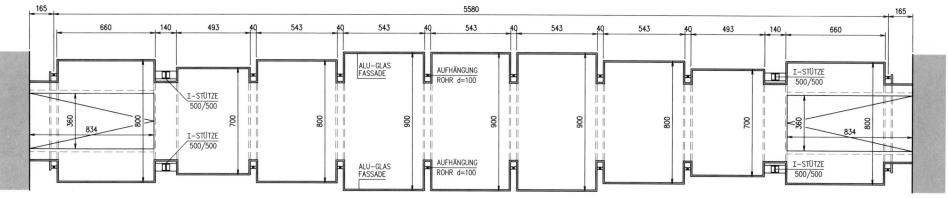

165 | 5580 | 165
660 | 140 | 493 | 40 | 543 | 40 | 543 | 40 | 543 | 40 | 543 | 40 | 543 | 40 | 493 | 140 | 660

ALU-GLAS
FASSADE

AUFHÄNGUNG
ROHR d=100

I-STÜTZE
500/500

I-STÜTZE
500/500

I-STÜTZE
500/500

360 | 834 | 800 | 700 | 800 | 900 | 900 | 900 | 800 | 700 | 360 | 834 | 800

ALU-GLAS
FASSADE

AUFHÄNGUNG
ROHR d=100

I-STÜTZE
500/500

Grundriss
Plan

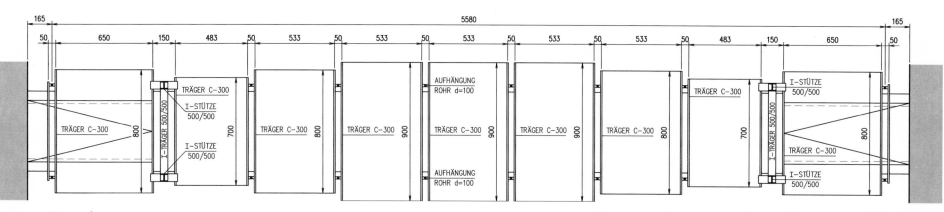

165 | 5580 | 165
50 | 650 | 150 | 483 | 50 | 533 | 50 | 533 | 50 | 533 | 50 | 533 | 50 | 533 | 50 | 483 | 150 | 650 | 50

TRÄGER C-300

TRÄGER C-300
I-STÜTZE
500/500

I-TRÄGER 500/500

I-STÜTZE
500/500

AUFHÄNGUNG
ROHR d=100

TRÄGER C-300

I-STÜTZE
500/500

TRÄGER C-300 | 800 | 700 | TRÄGER C-300 | 800 | TRÄGER C-300 | 900 | TRÄGER C-300 | 900 | TRÄGER C-300 | 900 | TRÄGER C-300 | 800 | 700 | 800

AUFHÄNGUNG
ROHR d=100

TRÄGER C-300

I-STÜTZE
500/500

Untersicht
View from below

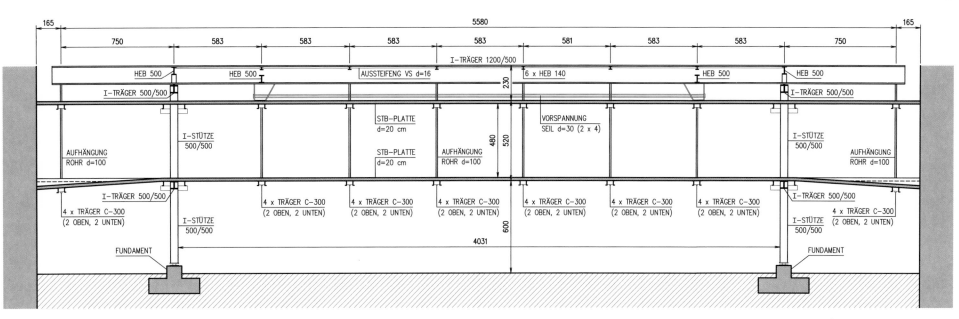

Längsschnitt
Longitudinal section

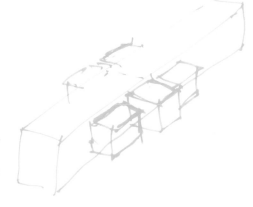

Nachdem auch nach oben hin nicht allzu viel Platz ist, wird eine sehr schlanke Konstruktion für das eigentliche Brückentragwerk angestrebt. Die Lösung wurde nach Untersuchungen und Abwägung vieler Varianten mit einem Vollwandträger gefunden, der zusätzlich eine negative Vorspannung erhält. Diese reduziert die Momentenbeanspruchung des Trägers sowie die wegen seiner Schlankheit doch erheblichen Verformungen.

As space above this elevated link is also limited, a very slender structure was required. After thorough investigations into numerous different design concepts it was finally decided to use a pre-stressed solid-walled plate girder. This solution not only lowers bending stress in the beam, it also reduces the beam's deformation, which could be quite significant due to the element's slenderness ratio.

Damit sich die Brücke in ihrer Breitenwirkung ausdehnen kann, sind mit Ausnahme der Zugstangen für den Brückenboden keinerlei konstruktive Elemente in den beiden Seitenwänden vorgesehen. So kann sich der Brückenraum mittels eingeschobener Glasboxen nach außen beliebig verändern und vergrößern.

To allow the bridge to expand in width, the lateral structural elements on either side of the bridge had to be minimised. Therefore, apart from the tension rods supporting the floor, there are no structural components in the side walls. In this way the floor space can be freely reconfigured and increased by inserting glass boxes as required.

Der Entwurf dieses Brückentragwerks ist ein hervorragendes Beispiel für den Gleichklang von Funktion, einfacher, klarer Form und besonders kreativer Ingenieurbaukunst.

The design and construction of this bridge provide an outstanding example of functional harmony and formal simplicity, as well as a particularly high level of creative structural engineering.

Überbrückt	Ort	Länge	Material	Auftraggeber	Architekt	Status
Spans	Location	Length	Material	Client	Architect	Status
Fulda	Kassel	87 m	Stahl	PEG Kassel-	Johann Georg Gsteu	Wettbewerb
	Germany		Steel	Unterneustadt		Competition

996

Kassel Bridge

Brücke Kassel

Die leichte, durch eine komplexe Konstruktion
ermöglichte Ausformung des Steges erfüllt alle
Anforderungen des Fußgänger- und Radver-
kehrs und bietet eine signifikante Gestalt,
ohne in irgendeine Art von Historismus oder
demonstrative Rücksichtslosigkeit (Gestaltungs-
oder Konstruktionsprotz) zu verfallen.

The light-weight and highly complex construction leads to a minimised structure that perfectly
meets all the requirements of a pedestrian and
cyclists' bridge. The design offers a strinking
form that neither imitates historical styles nor
obtrusively demonstrates an inappropriate
opulence in terms of design or construction.

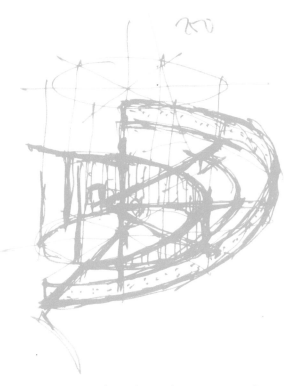

Unsere Spirale ist die moderne Antwort auf das Rondell, in dem es dem massiven statischen Festungsbollwerk eine zarte dynamische Konstruktion zuordnet, die den Blick auf das Rondell nicht verstellt und dem Brückenkopf Raum verschafft, ihn damit für öffentliche Nutzung (inklusive Verkehr) freier macht. Auf der Neustadtseite wird durch die Lageänderung des Steges die denkmalgeschützte Mauer zu neuem Leben erweckt.

The new spiral structure we propose is a contemporary response to the Rondell of the fortress in Kassel. It is a filigree and dynamic construction that contrasts with the massive and static fortification. It does not block the view of the Rondell and frees up the area in front of it to create a more ample public space. Modifying the course of the bridge on the Neustadt side of the river contributes to revitalising the ancient town wall, which is a protected monument.

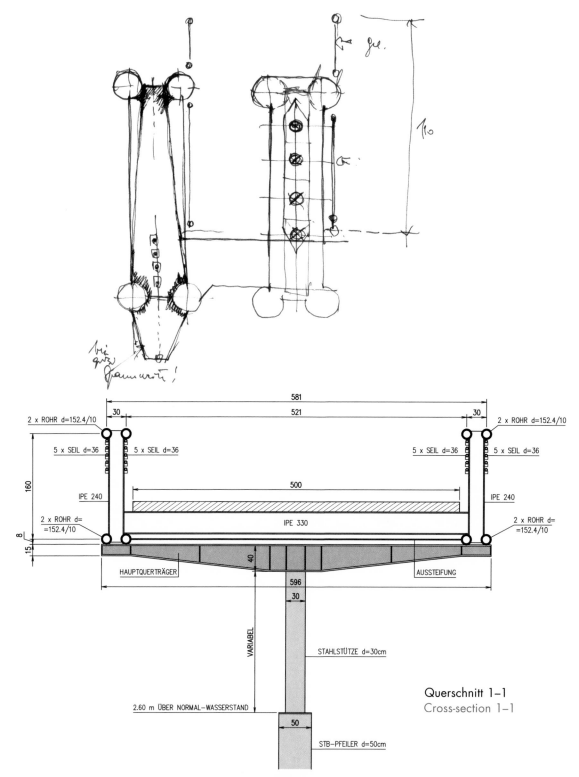

Querschnitt 1–1
Cross-section 1–1

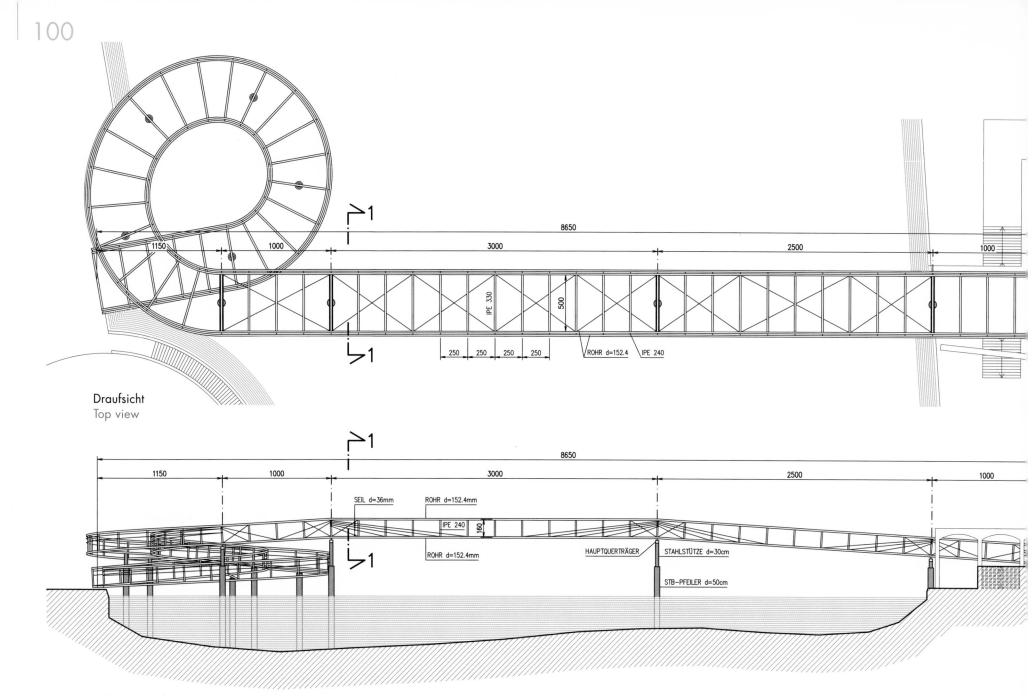

Draufsicht
Top view

8650

1150   1000   3000   2500   1000

IPE 330   500

250   250   250   250   ROHR d=152.4   IPE 240

Seitenansicht
Elevation

8650

1150   1000   3000   2500   1000

SEIL d=36mm   ROHR d=152.4mm

IPE 240   160

ROHR d=152.4mm   HAUPTQUERTRÄGER   STAHLSTÜTZE d=30cm

STB-PFEILER d=50cm

Das Tragwerk für die eigentliche Brücke besteht aus zwei vierfeldrigen Durchlaufträgern mit Stützweiten von 10, 30, 25 und 10 Metern.

The structure of the bridge itself consists of two continuous beams extending across four bays with spans of 10, 30, 25, and 10 metres.

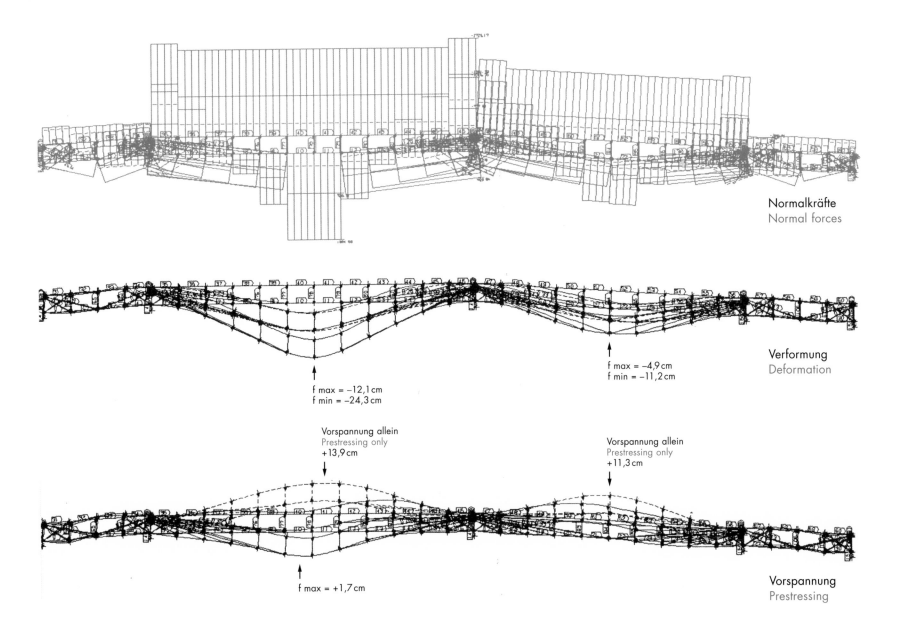

Normalkräfte
Normal forces

f max = −12,1 cm
f min = −24,3 cm

f max = −4,9 cm
f min = −11,2 cm

Verformung
Deformation

Vorspannung allein
Prestressing only
+13,9 cm

Vorspannung allein
Prestressing only
+11,3 cm

f max = +1,7 cm

Vorspannung
Prestressing

Wegen der geringeren Bauhöhe werden die Tragwerke vorgespannt, um die Durchbiegungen zu reduzieren.

In order to reduce the deflection, and due to the restricted construction height, the structure was prestressed.

Gegen Ausknicken des Obergurtes werden im Querschnitt steife Rahmen angeordnet.

To avoid buckling of the top chord, stiffening frames were employed in cross-section.

Als Material für die gesamte Konstruktion wird Stahl, vorwiegend als Rohrprofile, gewählt.

Steel, mainly tubular sections, is the material chosen for this bridge.

Überbrückt	Ort	Länge	Material	Auftraggeber	Architekt	Status
Spans	Location	Length	Material	Client	Architect	Status
B301	Südumfahrung Wien	40 m	Beton	ASFINAG	Ernst Michael	Wettbewerb
B301 Motorway	Southern by-pass		Concrete		Kopper	Competition
	Vienna					

996

B 301 Motorway Bridges

Straßenbrücken B 301

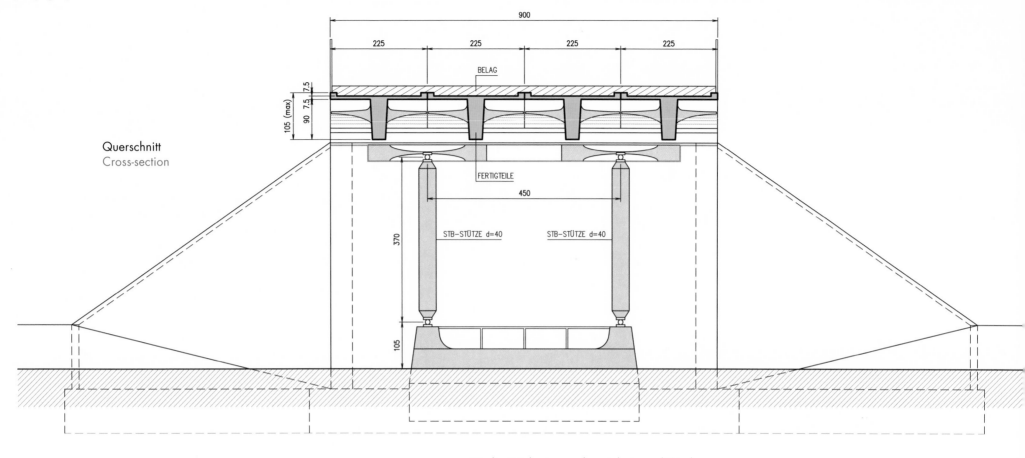

Querschnitt
Cross-section

Die geplante Südumfahrung der Stadt Wien benötigt eine große Anzahl von Brücken und Ingenieurbauwerken, unter denen sich die zukünftige Straße befindet. Ein Gutachterverfahren wurde von der ASFINAG (Autobahnen- und Schnellstraßen-Finanzierungs-AG) veranstaltet, um entsprechende Lösungen für diese Aufgabe zu finden.

The construction of the new by-pass south of Vienna calls for the construction of various bridges and similar engineering projects. To find solutions to this design problem, ASFINAG (Motorway Finance Corporation) invited expert reports.

Für die Brückentragwerke wird ein qualitätvolles Fertigteilträgersystem aus Beton entwickelt. Beton bietet sich deswegen an, weil die Brücken großteils eingegraben sind und Beton gegen Umwelteinflüsse wie Feuchtigkeit, Wärme, chemische Aggression widerstandsfähiger ist als andere Materialien. Als statisches System wird für die Tragwerke ein Gerberträgersystem entwickelt. Zwischen Stützmauern und einer Säulenreihe neben den Fahrbahnen werden auskragende Elemente entworfen. In diese eingehängt werden Fertigteilbalken, die Mann an Mann verlegt werden. Es wird für diese eine dem Beton entsprechende, plastische Form gewählt, die den inneren Kräfteverlauf äußerlich zur Wirkung bringt.

A high-quality system of pre-fabricated concrete elements was developed for the bridge structures. As substantial parts of these structures are embedded in the ground, concrete was chosen as a material, due to its higher resistance to moisture, heat and aggresive chemicals. Beams with internal hinges constitute the main load-bearing system. Elements cantilevering from lateral retaining walls across a row of columns on either side of the carriageways are connected by prefabricated concrete components placed directly beside each other. Their sculptural shape is designed to express visibly the trajectories of the occurring internal forces.

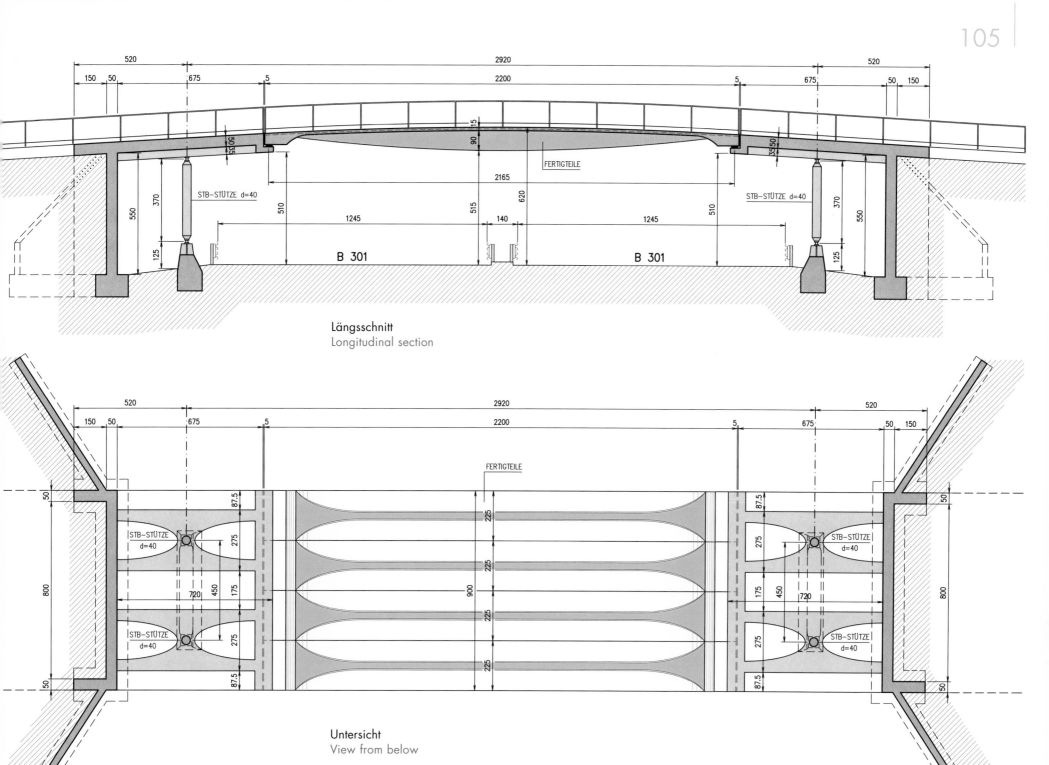

Längsschnitt
Longitudinal section

Untersicht
View from below

Dies bedeutet an Stelle großer Biegung große Höhe und schlanke Rippen – im Bereich großer Querkraft weniger Höhe und dafür größere Breite. Auf diese Weise entsteht – das ist die Stärke des Betons – eine besonders attraktive, plastisch durchgebildete Brücken-untersicht, die auch den Verlauf der inneren Kräfte erahnen lässt. Harry Seidler und Pier Luigi Nervi sind große Meister solcher Entwürfe.

Dass eine etwas kompliziertere Schalung notwendig ist, wird durch die Herstellung der vielen gleichen Teile in großer Serie aufge-wogen. Eine solche Durchformung von Trag-werken bedeutet eine erhebliche Einsparung an notwendiger Stahlbewehrung, da an jeder Stelle der Träger die günstigsten Querschnitte für deren Bemessung vorliegen.

This leads to tall and slender ribs in areas of large bending moments, and to broader, shallower profiles in areas of large lateral forces. This approach creates an attractive and sculpturally moulded soffit that illustrates the distribution of internal structural forces, one of the major strengths of concrete as a mater-ial. Harry Seidler and Pier Luigi Nervi are considered masters of this design technique.

The fact that the production requires more complicated formwork is compensated by the large number of identical pre-fabricated components. Additionally, the amount of steel reinforcement required is reduced to a minimum as the cross-section of the beam is optimised at every point.

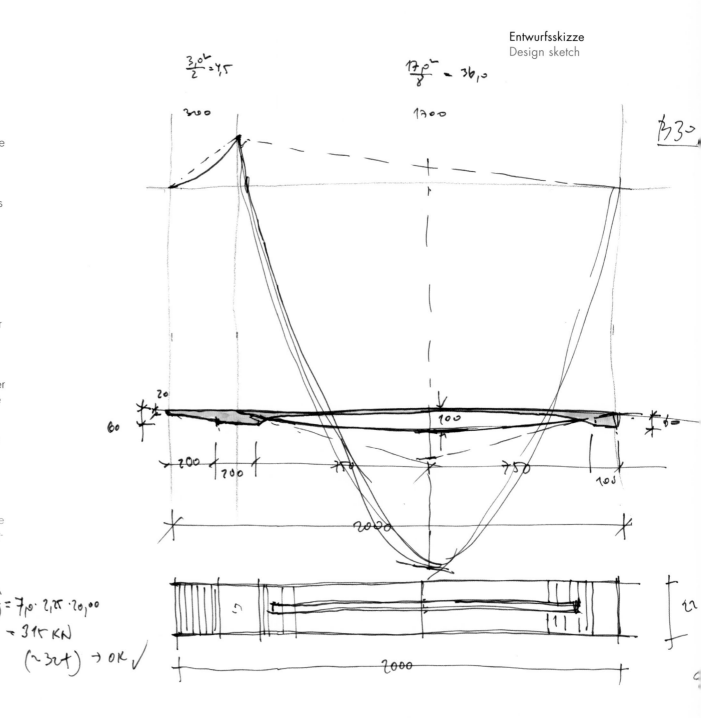

Entwurfsskizze
Design sketch

Skizzen, Vorspannung zur Entlastung
Sketches, prestressing to relieve forces

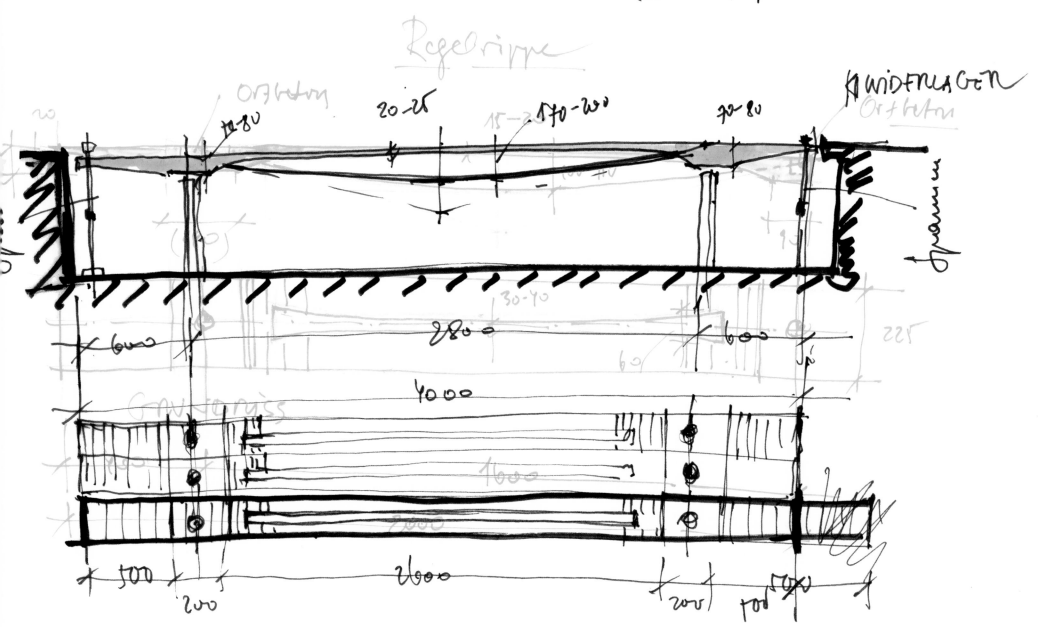

Skizzen, Auflager
Sketches, bearing

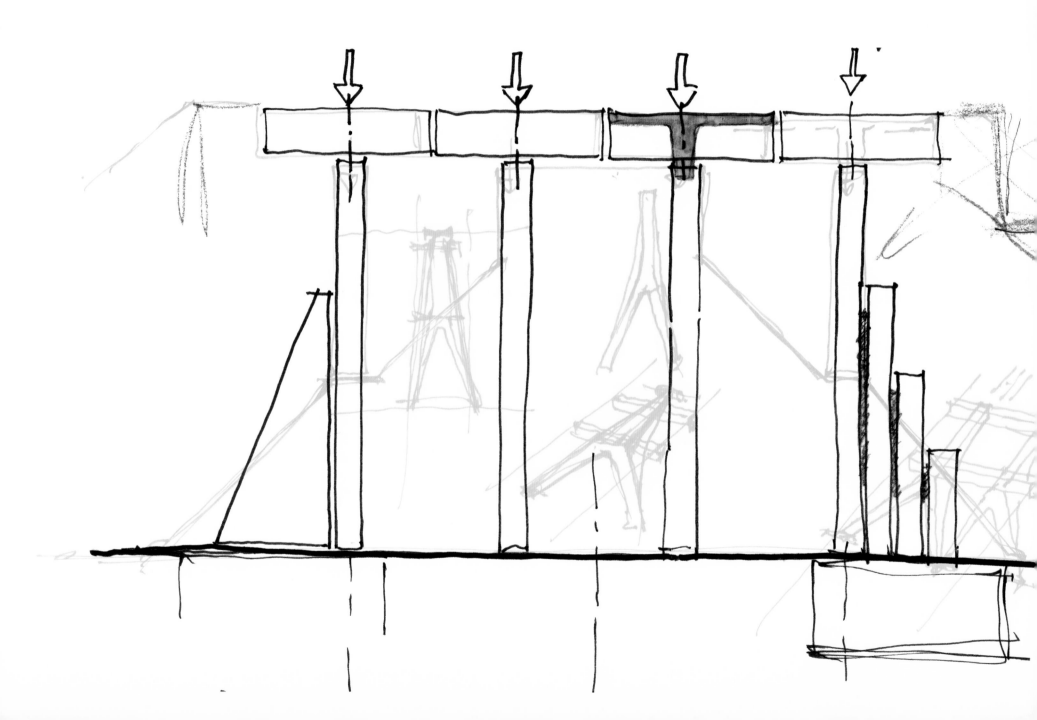

Entwurfsskizzen Wegweiser
Design sketches, signboard

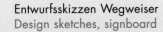

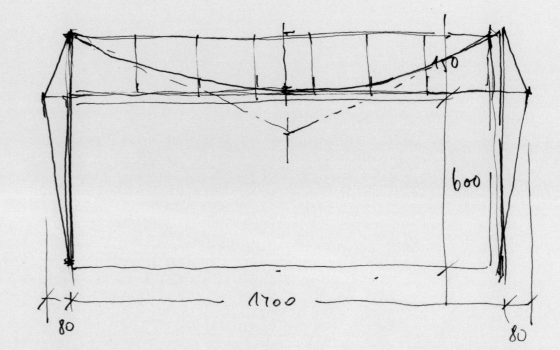

(Ansicht
Schnitt

7 x 200

600

1700

80   80

150

100

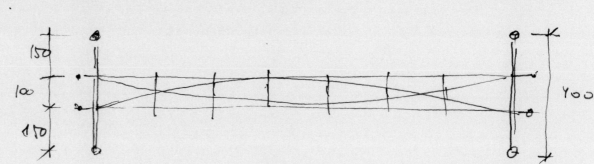

150

100

150

700

150

2F 150/12

100

100

100

100

150

300

300

150/.

80/..

150/..

Für die Überbrückung der Fahrbahn sind Schilderbrücken vorgesehen. Die derzeit verwendeten sind relativ plump und unansehnlich. Es werden daher beim gegenständlichen Vorhaben besonders elegante und zweckentsprechende Konstruktionen aus Stabtragwerken entworfen, die sich durch ihre besondere Transparenz der sensiblen Landschaft unterordnen.

Signboard structures are provided for the display of information above the motorway. Contemporary designs of this kind tend to be crude and unimaginative, so that a more sophisticated three-dimensional frame was designed here as a new, improved solution to this design problem. Due to their elegant and transparent character, these frames are easily visually integrated in their sensitive environment.

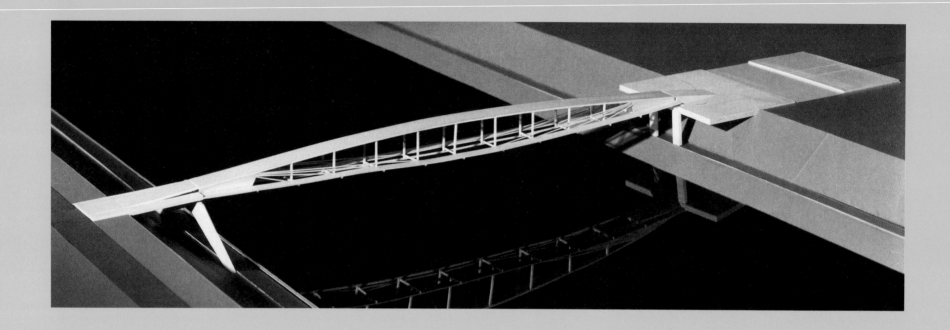

Überbrückt	Ort	Länge	Material	Auftraggeber	Architekt	Status
Spans	Location	Length	Material	Client	Architect	Status
Mur	Graz	60 m	Stahl	Stadt Graz	Norbert Müller	Wettbewerb
	Styria, Austria		Steel	City of Graz		Competition

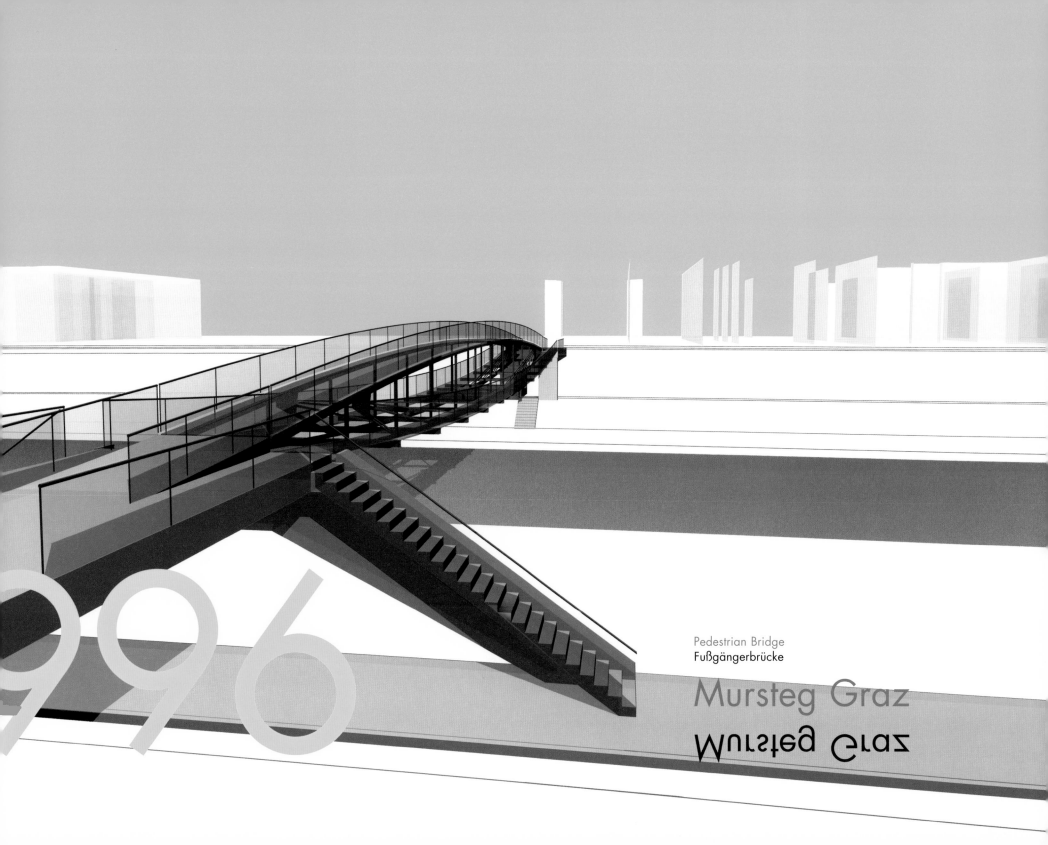

996

Pedestrian Bridge
Fußgängerbrücke

Mursteg Graz
Mursteg Graz

Längsschnitt
Longitudinal section

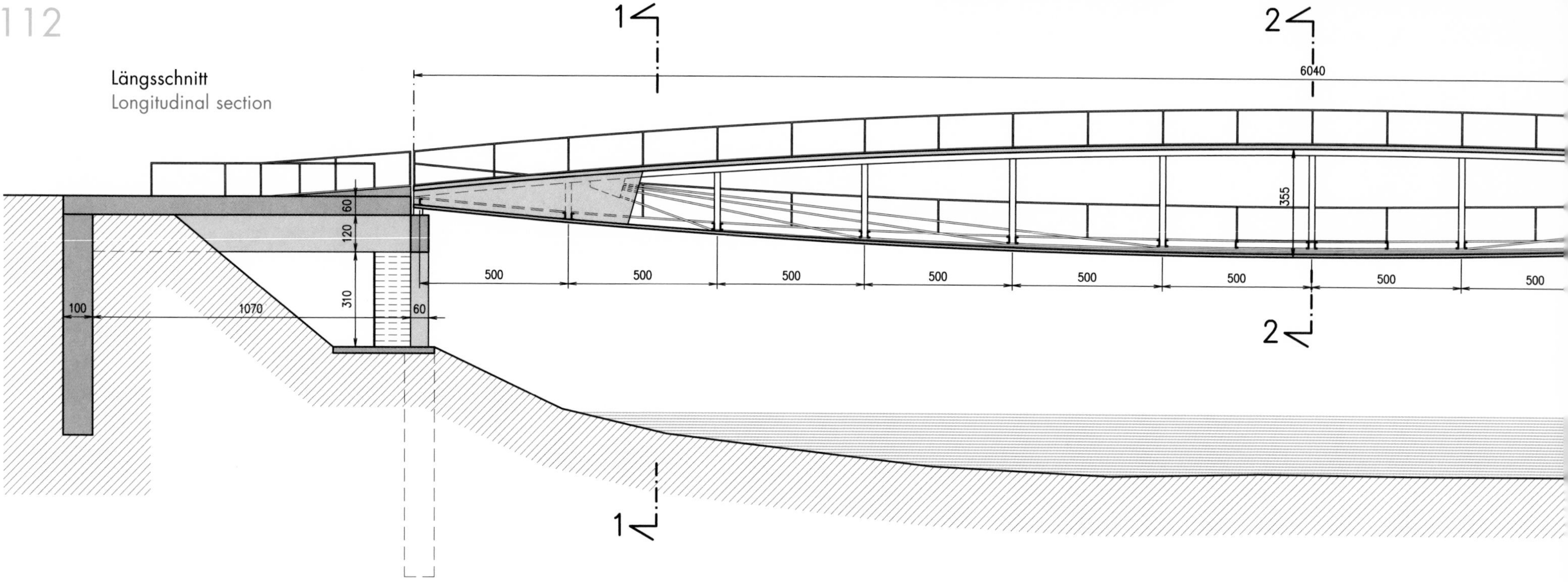

1

2

6040

355

60

120

310

60

100

1070

500 500 500 500 500 500 500 500

2

1

Draufsicht
Top view

1

2

DRAUFSICHT

6040

695

1170

500 500 500 500 500 500 500 500

580

580

695

1

2

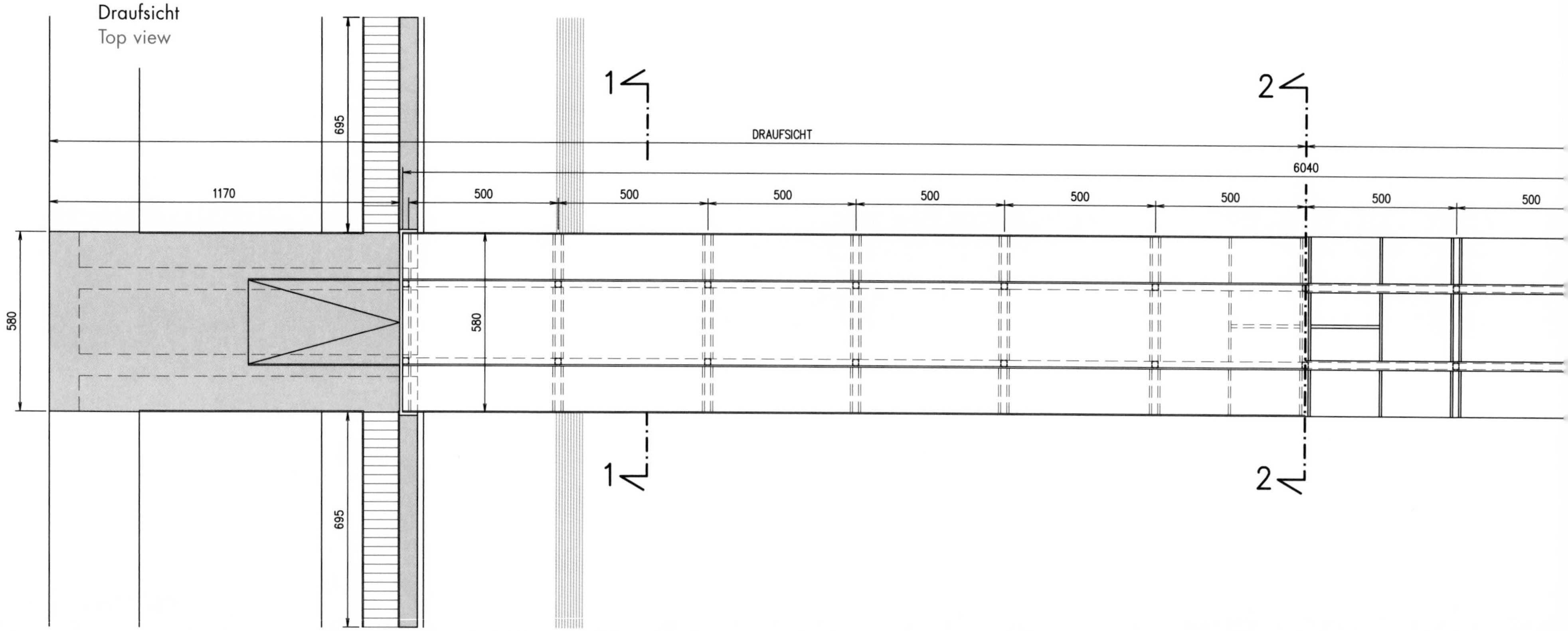

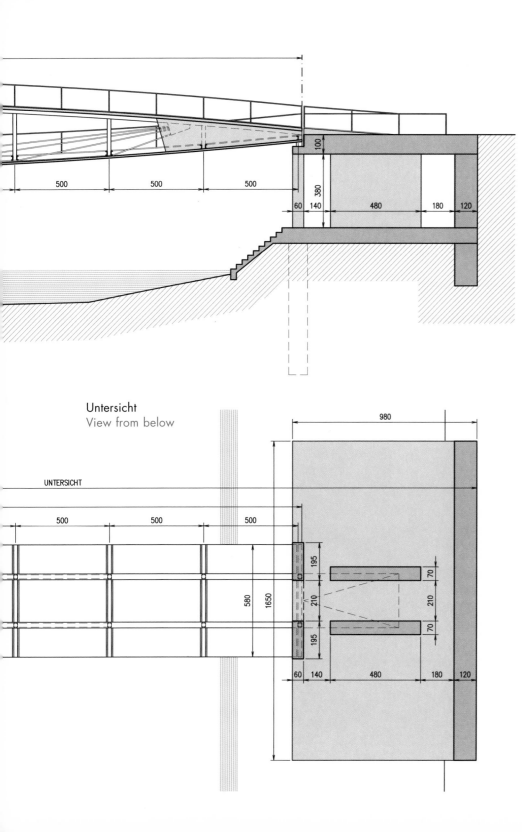

Untersicht
View from below

UNTERSICHT

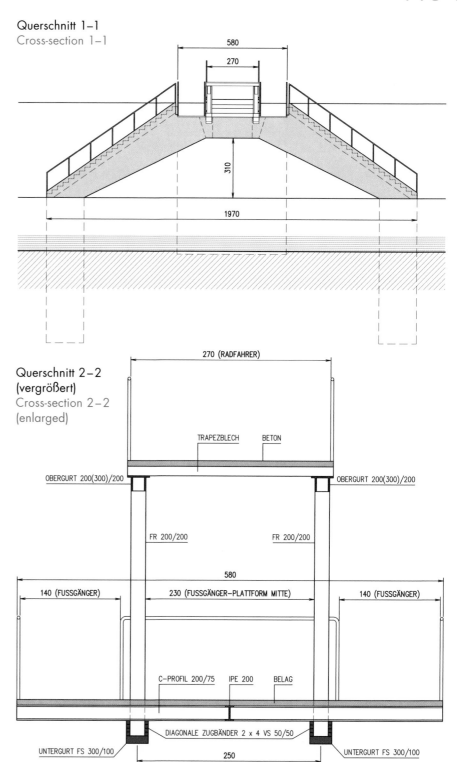

Querschnitt 1–1
Cross-section 1–1

Querschnitt 2–2
(vergrößert)
Cross-section 2–2
(enlarged)

TRAPEZBLECH   BETON

OBERGURT 200(300)/200   OBERGURT 200(300)/200

FR 200/200   FR 200/200

270 (RADFAHRER)

580

140 (FUSSGÄNGER)   230 (FUSSGÄNGER–PLATTFORM MITTE)   140 (FUSSGÄNGER)

C-PROFIL 200/75   IPE 200   BELAG

DIAGONALE ZUGBÄNDER 2 x 4 VS 50/50

UNTERGURT FS 300/100   UNTERGURT FS 300/100

250

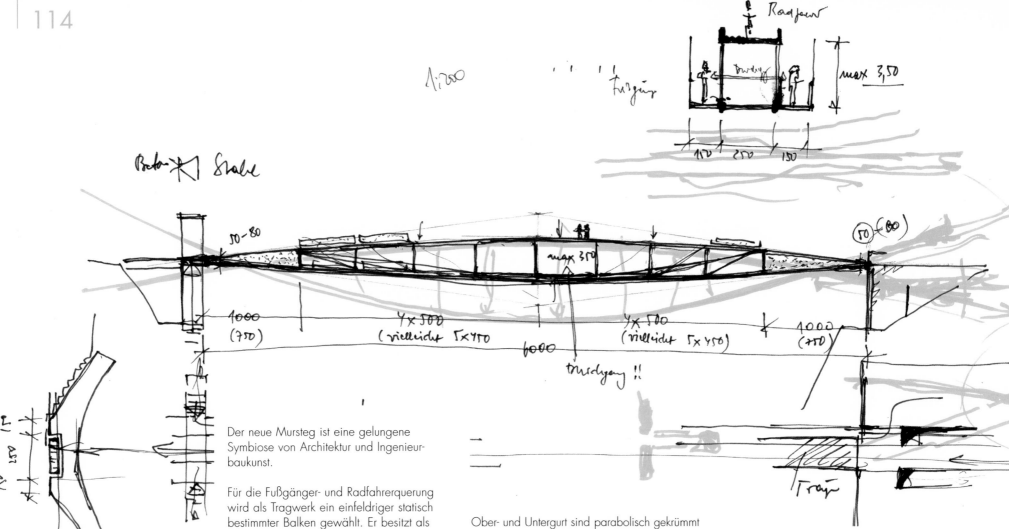

Der neue Mursteg ist eine gelungene
Symbiose von Architektur und Ingenieurbaukunst.

Für die Fußgänger- und Radfahrerquerung
wird als Tragwerk ein einfeldriger statisch
bestimmter Balken gewählt. Er besitzt als
Obergurt eine Verbundkonstruktion, bestehend
aus einer Betonplatte und einem Stahlprofil –
wie auch das gesamte übrige Tragwerk aus
Stahl besteht.

The new Mursteg is a perfect symbiosis of
architecture and the art of civil engineering.

A structurally defined single bay girder was
chosen as the load-bearing structure for this
pedestrian and cyclists' bridge. Its top chord
is a composite structure of a concrete slab and
a steel section, whereas all the other parts
of the structure are made exlusively of steel.

Ober- und Untergurt sind parabolisch gekrümmt
und durch schräge Zugstäbe miteinander verbunden, so dass in der Wirkungsweise ein
unterspannter Fischbauchträger entsteht. Der
Eindruck dieses Stahltragwerks wird durch
besonders materialgerechte und sensible
Details aller wichtigen Bauteile noch verstärkt.

The upper and lower chords are curved
parabolically and conected by inclined
tension cables, so that the entire construction
operates as a braced fish-bellied girder.
Delicately designed details, crafted to suit
the materials involved, add to the structure's
overall impression.

Die Radfahrer sollen sich an der Oberseite
des Trägers bewegen, während die Fußwege
den Untergurt entlang führen, so dass beide
Verkehrsteilnehmer voneinander getrennt sind.
Darüber hinaus können die Fußgänger in
Brückenmitte die Seite wechseln.

Cyclists travel along the top of the structure
and pedestrians follow the lower chord, so
that these two groups are separated from each
other. Additionally, pedestrians can change
from one side to the other at the middle of
the bridge.

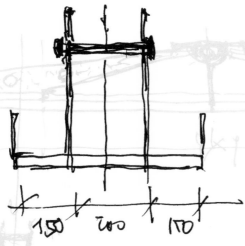

1000   1000   1000   1000

4000

9605

150   200   150

Skizzen
Sketches

Das Tragwerk, das den vertikalen mit dem horizontalen Brückenkopf verspannt, nimmt beide Bewegungsrichtungen auf. Die beidseitig längslaufenden Fußwege sind in der Tragwerksmitte miteinander verbunden und bilden einen „inneren Platz", einen Verweilbereich. Radfahrer bewegen sich auf einem anderen Konstruktionsniveau.

Mit dem Begehen der hängenden Zugzone wird die Nähe zum Wasser hergestellt, die Konstruktion selbst wird begehbar, Radfahrer überqueren den Fluss ungehindert.

The bridge that connects the vertical and horizontal elements of the bridgeheads accommodates both directions of movement. The pedestrian paths, running on either side of the structure, are linked at the middle to form an "inner space", a place to linger. Cyclists use a different level of the structure.

By traversing the suspended tension zone pedestrians are brought close to the water, the structure itself is a walkway, while cyclists can ride above the river unhampered.

Der Grundgedanke ist, ein statisch möglichst einfaches Tragwerk zu entwickeln, das auf die Widerlager und deren Fundierung und Verankerung überschaubare Reaktionen ausübt. Die Widerlager selbst sind vorwiegend nach architektonischen und städtebaulichen Vorgaben entwickelt.

The basic idea was to create a simple structure that would impose reasonable loads on the construction's foundations and anchoring. The form of the bridgeheads was developed by predominantly following urban and architectural considerations.

Die Eigenfrequenz der Tragwerke liegt in einem sehr günstigen Bereich. Sollten trotzdem unangenehm wirkende Schwingungen auftreten, könnten nachträglich zusätzlich dämpfende Maßnahmen (Abspannungen etc.) vorgesehen werden.

The structure has a very favourable resonance frequency. Should undesired vibrations occur nevertheless, they can be eliminated by additional damping measures such as tensile bracings.

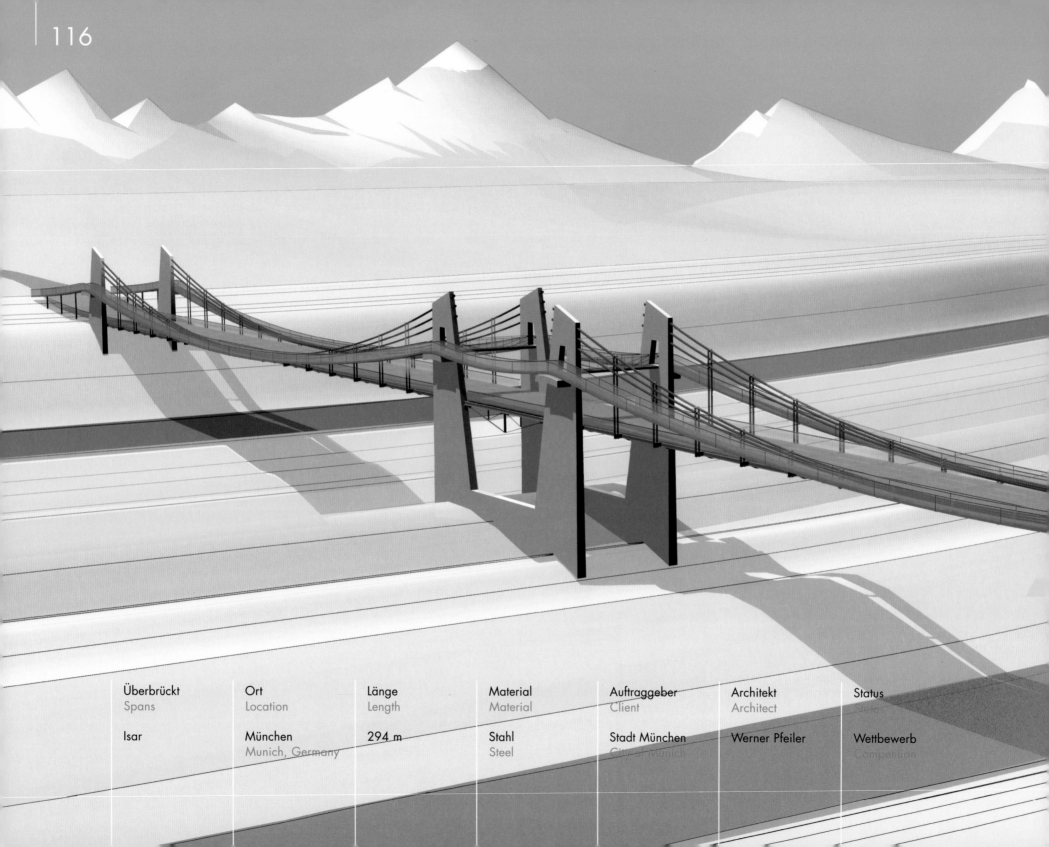

Überbrückt	Ort	Länge	Material	Auftraggeber	Architekt	Status
Spans	Location	Length	Material	Client	Architect	
Isar	München	294 m	Stahl	Stadt München	Werner Pfeiler	Wettbewerb
	Munich, Germany		Steel	City of Munich		Competition

995

Isar Bridge

Isarbrücke

Alte Mörsch-Brücke
Old Mörsch Bridge

Bis zum Jahr 1904 war an Stelle der heutigen Brücke nur ein einfacher Fährübergang zwischen den damaligen Distriktsgemeinden Grünwald und Pullach vorhanden.

In den Jahren 1903/1904 wurde dann nach den Berechnungen von Professor Emil Mörsch, dem bekannten Stahlbetonkonstrukteur, eine Brücke in der zu dieser Zeit noch neuen „Eisenbetonbauweise" errichtet.

Das Bauwerk bestand von Westen (Widerlager Pullach) nach Osten (Widerlager Grünwald) aus einer vierfeldrigen Vorlandbrücke mit einer Feldlänge von jeweils rund zehn Metern, zwei schwach bewehrten Stahlbetonbögen mit je 70 Metern Stützweite über den Isarkanal und die Isar und einer einfeldrigen

Vorlandbrücke mit rund zehn Metern Feldlänge. Die Brücke, deren harmonische Einfügung in den landschaftlichen Rahmen bereits in der zeitgenössischen Literatur gewürdigt wurde, ist von ihrem Konstrukteur, dem als Theoretiker des Eisenbetonbaus seiner Zeit eine zentrale Position zugewiesen wird, auch ausführlich beschrieben worden.

Am 30. April 1945 wurde die Brücke durch abziehende SS-Einheiten teilweise gesprengt. Nachdem man zunächst den Bau einer vollkommen neuen Brücke geplant hatte, entschied man sich jedoch aus Kostengründen vorerst für die Wiederherstellung des Bauwerks.

Bei der Sprengung der Brücke wurde der Bogen Grünwald einschließlich des Kämpfer-

pfeilers und der östlichen Vorlandbrücke vollständig zerstört. Ein Hauptgrund für die daraus folgende Baufälligkeit des zweiten Bogens der schönen alten Brücke war, dass durch Entfall eines Bogens das Gleichgewicht der Auflager gestört (Horizontalschub) und damit auch die Fundierung nicht mehr verwendbar war.

Die durchgeführten Untersuchungen haben zu dem Ergebnis geführt, dass eine dauerhafte Instandsetzung aus technischen Gründen nicht möglich und aus wirtschaftlichen Gründen nicht vertretbar ist. Als einzige Alternative blieb somit eine Erneuerung der Isarbrücke Grünwald, die hier als Wettbewerbsbeitrag meines Büros vorgestellt wird.

Lageplan
Site plan

Until 1904 the villages of Grünwald and Pullach were connected only by a ferry.

In 1903/04 a bridge was erected on the site, based on calculations by Professor Emil Mörsch, a well-known design engineer specialising in reinforced concrete. The bridge was built in ferro-concrete, a construction method still new at that time.

From west (Pullach abutment) to east (Grünewald abutment), the bridge consisted of a four-bay approach bridge, each bay about ten metres wide, two lightly reinforced concrete arches seventy metres wide, spanning across the River Isar and the Isar Canal, and another single-bay foreshore bridge spanning approximately ten metres.

The bridge, perfectly adapted to the surrounding landscape, was highly praised in contemporary literature. Its design engineer, widely regarded as one of the leading theorists of ferro-concrete in his day, has also documented the construction exhaustively.

On the 30th of April 1945, parts of the bridge were destroyed by retreating SS troops. After the initial plan to build an entirely new structure had been dismissed due to financial reasons, it was decided first of all to reconstruct the damaged bridge. The explosion had destroyed the concrete arch on the Grünwald side, including its abutment pier and the eastern approach bridge. The missing concrete elements upset the balance of the second arch of this beautiful old bridge, leading to

a horizontal thrust in the bearing pad and damaging the foundations to such a degree that they could no longer be used.

Investigations revealed that a lasting restoration was technically impossible as well as economically senseless. The only possible course of action therefore was to set up a competition for the design of a new bridge. Our entry is presented below.

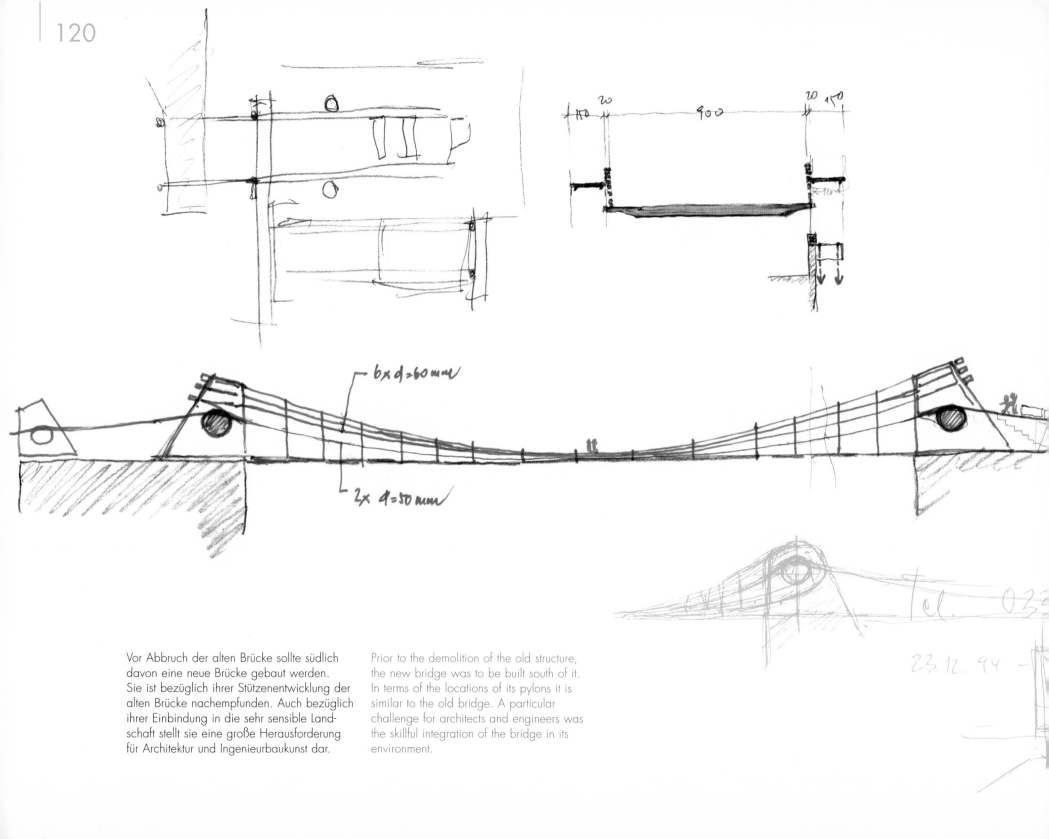

6 × d = 60 mm

2 × d = 50 mm

Vor Abbruch der alten Brücke sollte südlich davon eine neue Brücke gebaut werden. Sie ist bezüglich ihrer Stützenentwicklung der alten Brücke nachempfunden. Auch bezüglich ihrer Einbindung in die sehr sensible Landschaft stellt sie eine große Herausforderung für Architektur und Ingenieurbaukunst dar.

Prior to the demolition of the old structure, the new bridge was to be built south of it. In terms of the locations of its pylons it is similar to the old bridge. A particular challenge for architects and engineers was the skillful integration of the bridge in its environment.

23. 12. 94

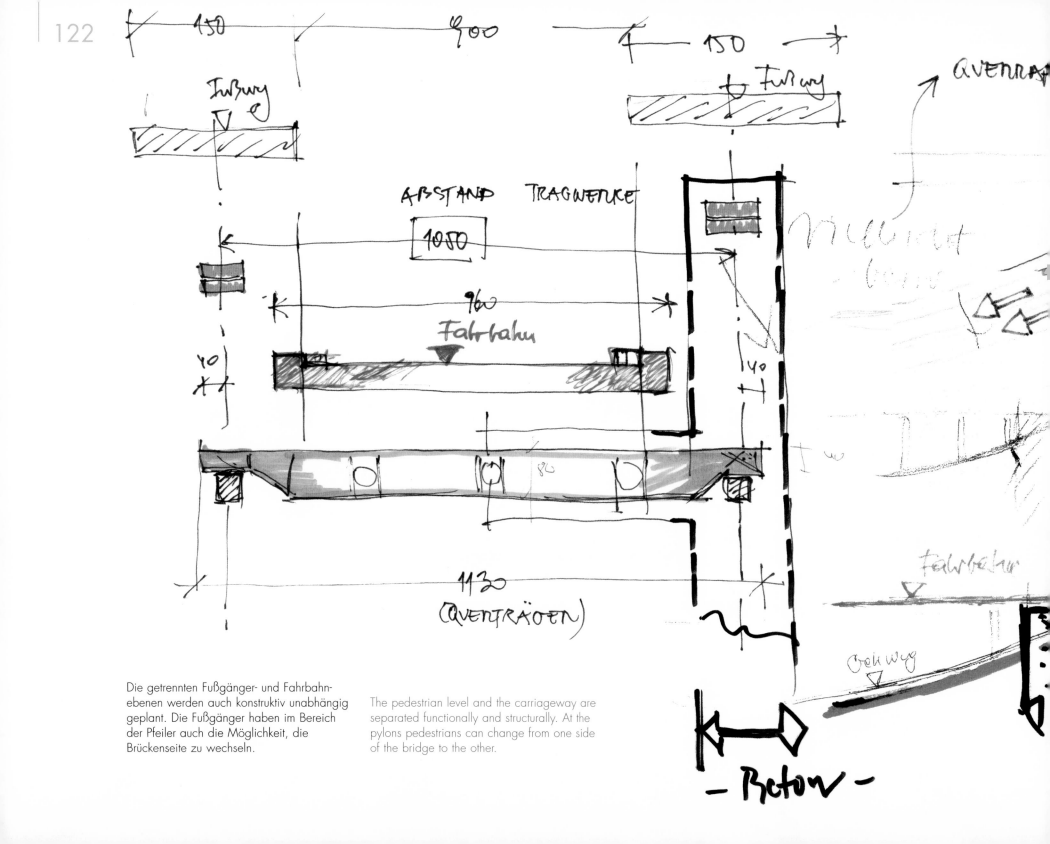

150   900   150

Fußweg   Fußweg   Querträ

ABSTAND   TRAGWERKE

1050

960
Fahrbahn

40

40

80

1130
(QUERTRÄGER)

Fahrbahn

Gehweg

– Beton –

Die getrennten Fußgänger- und Fahrbahn-
ebenen werden auch konstruktiv unabhängig
geplant. Die Fußgänger haben im Bereich
der Pfeiler auch die Möglichkeit, die
Brückenseite zu wechseln.

The pedestrian level and the carriageway are
separated functionally and structurally. At the
pylons pedestrians can change from one side
of the bridge to the other.

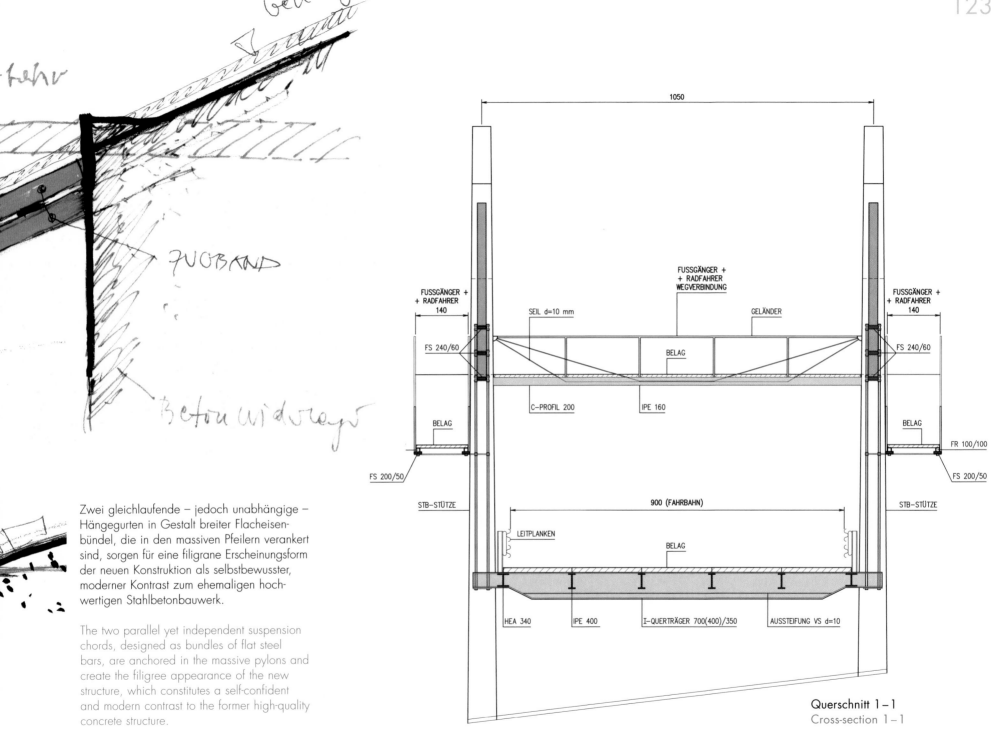

Zwei gleichlaufende – jedoch unabhängige – Hängegurten in Gestalt breiter Flacheisenbündel, die in den massiven Pfeilern verankert sind, sorgen für eine filigrane Erscheinungsform der neuen Konstruktion als selbstbewusster, moderner Kontrast zum ehemaligen hochwertigen Stahlbetonbauwerk.

The two parallel yet independent suspension chords, designed as bundles of flat steel bars, are anchored in the massive pylons and create the filigree appearance of the new structure, which constitutes a self-confident and modern contrast to the former high-quality concrete structure.

Querschnitt 1–1
Cross-section 1–1

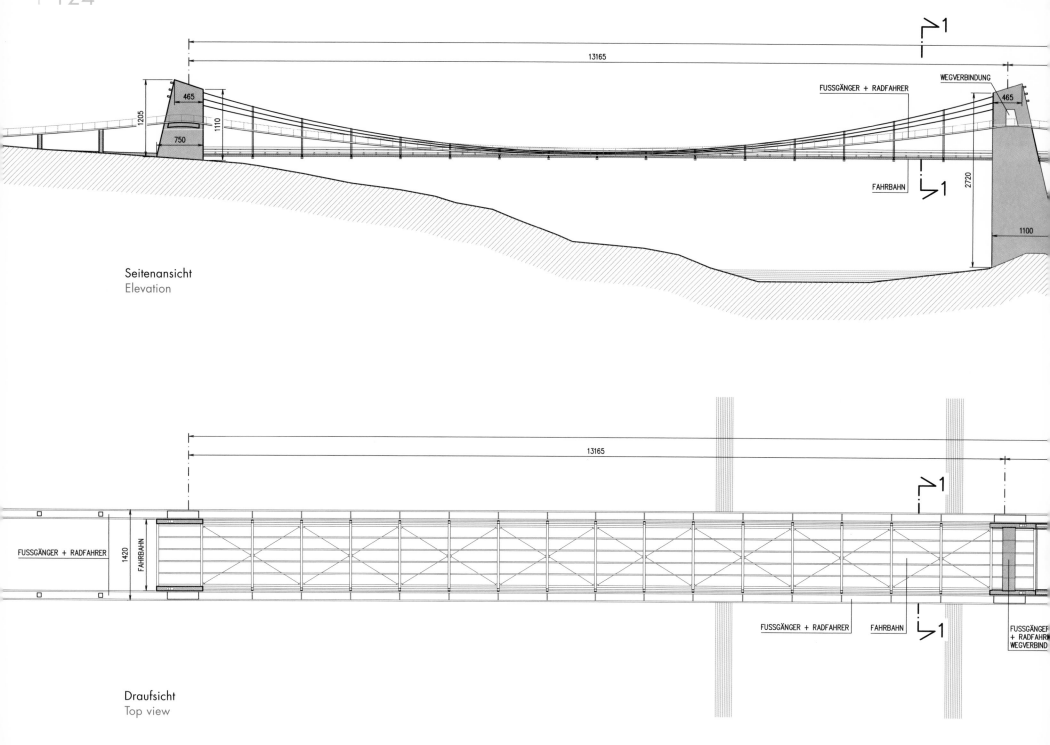

13165

465

1205

750

1110

FUSSGÄNGER + RADFAHRER

WEGVERBINDUNG

465

2720

FAHRBAHN

1100

Seitenansicht
Elevation

13165

FUSSGÄNGER + RADFAHRER

1420

FAHRBAHN

FUSSGÄNGER + RADFAHRER

FAHRBAHN

FUSSGÄNGER
+ RADFAHRER
WEGVERBIND.

Draufsicht
Top view

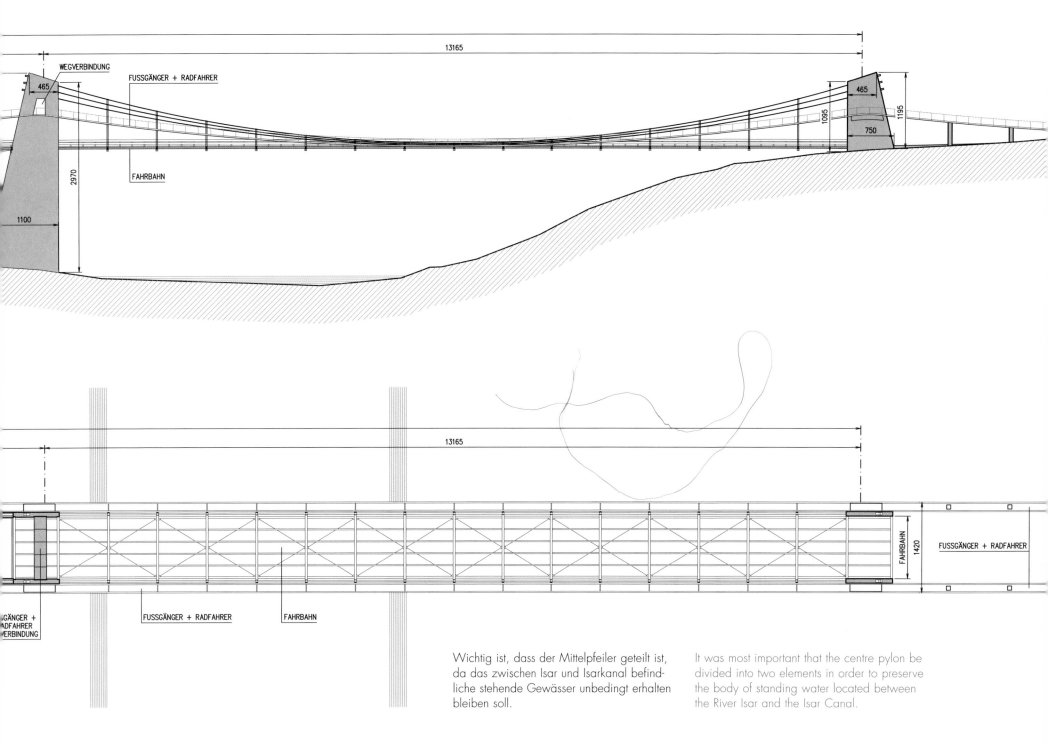

13165

WEGVERBINDUNG

465

FUSSGÄNGER + RADFAHRER

FAHRBAHN

2970

1100

1095

465

750

1195

13165

FAHRBAHN

1420

FUSSGÄNGER + RADFAHRER

GÄNGER +
ADFAHRER
ERBINDUNG

FUSSGÄNGER + RADFAHRER

FAHRBAHN

Wichtig ist, dass der Mittelpfeiler geteilt ist,
da das zwischen Isar und Isarkanal befind-
liche stehende Gewässer unbedingt erhalten
bleiben soll.

It was most important that the centre pylon be
divided into two elements in order to preserve
the body of standing water located between
the River Isar and the Isar Canal.

Somewhere Over the Rainbow   Monika Gentner

Beschäftigt sich der Mensch, seit es ihn gibt und soweit wir wissen, mit irgendetwas anderem als mit dem Verständnis und der Bewältigung der Natur? Das Feuer, das Licht, das Rad … die Säule, der Bogen … das Schiff, die Brücke, Fliegen … Oft viel früher schon als das technische Wissen und manchmal auch das Material faszinierte die Menschen die eigene Phantasie, Ideen und Vorstellungen über Dinge, die es nicht oder noch nicht gab und vielleicht auch nie geben wird. Sie bemalten Höhlenwände und Steinplatten, Papyrusrollen und Pergament mit Hingabe, hohem Zeitaufwand und zuweilen auch enormen Kosten, zum Beispiel für seltene Farben, mit „unrealen" Dingen, bloßen Phantasmen. Schwer zu sagen, ob sie es ausschließlich für ihre jeweiligen Götter taten oder auch schon

ein wenig, um sich selbst und ihre Ideen der Mitwelt und Nachwelt verständlich zu machen, sich selbst einzuschreiben ins große Geschichtsbuch der Menschheit, ein persönliches Quentchen Unsterblichkeit ihres Geistes zu erhaschen.

Die Brücke schien zu den Dingen zu gehören, die für immer währen; es war undenkbar, dass sie zusammenbrechen könnte.
(Thornton Wilder)

Vieles kann in diesem Streben als Brücke dienen: ein Ton − „like a brigde over troubled water" legt sich die Freundschaft bei Simon & Garfunkel −, ein Bild, ein Zeichen, ein Buchstabe, der oder das nie nur das ist, was es ist, sondern eine Verbindung zwischen

Has Man, throughout his existence and as far as we know, been preoccupied with anything else but trying to understand and overcome nature? Fire, light, the wheel … the column, the arch … the boat, the bridge, flying … Rather than by technical knowledge or materiality, mankind has first and foremost been fascinated by imagination, by ideas and notions of things that have not (or not yet) existed and may never exist. Men devoted themselves to painting cave walls, stone slabs, papyrus and parchment, investing enormous amounts of time and sometimes also money, for rare paints for example, in order to depict things unreal, mere phantasms. It is hard to tell whether they did it solely for their religion or also to make themselves and their ideas understood by their contemporaries and

posterity, to inscribe themselves into the annals of mankind and catch a grain of their own intellectual immortality.

The bridge seemed to be among the things that last forever; it was unthinkable that it should break. (Thornton Wilder)

In this endeavour many things can serve as a bridge: a sound—Simon & Garfunkel say about friendship that it is "like a bridge over troubled water"—an image, a sign, a letter; they are not only what they are, but they create links between two human beings who—as writer and reader or as artist and beholder—communicate with each other on an intellectual level and, in the best possible case, delight in one another. They escape their elementary

zwei Menschen, die – als Autor und Leser, als Entwerfer und Betrachter – sich im Geist miteinander austauschen und, im glücklichen Fall, sich aneinander erfreuen. Sie entfliehen ihrer grundlegenden Einsamkeit als Individuen. Kein leichtes Unterfangen in unserer heutigen Zeit des „Wirtschaftlichkeitsfaschismus" – eine Wortprägung in Anlehnung an den Autor Gert Jonke. Effizienz ist ihr alles. Es ist grausam, sich einen Moment lang eine Welt vorzustellen bar allem, was den Leitgedanken des hässlichen Antlitzes des Januskopfs der Effizienz widerspricht. Ist Liebe „effizient"? Oder auch nur Zuneigung. Oder Interesse? Gar das Paradoxon „effiziente Leidenschaft" stelle ich mir bestenfalls als einen möglichen Arbeitstitel für eine allenfalls noch zu schreibende Komödie vor.

Von meinem Standpunkt als Autorin habe ich Herrn Montgomery Schuyler auf das Entschiedenste zu widersprechen, der 1882 in *Harpers Weekly* über die Brooklyn Brigde meinte: „Das Werk, das höchstwahrscheinlich unser beständigstes Monument sein wird und selbst der fernen Nachwelt noch Wissen von uns übermittelt, ist ein rein nutzbringendes Werk; kein Heiligtum, keine Festung, kein Palast, nur eine Brücke." Was konnte Mister Schuyler schon wissen von meiner ersten Ankunft in New York 1990, dem Herzklopfen am Brooklyn-Ende, meinem unbedingten Bestehen, jeden der 486 Meter zu Fuß über diese Brücke gehen zu müssen, um dann am Manhattan-Ende buchstäblich körperlich erfahren zu haben: Jetzt bin ich wirklich da.

Und selbst an dieser Stelle war dies in ganz bestimmter Sichtweise falsch, denn längst war mein Bild von New York durch Bücher, Fotos und Filme geprägt, ich hatte eine Vorstellung von New York, gleichsam „New York-Logos" im Kopf, schon lange bevor ich tatsächlich dort war. San Francisco, Paris, London, Venedig, auch Rom und Sankt Petersburg sind andere Beispiele für Städte mit „Brücken-Logos" und oft symbolisieren berühmte Brücken den Beginn einer Reise durch eine Geschichte, einen Film, einen Roman, der von Sehnsucht handeln mag oder Gefahr, im dramaturgischen Idealfall von beidem wie in Ernest Hemingways *Wem die Stunde schlägt* mit einer Liebesgeschichte im Rahmen einer gefährlichen Brücken-Sprengung. Jede Brücke in einer Story symbolisiert den Übergang

solitude as individuals. Not an easy task, considering today's era of "profitability fascism", a term coined by the writer Gert Jonke. Efficiency is everything. It is horrible to imagine for a brief moment a world totally devoid of all those things contradicting the guiding principles of the Janus-face of efficiency.

Is love "efficient"? Or even mere affection? Or being interested in something? Even the paradox of an "efficient passion", as I see it, can at best serve as a working title for a comedy that has yet to be written.

In my opinion as an author, I cannot but disagree with Montgomery Schuyler, who, in 1882, wrote about Brooklyn Bridge in *Harper's Weekly:* "The work which is likely to be our most durable monument, and to convey some knowledge of us to the most remote posterity, is a work of bare utility, not a shrine, not a fortress, not a palace, but a bridge." But how could Mister Schuyler have anticipated my first arrival in New York in 1990, my pounding heart when I stood on the Brooklyn end of the bridge, my obstinate insistence upon walking each of the 486 metres of its entire length to experience my arrival in Manhattan physically: Now I am really here.

And even at that moment I was wrong from a certain point of view, as my image of New York had already been shaped by books, photographs and movies long ago. I held a certain notion of New York, an assemblage of "New York logos", long before I actually

got there. San Francisco, Paris, London, Venice, Rome and St. Petersburg are other examples of cities with a "bridge logo", and famous bridges often symbolise the starting point of a journey through a story, a movie or a novel that might deal with yearning or peril or, in an ideal scenario, with both; such as in Ernest Hemingway's *For Whom the Bell Tolls,* where a love story is combined with the dangerous endeavour of blowing up a bridge. In a story a bridge symbolises the transition of its hero to a new level of personal development, as the essence of all drama or comedy.

I heard him then, for I had just completed my design to keep the Menai Bridge from rust by boiling it in wine. (Lewis Carroll)

ihres „Helden" zu einer anderen persönlichen Entwicklungsstufe, als Essenz aller Dramatik, auch Komik.

Da hörte ich ihn, denn ich hatte gerade meinen Plan beendet, die Menai-Brücke vor dem Rost zu bewahren, indem ich sie in Wein gekocht. (Lewis Carroll)

176 Meter Schmiedeeisen und Kalkstein, zur Zeit ihres Entwurfs und ihrer Errichtung durch den Bauingenieur Thomas Telford 1826 die längste Hängebrücke der Welt, schwupp, ein Federstrich, ab in den Kochtopf. Ich kann mir gut vorstellen, dass der hauptberufliche Mathematikprofessor Charles Lutwidge Dodgson, der schon zu Lebzeiten zu seinem eigenen großen Erstaunen als bloßer Nebenberufs-

Dichter von *Alice im Wunderland* und *Alice hinter den Spiegeln* unter seinem Künstlernamen Lewis Carroll weltberühmt wurde, gerade für diese spezifische Fähigkeit Bücher und Literatur liebte. Aus Wales und England zurück nach Österreich, arbeitete der heimische Autor des zwanzigsten Jahrhunderts schlechthin, Robert Musil, hauptberuflich als Bauingenieur; bedauerlicherweise kommt im *Mann ohne Eigenschaften* keine Brücke in tragender Rolle vor.

Poesie ist also vielleicht nicht gerade die Mutter der Ingenieurbaukunst, aber doch, sagen wir, eine Cousine, mit gemeinsamen Wurzeln an Kreativität und Erfindungskraft und Forschergeist. Von der österreichischen Autorin Friederike Mayröcker stammt das

schöne Wort, dass jede Erfindung eine Findung sei, zu tun habe mit Suchen, Versuchen, Entwerfen, Wählen, Verwerfen. Und jeder Autor gibt jedem Autorenneuling denselben Tipp: Lesen Sie. Da liest man vordergründig zum Beispiel „eine Liebesgeschichte im Rahmen einer gefährlichen Brücken-Sprengung", das „Was" ist wie immer – „Verbindung zweier Ufer" – schnell erzählt; professionell kommt es – wie auch immer? – auf das „Wie" an. Wir nähern uns dem schönen Antlitz des Januskopfs der Effizienz.

Poesie hat viel mit Weglassen oder Minimieren zu tun. Ein Minimum erzeugt elegante Spannung, das Gegenteil von Kitsch und Protz. Charles Dickens reichen die Worte evozierter Gefahr „durch die breiten Risse und Spalten

176 metres of low carbon steel and limestone, the world's longest suspension bridge at that time, designed and constructed by the structural engineer Thomas Telford in 1826, off it goes into the cooking pot at the stroke of a pen. I can well imagine that Charles Lutwidge Dodgson, a professor of mathematics, who, to his own surprise, became world famous as the author of *Alice in Wonderland* and *Through the Looking Glass* under his pseudonym Lewis Carroll, cherished books and literature for exactly this specific faculty. Returning to his native country from Wales and England, Robert Musil, Austria's most outstanding writer of the twentieth century, used to work as a structural engineer. Unfortunately a bridge does not play a supporting role in his novel *The Man without Qualities*.

Although poetry may not be the mother of the art of civil engineering, let us say it may well be its cousin, both being rooted in creativity, inventive talent and the spirit of research. The Austrian writer Friederike Mayröcker once said so fittingly that each invention is a process of finding, searching, experimenting, developing, selecting and rejecting. And every writer recommends every fledgling to do the same: "Read." So one starts reading, for example, "a love story combined with the dangerous endeavour of blowing up a bridge". It is fairly easy to sum up *what* it is about—"the connection of two banks"; in professional life, however, what counts is *how* something is done. Once again we are getting closer to the beautiful Janus-face of efficiency.

Poetry has a lot to do with leaving things out or minimising them. A minimum creates elegant tension, it is the opposite of kitsch and ostentatiousness. For Charles Dickens, a few words sufficed to evoke danger: "Through the broad chinks and crevices of the floor the rapid river gleamed, far down below, like a legion of eyes."

It was pitch-dark when Dickens crossed the roofed bridge across Susquehanna River in 1812. In a state of happier excitement, people used to name structures of that type "kissing bridges" and "love tunnels"—one cent a head, but what a view! Strictly metaphorical. In fact there was plenty of wood available, and resourceful builders and engineers were looking for ways to make

des Bodens schimmerte der reißende Fluss, weit drunten, wie eine Legion von Augen."

Stockfinster war es da, als Dickens 1812 die eingehauste, überdachte Brücke des Susquehanna überschritt; das Volk sprach freudig aufgeregter von „Kussbrücken" und „Liebestunnels", ein Cent pro Passant, jedoch welche Aussichten! Streng metaphorisch. Praktisch war Holz zuhauf vorhanden und suchten findige Bauingenieure und Bauunternehmer ihre Holzbrücken durch Einhausung haltbarer zu machen, mit wechselhaftem Erfolg.

Oft wundere ich mich, dass es heute nicht mehr öffentlichen Protest einer „Legion von Augen" gegen – ja öffentlich – hässliche Bauwerke der Architektur und des Ingenieur-

baus gibt. Ich träume von einer Legion mündiger Bürger und Bürgerinnen, die lautstark protestieren gegen das Hässliche. Ich wundere mich, dass Baukunst nicht Unterrichtsgegenstand in unseren Grundschulen ist, denn schließlich muss jeder damit leben und – oft – leiden. Ich träume von einer Bevölkerung, die ihre Verantwortungsträger in die Pflicht nimmt und daher nicht das – oft nur vordergründig und kurzlebig – finanziell Billigste, sondern das angemessen Schönste an Bauwerken für ihre Umgebung, ihre Kinder und Enkel, Zeugnis an ihre Nachwelt, fordert. Große Hallen stelle ich mir vor, in die Hunderte strömen, wenn wichtige Bauaufgaben ihrer Gemeinde diskutiert werden – Brücken, Hallen, Bahnhöfe; Monumente möglicher Phantasie und möglicher Ingenieurbaukunst. Ich träume von Massen-

auditorien für Bauingenieure und Massenauflagen für Bücher wie dieses, weil sich jeder auf Grundlagen der Diskussion gewissenhaft vorbereiten würde – nun gut, nun bin ich etwas überschwänglich.

Wir können mit absoluter Bestimmtheit sagen, dass nichts in der Welt ohne Leidenschaft errungen wurde. (G. W. F. Hegel)

Beim Überschwänglichen bleibe ich jetzt kurz. Es könnte breite Diskussionsforen geben, die das großzügig geteilte Wissen und die großzügig geteilte Erfahrung der Ingenieurbaukunst in ihrer Bedeutung für eine Kommune weiter diskutieren und ihren Fachleuten danken, denn:

Es gibt bestimmte Erinnerungen an die Ver-

their constructions more durable, with varying degrees of success.

Sometimes I wonder why today there is not more public protest against hideous buildings publicly exposed to a "legion of eyes". I dream of a legion of responsible citizens protesting heatedly against ugliness. I am surprised that the art of building is not taught at our primary schools because each of us has to live with it and sometimes also suffer because of it. I dream of a population that holds those in charge responsible, of people demanding adequately beautiful and appropriate buildings instead of short-lived and low-cost solutions—buildings that are to shape their contemporary environment but will also work for their children and grandchildren as

well as for posterity. I imagine big halls capable of accommodating hundreds of local residents who would assemble to discuss public building projects in their community—such as bridges, community halls, railway stations—potential monuments of imagination and architecture. I picture vast auditoriums for civil engineers and a huge circulation of books like the present one, as everybody would want to be well informed for public discussion—well, now I'm getting a little exuberant.

We may affirm absolutely that nothing great in the world has been accomplished without passion. (G. W. F. Hegel)

Let me adhere to exuberance for one more

moment. There could be wide public forums that go on discussing this generously shared knowledge and experience of the art of civil engineering with respect to its importance for a community, and thank their experts because:

There are certain memories of the past that have strong steel springs and, when we who live in the present touch them, they are suddenly stretched taut and then they propel us into the future. (Yukio Mishima)

Then a modest person, expert and mediator like Wolfdietrich Ziesel would probably be intimidated by this new popstar-like image. Maybe another quotation will help to point out what it is all about:

gangenheit, die starken Stahlfedern gleichen. Wenn wir sie heute berühren, sind sie plötzlich straff gespannt und katapultieren uns in die Zukunft. (Yukio Mishima)

Einem bescheidenen Menschen und Könner und Vermittler wie Wolfdietrich Ziesel wäre dieses popstar-artige neue Dasein dann schon wieder vermutlich etwas unheimlich. Worauf kommt es denn an? Vielleicht hilft nochmals ein Literatur-Zitat:

Die höchste Lebenskunst ist eine Krönung, die man nicht durch eine einzige Beschäftigung und auch nicht durch eine Wissenschaft erreicht; es ist dies der Ertrag aller Beschäftigungen und aller Wissenschaften – und auch noch vieler anderer Dinge. (José Ortega y Gasset)

The supreme art of living is a consummation gained by no single calling and no single science; it is the yield of all occupations and all sciences, and many things besides. (José Ortega y Gasset)

Überbrückt	Ort	Länge	Material	Auftraggeber	Architekt	Status
Spans	Location	Length	Material	Client	Architect	Status
Rosanna	Strengen	18 m	Holz	Arch. Hiesmayr	Unbekannt	Analyse
	Vorarlberg, Austria		Wood		Unknown	Analysis

Die im Jahre 1764
erbaute Holzbrücke
ist die interessanteste
unter den heute noch
bestehenden gedeckten
Holzbrücken in Österreich.

995

The roofed timber bridge across the River
Rosanna, which dates back to 1764, is the
most interesting of such timber bridges still
in existence in Austria.

Rosanna Bridge

Rosanna-Brücke

Die seltene Auslegerkonstruktion des Haupt-
tragwerks ist nicht verschalt, sondern frei
sichtbar. Die Brücke ist ein wertvolles kultur-
historisches Baudenkmal. Früher hatte sie
die Verbindung zu den am rechten Ufer der
Rosanna gelegenen Bauernhöfen hergestellt,
und nach dem Bau der Eisenbahn war sie
die einzige Verbindung zum Bahnhof. Heute
hat eine langweilige Betonbrücke ihre
Funktion übernommen, die alte Brücke dient
als Fußgängerbrücke und wird von Fremden
viel bestaunt und fotografiert. 1974 wurde
die Brücke unter Denkmalschutz gestellt.

Auf den waagrechten Balken, den Spann-
riegeln des Hängewerks, sind die Namen
der Auftraggeber, der Zimmermeister und
die Initialen der Zimmerleute eingeschnitten.

The bridge's unusual cantilevered construction
is exposed and clearly visible. The bridge is
a precious cultural and historical monument.
It once provided the connection to the farms
on the right bank of the Rosanna. After the
construction of the railway it was the only
connection to the train station. Nowadays, a
rather uninspired concrete bridge serves as
the main traffic connection. The old structure
is now used as a footbridge and has become
a centre of attraction for visitors and guests.
In 1974 the bridge was declared a protected
monument.

The names of the clients and master carpenters
as well as the initials of the latters' assistants
are engraved on the horizontal ties of the
timber constrcution.

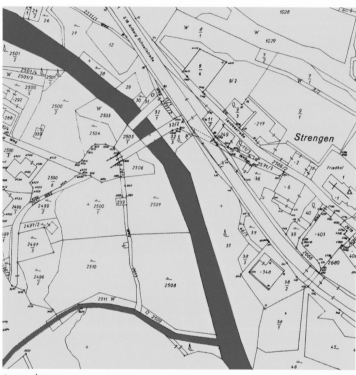

Lageplan
Site plan

Diese Brücke ist wegen ihrer eigenartigen Bauart auch deshalb interessant, weil das ganze Bauwerk ohne Zuhilfenahme von eisernen Verbindungsmitteln, also ohne Nägel, Schrauben, Klammern und dergleichen, konstruiert ist.

Die lichte Weite zwischen den Widerlagern beträgt 18 Meter. Da dem Zimmermeister diese Länge für sein geplantes Tragwerk zu groß erschien und weil der Einbau eines Holzjoches wegen des wildbachartigen Charakters der Rosanna nicht in Frage kam, baute er Widerlager oben mittels mehrreihig übereinander geschichteter Holzbalken, „Schüren" genannt, so weit auskragend, dass sich die Stützweite des eigentlichen Tragwerks auf 13,5 Meter verringerte.

The bridge is not only remarkable for its unique construction method, but also because its entire structure was built without the use of any metal connecting pieces. No nails, screws, clamps or other such components were employed.

The clear distance between the abutments is 18 metres. As it seemed unfeasible to the master carpenter to span this huge distance with his planned structure and as the construction of a wooden frame was not an option because of the river's wild waters, another solution had to be found. By stacking up several layers of beams, each cantilevering more than the one below, at either end of the structure—so-called "Schüren"—the actual span was reduced to 13.5 meters.

Bestandspläne: Ansicht und Grundriss, gezeichnet von
Studenten und Studentinnen der Technischen Universität Wien
Survey plans: elevation and plan, drawn by students
of the Vienna University of Technology

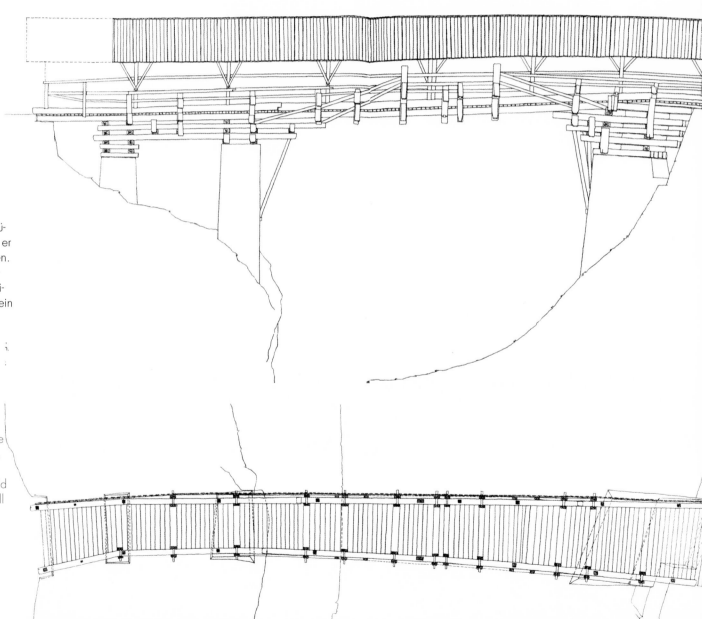

Diese Weite konnte er mit den ihm zur Verfügung gestandenen zwei Lärchenbalken, die er als Randträger verwendete, frei überspannen. Diese Holzbalken wären mit ihren außergewöhnlichen Stärken von je 32 mal 42 Zentimetern im Mittel und in ungeteilter Länge allein schon für die geringe Belastung der Brücke ausreichend gewesen.

Im Jahr 1995 wurde mit Architekt Ernst Hiesmayr eine genaue Bestandsaufnahme durchgeführt und danach eine statische Analyse erstellt.

To cover this distance, he used the two large larch timbers at his disposal as edge beams. These two beams alone, with their extraordinary dimensions of 32 by 42 cm, would have been sufficient to carry the rather small loads of the entire bridge.

In 1995 the Rosanna bridge was precisely surveyed in cooperation with architect Ernst Hiesmayr and an analysis of its structural system was made.

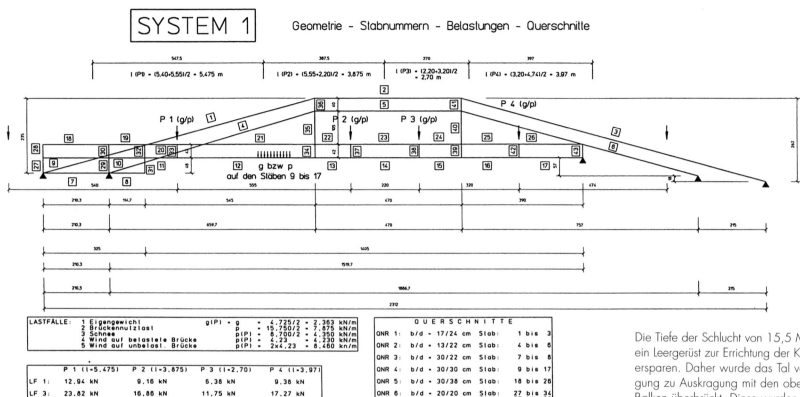

SYSTEM 1 Geometrie - Stabnummern - Belastungen - Querschnitte

LASTFÄLLE: 1 Eigengewicht
            2 Brückennutzlast
            3 Schnee
            4 Wind auf belastete Brücke
            5 Wind auf unbelast. Brücke

$g(P) = g = 4.725/2 = 2.363$ kN/m
$p = 15.750/2 = 7.875$ kN/m
$p(P) = 8.700/2 = 4.350$ kN/m
$p(P) = 4.23 = 4.230$ kN/m
$p(P) = 2×4.23 = 8.460$ kn/m

	P 1 (l=5.475)	P 2 (l=3.875)	P 3 (l=2.70)	P 4 (l=3.97)
LF 1:	12.94 kN	9.16 kN	6.38 kN	9.38 kN
LF 3:	23.82 kN	16.86 kN	11.75 kN	17.27 kN
LF 4:	23.16 kN	16.39 kN	11.42 kN	16.79 kN
LF 5:	46.32 kN	32.78 kN	22.84 kN	33.59 kN

QUERSCHNITTE

QNR 1:	b/d = 17/24 cm	Stab:	1 bis 3
QNR 2:	b/d = 13/22 cm	Stab:	4 bis 6
QNR 3:	b/d = 30/22 cm	Stab:	7 bis 8
QNR 4:	b/d = 30/30 cm	Stab:	9 bis 17
QNR 5:	b/d = 30/38 cm	Stab:	18 bis 26
QNR 6:	b/d = 20/20 cm	Stab:	27 bis 34
		Slab:	37 bis 39
		Slab:	42 bis 43
QNR 7:	b/d = 18/24 cm	Stab:	35 bis 36
		Slab:	40 bis 41

Tragsystem
Structure

Aus Erfahrung und Gefühl für das Konstruieren mit Holz haben wir dieses alte Brückentragwerk mit den Mitteln unserer Zeit exakt berechnet. Vorerst mussten wir uns bemühen, das komplexe Tragsystem der Brücke nachzuvollziehen.

Guided by experience and a sense for wooden construction while using today's techniques and possibilities, we exactly recalculated this instinctively developed timber construction. The first step was to understand the complex constructional system of the bridge.

Das Tragwerk besteht aus zwei übereinander angeordneten Randträgern, die durch ein Trapezhängesprengwerk mit zweifachen Streben und Riegeln verstärkt sind. Die unteren Streben stützen sich gegen vom Widerlager auskragende Holzbalken ab, die oberen gegen die Kanthölzer im Auflagerstapel selbst.

The main structure consists of two edge beams on either side, stacked on top of each other and reinforced by a suspended strutted frame system with double-struts and double-ledgers. The lower struts are braced against the wooden beams cantilevering from the bearing, whereas the upper struts are supported by structural timbers in the bearing pile itself.

Die Tiefe der Schlucht von 15,5 Metern gebot, ein Leergerüst zur Errichtung der Konstruktion zu ersparen. Daher wurde das Tal von Auskragung zu Auskragung mit den oben erwähnten Balken überbrückt. Diese wurden mit Bohlen belegt und als Arbeitsplattform für die Errichtung des Hängesprengwerks benützt. Schließlich wurden sie in dessen Konstruktion einbezogen und bilden nicht nur die Fahrbahn, sondern ein mittragendes Element der Brücke, was auch die Berechnung nachweist.

The canyon's depth of about 15 metres required a construction method that would not necessitate scaffolding. Therefore, the gap between the two cantilevers was bridged by the larch timbers mentioned above. Once in position, they were covered with wooden floorboards and used temporarily as a working platform. Eventually, the beams were incorporated into the structure, not only supporting the road surface, but themselves forming load bearing elements as well, a fact proven by our calculations.

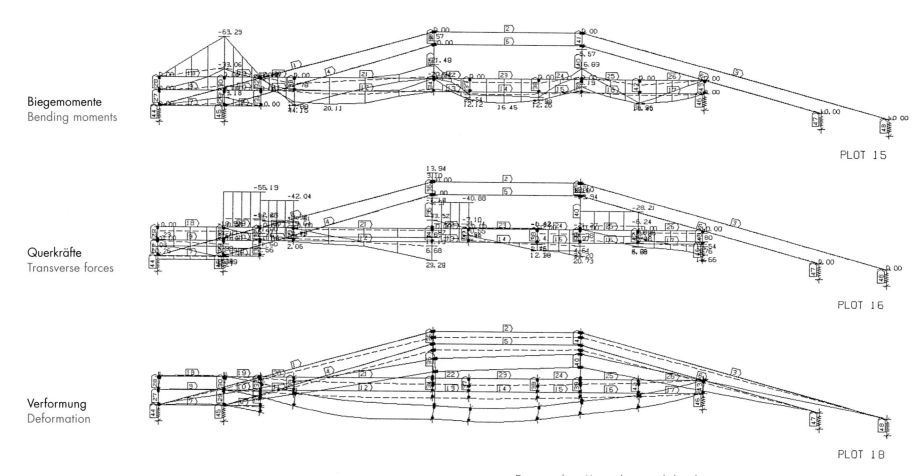

Biegemomente
Bending moments

PLOT 15

Querkräfte
Transverse forces

PLOT 16

Verformung
Deformation

PLOT 18

Nach dem Ergebnis der Berechnungen liegt kein reinrassiges, eindeutiges Tragwerk vor. Die Größenordnung der in der EDV-Berechnung ermittelten Spannungen für den allgemeinen Spannungsnachweis liegt im Bereich der zulässigen Werte und entspricht den heutigen Erkenntnissen und Vorschriften.

According to our findings, the Rosanna Bridge was not constructed according to a clear and distinct structural system. Digital stress analysis reveals that all strains occurring lie within acceptable parameters and comply with today's standards and regulations.

Ebenso liegt die ausgewiesene Verformung von 28,3 Millimetern bei zirka 15 Metern Stützweite mit 1/f=530 im Bereich der für Hängesprengwerke angegebenen Grenze von 1/500 der Stützweite.

The calculated deformation of 28.3 mm for a span of approximately 15 metres lies well within the permissible range for this structural system—a maximum of 1/500 of the structure's span.

Die eisenlose Konstruktion und die überzeugende Verbindung von Hängewerk und Balkenlage sind das Besondere an dieser Brücke, und dies hebt sie von allen anderen ab. Die Rechnung beweist die Stimmigkeit der Konstruktion und zeigt die Genialität der alten Baumeister.

The convincing combination of a truss with a wooden beam construction and the absence of any metal components are doubtless the most outstanding qualities of this bridge. The calculations clearly demonstrate the soundness of the resulting structure and prove the genius of builders in the olden days.

Zweck und Kultur:

In bedrängender Nähe zur Holzbrücke versucht die neue, höher gelegene Betonbrücke mit ihren eher dünnen, konstruktiv nicht nötigen Streben eine Anbiederung an das Alte. Die ingenieurmäßige Betonplattenbrücke ist aus so genannten Sachzwängen entstanden. Sie ist leistungsfähig, lässt aber gestalterische Sensibilität und kulturelle Rücksicht auf die Holzbrücke missen.

Die robuste Holzbrücke von 1764 über die Rosanna in Strengen bleibt ein ablesbares, erlebbares Manifest des kreativen Menschen. Sie hat eine Seele und ist letztes Erbstück einer Kultur der Fantasie und Verantwortung.

Function and culture:

Uncomfortably close to the old wooden bridge, a new concrete bridge, situated somewhat higher, attempts with its rather thin, structurally redundant stunts to imitate the old structure. This typical concrete slab structure was developed out of practical constraints alone. It is effective but lacks sensitivity and cultural consideration towards its immediate environment.

The robust timber bridge of 1764 that spans the Rosanna in Strengen remains a legible manifesto of creative craftsmanship that can still be experienced. It has a soul and is an heirloom handed down to us from a culture with a sense of fantasy and responsibility.

Alte Brücke im Vordergrund, neue Brücke im Hintergrund
The old bridge in the foreground, the new bridge behind

Das Bild zeigt deutlich die geistige Armut des heutigen Ingenieurbaus.

The photograph clearly shows the intellectual poverty of today's civil engineering.

Sie hat eine Seele ...
It has a soul ...

Überbrückt	Ort	Länge	Material	Auftraggeber	Architekten	Status
Spans	Location	Length	Material	Client	Architects	Status
Wiental	Wien	63 m	Stahl	Stadt Wien	Dieter Henke,	Realisierung
	Vienna		Steel	City of Vienna	Marta Schreieck	Completed

Hackinger Steg

Wettbewerb	Baubeginn	Fertigstellung
Competition	Start of construction	Completion
1992	1993	1994

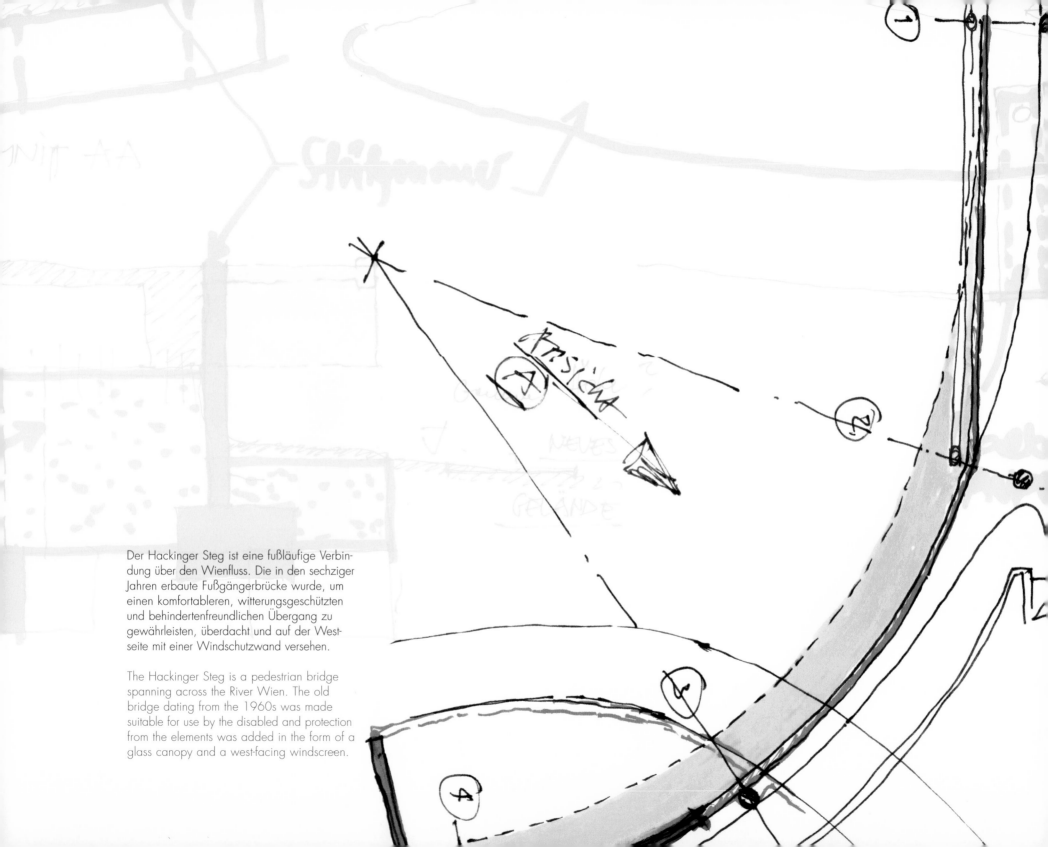

Der Hackinger Steg ist eine fußläufige Verbindung über den Wienfluss. Die in den sechziger Jahren erbaute Fußgängerbrücke wurde, um einen komfortableren, witterungsgeschützten und behindertenfreundlichen Übergang zu gewährleisten, überdacht und auf der Westseite mit einer Windschutzwand versehen.

The Hackinger Steg is a pedestrian bridge spanning across the River Wien. The old bridge dating from the 1960s was made suitable for use by the disabled and protection from the elements was added in the form of a glass canopy and a west-facing windscreen.

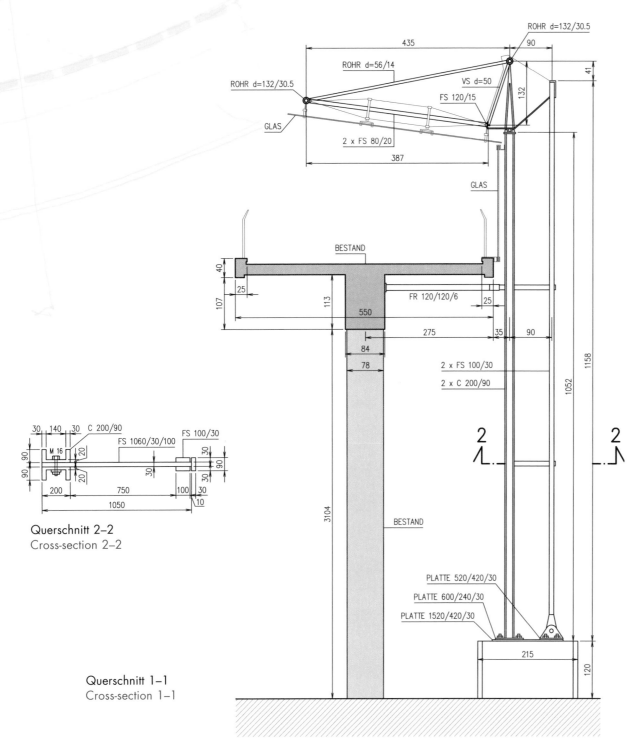

ROHR d=132/30.5

435

90

ROHR d=56/14

41

ROHR d=132/30.5

VS d=50

132

FS 120/15

GLAS

2 x FS 80/20

387

GLAS

BESTAND

40

25

107

113

550

FR 120/120/6

25

275

35

90

84

2 x FS 100/30

78

2 x C 200/90

1158

1052

30 140 30   C 200/90

FS 100/30

FS 1060/30/100

M 16

90 90

20

30

30 90

30

20

200

750

100 30

1050

10

3104

BESTAND

PLATTE 520/420/30

PLATTE 600/240/30

PLATTE 1520/420/30

215

120

2   2

Querschnitt 2–2
Cross-section 2–2

Querschnitt 1–1
Cross-section 1–1

Unabhängig von dem bestehenden Stahlbeton-steg wurde westseitig ein über drei Felder gespanntes Stahltragwerk als primäre Kon-struktion für die transparente seitliche Wind-schutzwand und das Glasdach gestellt. Das gläserne Dach ist ein 4,5 Meter breites und 60 Meter langes liegendes Tragwerk. Das Besondere daran ist, dass dieses nur an einer Längsseite exzentrisch durch vier Stützen getragen wird. Die Stützen wurden in der Achse der vorhandenen Stahlbetonsäulen situiert und sind, um die Knicklängen zu ver-kürzen, am bestehenden Tragwerk punktweise abgestützt. Die abgespannten Stützen stehen auf Pfeilern 20 Zentimeter über der Hoch-wassermarke im Bett des Wienflusses. Die Pfeilerfundamente sind mit den Fundamenten der bestehenden Säulen verbunden.

A new steel structure, independent of the exist-ing concrete bridge and placed on its west-ern side, constitutes the main load-bearing element for the new features of a transparent lateral windscreen and a glazed canopy. The canopy is a horizontal truss 4.5 metres wide and 60 metres long. The most challenging aspect in the design of this truss is that it is supported on one side only by four steel columns aligned with the old concrete piers. To minimise the new columns' effective length, they are connected at points to the existing structure. They rest on pads 20 cm above the river's highest ever water level. The foun-dations of these pads are connected to the foundations of the old bridge.

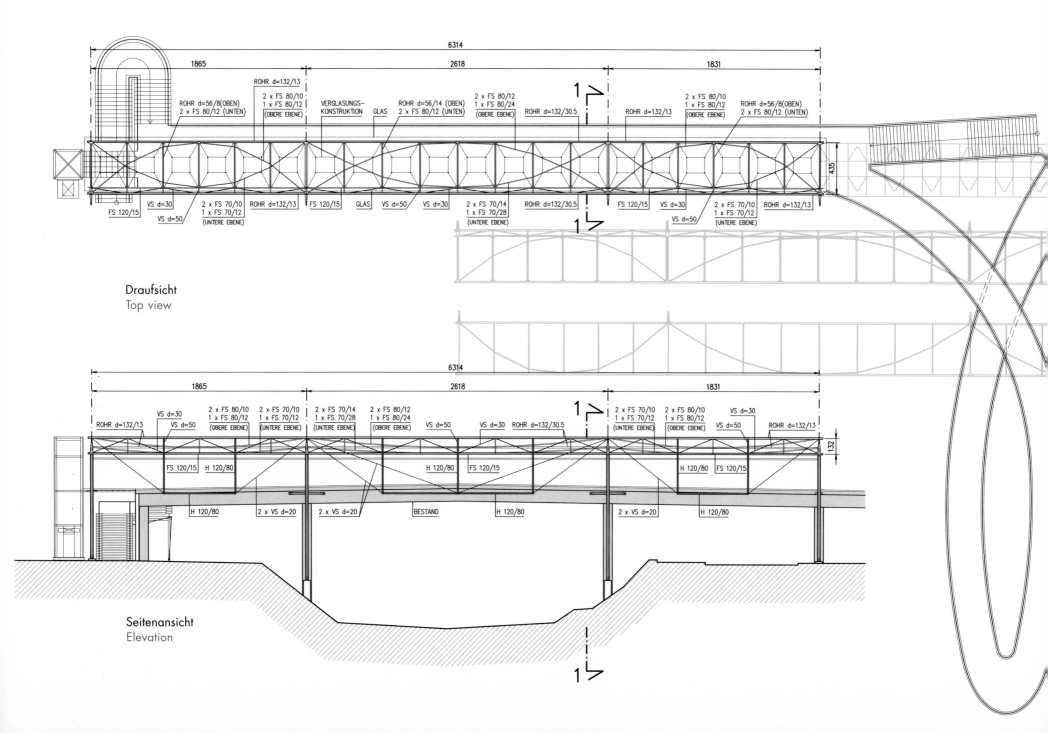

6314

1865 2618 1831

ROHR d=132/13
2 x FS 80/10
1 x FS 80/12
(OBERE EBENE)
VERGLASUNGS-
KONSTRUKTION
GLAS
ROHR d=56/14 (OBEN)
2 x FS 80/12 (UNTEN)
2 x FS 80/12
1 x FS 80/24
(OBERE EBENE)
ROHR d=132/30.5

ROHR d=56/8(OBEN)
2 x FS 80/12 (UNTEN)

2 x FS 80/10
1 x FS 80/12
(OBERE EBENE)
ROHR d=132/13
ROHR d=56/8(OBEN)
2 x FS 80/12 (UNTEN)

4.35

FS 120/15
VS d=30
VS d=50
2 x FS 70/10
1 x FS 70/12
(UNTERE EBENE)
ROHR d=132/13
FS 120/15
GLAS
VS d=50
VS d=30
2 x FS 70/14
1 x FS 70/28
(UNTERE EBENE)
ROHR d=132/30.5
FS 120/15
VS d=30
VS d=50
2 x FS 70/10
1 x FS 70/12
(UNTERE EBENE)
ROHR d=132/13

Draufsicht
Top view

6314

1865 2618 1831

ROHR d=132/13
VS d=30
VS d=50
2 x FS 80/10
1 x FS 80/12
(OBERE EBENE)
2 x FS 70/10
1 x FS 70/12
(UNTERE EBENE)
2 x FS 70/14
1 x FS 70/28
(UNTERE EBENE)
2 x FS 80/12
1 x FS 80/24
(OBERE EBENE)
VS d=50
VS d=30
ROHR d=132/30.5
2 x FS 70/10
1 x FS 70/12
(UNTERE EBENE)
2 x FS 80/10
1 x FS 80/12
(OBERE EBENE)
VS d=30
VS d=50
ROHR d=132/13

132

FS 120/15
H 120/80
H 120/80
FS 120/15
H 120/80
FS 120/15

H 120/80
2 x VS d=20
2 x VS d=20
BESTAND
H 120/80
2 x VS d=20
H 120/80

Seitenansicht
Elevation

Die Dachkonstruktion ist als räumliches Fachwerk mit parabelförmig verlaufenden Zugbändern ausgebildet, an welchen mittels Seilverspannungen die Verbundsicherheitsscheiben des leicht geneigten Glasdaches punktweise abgehängt sind. Das Tragwerk besteht aus zwei gegeneinander geneigten Ebenen, die sich an ihrer Spitze in einem durchgehenden Gurt treffen. Die obere, nach außen geneigte Ebene wird von den Stützen weggezogen, während die untere, nach innen geneigte zu den Stützen hin einen Druck ausübt. Geht man unter dem Dach durch, stört die filigrane Konstruktion kaum die Wirkung des Glases. Dazu trägt auch die punktförmige Aufhängung der Gläser bei. In den Rechteckfeldern der Primärkonstruktion sind spinnenähnliche Tragwerke mit gespreizten Seilen vorgesehen, die wechselnde Lasten optimal aufnehmen können. Sie werden in den Ecken der Hauptkonstruktion verankert.

The canopy's structure is formed by a three-dimensional truss whose tie rods describe parabolic curves. The laminated safety glass panes of the slightly inclined canopy are connected to the structure at points by cables. The three-dimensional truss itself is made up of two planes tilted in opposite directions that meet in a common connecting chord. The upper plane, tilted outwards, pulls away from the steel columns, whereas the lower plane, sloping inwards, exerts a compression force. The canopy's minimised construction and the glass elements' bolted fixtures add to the elegant overall appearance. The rectangular bays of the primary structure are reinforced by spiderlike elements whose cross-braced cables are ideally suited to absorbing recurrent changing loads. These elements are anchored to the corners of the main structure.

Am Auflager des Daches im Übergang zu den Stützen müssen die großen Druck- und Zugkräfte umgelenkt werden; dies kommt durch das mächtige Knotenblech, welches dem Verlauf der Umlenkspannungen angepasst ist, zum Ausdruck. Die Stützen selbst sind außen durch Zug- und innen durch Druckkräfte beansprucht. Der äußere Zugstab wird am Fuß mit HV-Schrauben zum Justieren und Einrichten der gesamten Konstruktion im Fundament verankert.

Where the canopy structure rests on the columns huge tension and compression forces must be redirected. This flow of forces is formally expressed by the powerful metal junction plates, adapted to the forces' change of direction. The columns themselves are subjected to tension forces on their outer sides and to compression forces on their inner sides. In order to allow the adjustment and positioning of the entire structure, the outer tension rods are fixed to the foundations with adjustable high-strength screws.

Modell
Model

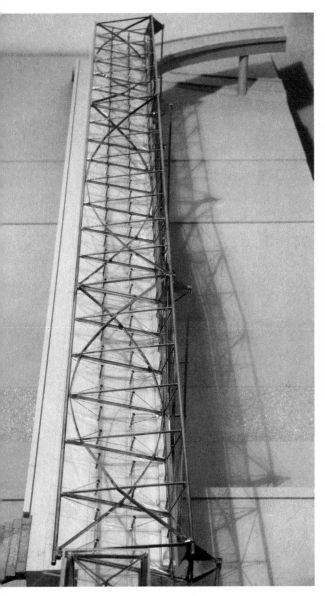

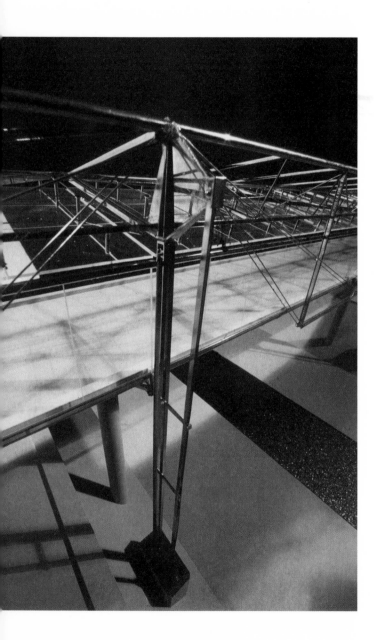

Die markanten schrägen Zugstäbe vor der lotrechten Glaswand dienen nicht nur zur Aufnahme des Eigengewichts, sondern bewirken auch eine Stabilisierung der Stützenköpfe in Längsrichtung der Brücke. Die seitliche Windschutzwand steht frei vor der Brücke und ist an dem – in der Ebene der Stützen liegenden – stehenden Fachwerk befestigt. Die Verglasung ist unten auf einem – dem gekrümmten Verlauf der Brücke folgenden – Profil gelagert und wird oben von einem horizontalen Profil gehalten, welches gleichzeitig die Rinne für die Dachentwässerung und die Unterkonstruktion für die lineare Beleuchtung bildet.

The prominent diagonal tension rods in front of the windscreen not only carry its dead load but also stabilise the tops of the columns against lateral stress. The windscreen itself is placed along the western long side of the bridge, but independent of it. It is attached to the vertical truss in the plane of the columns. The glazing rests at the bottom on a steel section that follows the curve of the bridge and is stabilised by a horizontal steel section at the top, which also serves as a gutter for the inclined canopy and as a support for the artificial lighting.

Der Hackinger Steg wurde im Jahre 1995 mit dem Adolf-Loos-Preis ausgezeichnet. Dieser Preis ist für mich und meine Zunft ganz besonders wichtig. Es ist auch an diesem Bauwerk für den Hackinger Steg ganz besonders zu sehen, wie wichtig die Zusammenarbeit zwischen schöpferischer Architektur und kreativer Ingenieurbaukunst ist. Ich hoffe, dass er nicht nur meinen Kollegen, sondern auch Bauherren, Politikern, Fachgremien und anderen endlich einen Anstoß gibt, dem Ingenieurbau mehr Aufmerksamkeit zu schenken.

The Hackinger Steg was awarded the Adolf Loos Prize in 1995, a design award that is very important to me and other professionals in the field of architecture and structural engineering. The Hackinger Steg structure shows very clearly the importance of a cooperation between designing architects and creative civil engineers. I do hope that this building will serve as an impulse not only to my colleagues, but also to clients, politicians and public advisory boards, so that more importance will be attached to the valuable contribution civil engineering can make to our built environment.

Wichtige Details
Important details

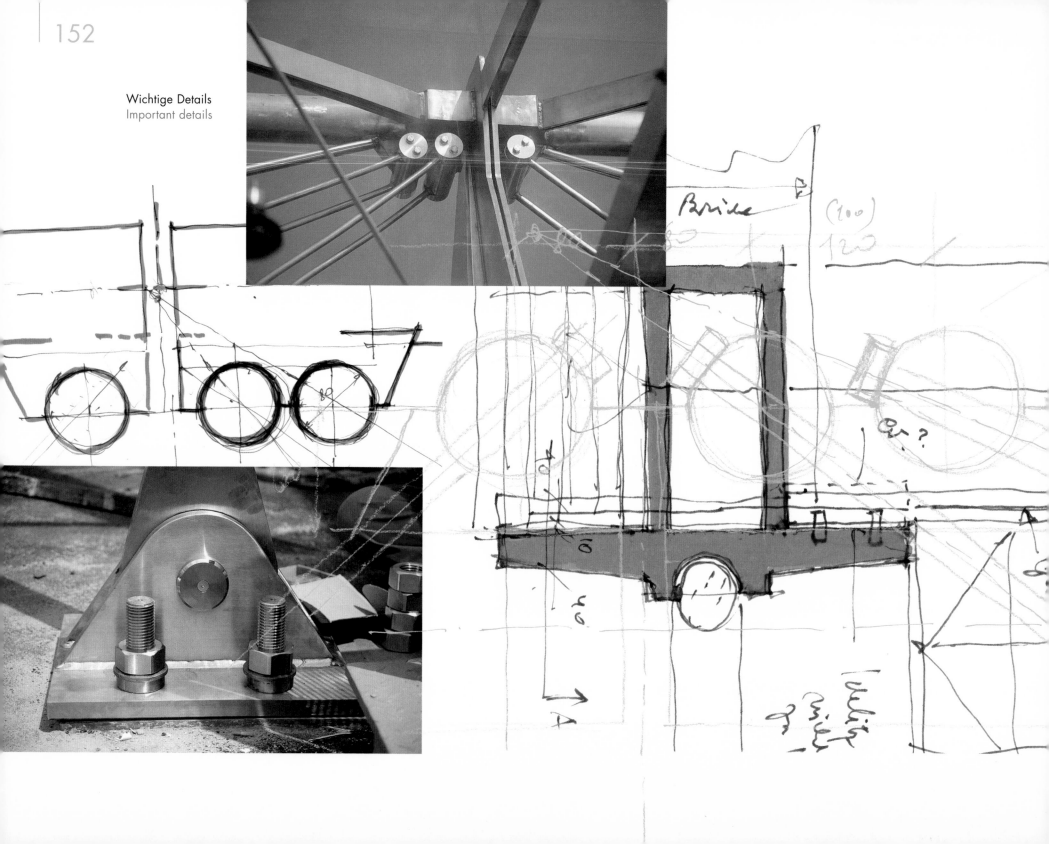

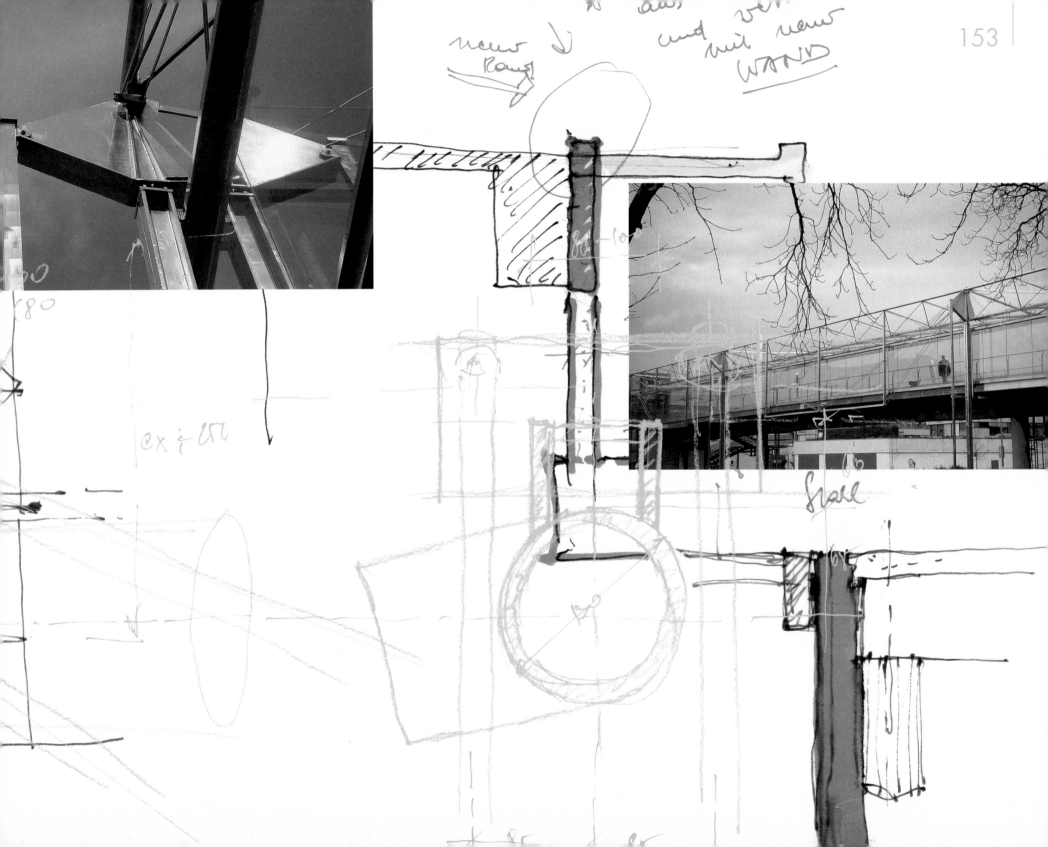

Überbrückt	Ort	Länge	Material	Auftraggeber	Architekt	Status
Spans	Location	Length	Material	Client	Architect	Status
Wiental	Wien	728 m	Stahl	HLAG	Adolf Krischanitz	Wettbewerb
	Vienna		Steel			Competition

990

Wiental Bridge

Brücke Wiental

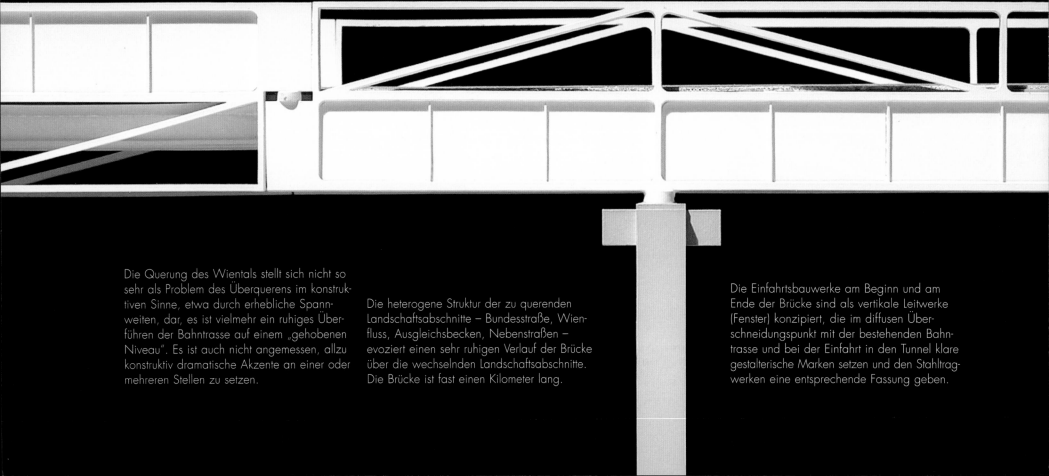

Die Querung des Wientals stellt sich nicht so sehr als Problem des Überquerens im konstruktiven Sinne, etwa durch erhebliche Spannweiten, dar, es ist vielmehr ein ruhiges Überführen der Bahntrasse auf einem „gehobenen Niveau". Es ist auch nicht angemessen, allzu konstruktiv dramatische Akzente an einer oder mehreren Stellen zu setzen.

Die heterogene Struktur der zu querenden Landschaftsabschnitte – Bundesstraße, Wienfluss, Ausgleichsbecken, Nebenstraßen – evoziert einen sehr ruhigen Verlauf der Brücke über die wechselnden Landschaftsabschnitte. Die Brücke ist fast einen Kilometer lang.

Die Einfahrtsbauwerke am Beginn und am Ende der Brücke sind als vertikale Leitwerke (Fenster) konzipiert, die im diffusen Überschneidungspunkt mit der bestehenden Bahntrasse und bei der Einfahrt in den Tunnel klare gestalterische Marken setzen und den Stahltragwerken eine entsprechende Fassung geben.

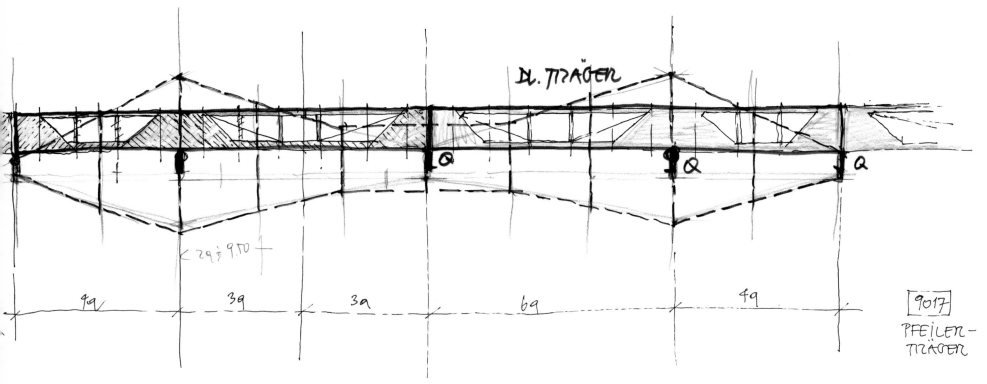

The route across the Wiental (River Wien valley) is not so much a technical challenge in the sense of a large span; instead it demands the calm continuation of the train line at a high (aesthetic) level. Dramatic displays of structural bravura would be inappropriate at any point.

The heterogeneous structure of the surrounding area—river, thoroughfares, flood basins and side streets—suggested a restrained and calm design of the bridge's route, almost one kilometre in length, across the changing landscape.

The "gateways" at either end of the bridge are designed as landmarks (windows) creating clear points of orientation amidst the diffuse area of intersection with the existing rail track and entrance to the tunnel. At the same time they provide an adequate framework for the steel structure.

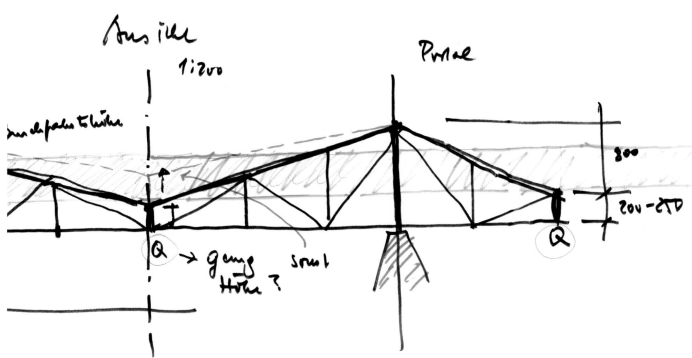

Draufsicht
Top view

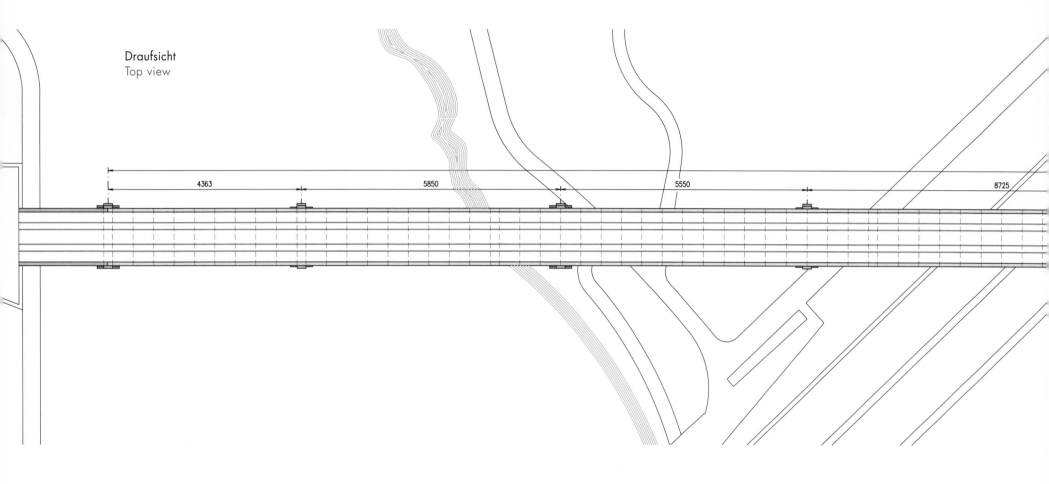

4363   5850   5550   8725

Seitenansicht
Elevation

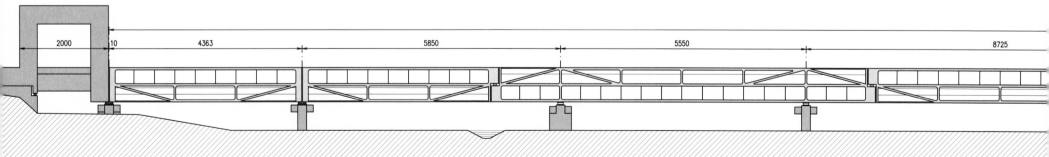

2000   10   4363   5850   5550   8725

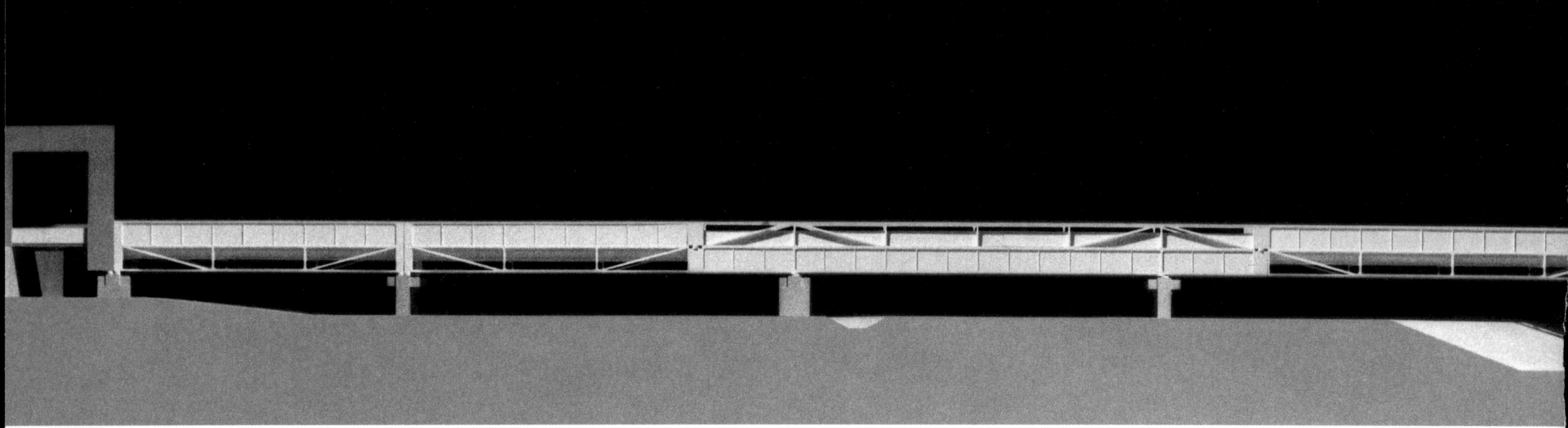

Querschnitt Feldmitte
Cross-section at the centre of a bay

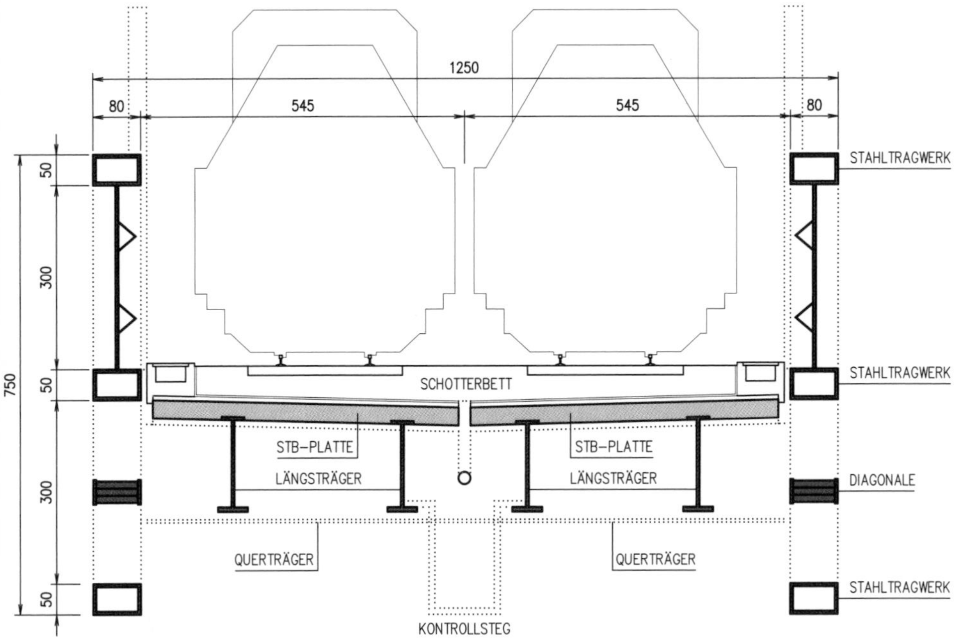

1250
80 · 545 · 545 · 80
50
300
50
750
300
50

STAHLTRAGWERK
STAHLTRAGWERK
SCHOTTERBETT
STB–PLATTE
LÄNGSTRÄGER
STB–PLATTE
LÄNGSTRÄGER
DIAGONALE
QUERTRÄGER
QUERTRÄGER
STAHLTRAGWERK
KONTROLLSTEG

Querschnitt Stützenbereich
Cross-section at a pier

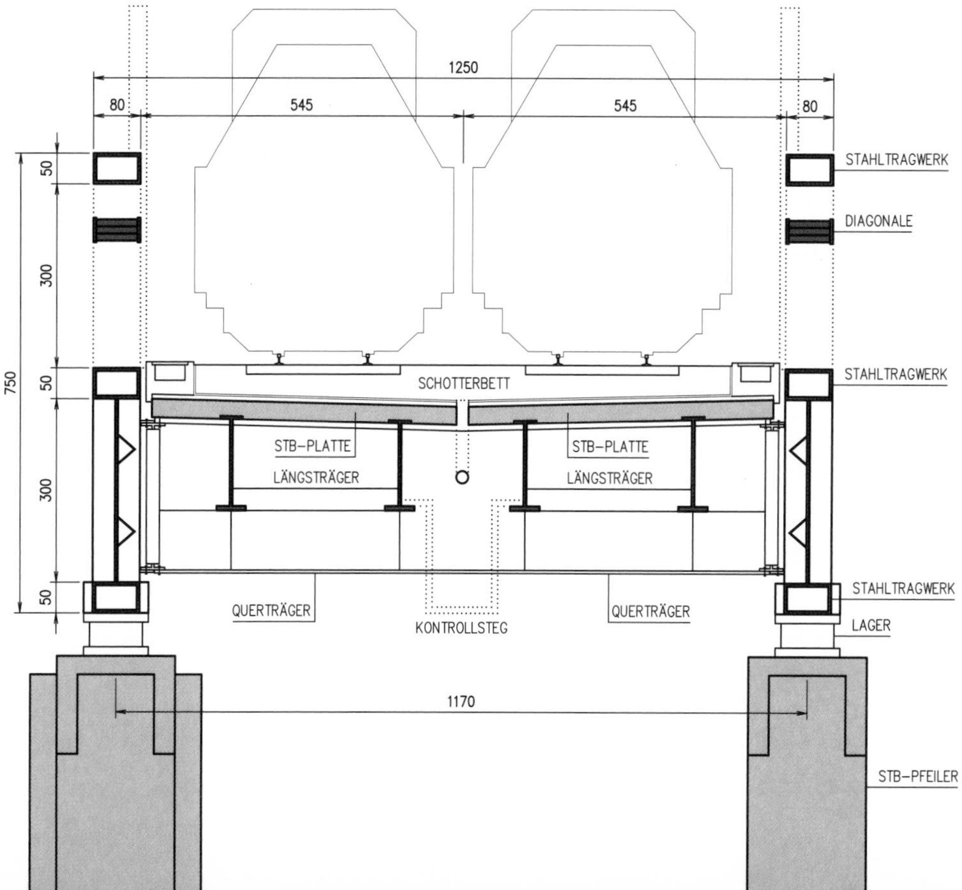

1250
80 · 545 · 545 · 80
50
300
50
750
300
50

STAHLTRAGWERK
DIAGONALE
STAHLTRAGWERK
SCHOTTERBETT
STB–PLATTE
LÄNGSTRÄGER
STB–PLATTE
LÄNGSTRÄGER
QUERTRÄGER
QUERTRÄGER
KONTROLLSTEG
STAHLTRAGWERK
LAGER
1170
STB–PFEILER

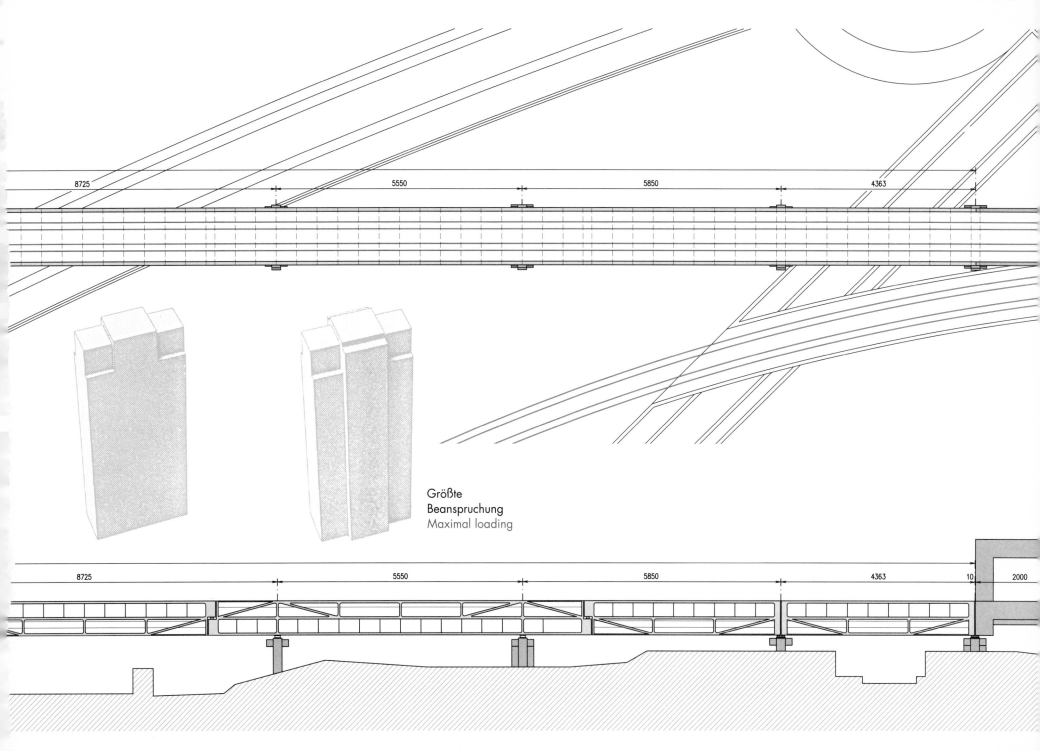

8725

5550

5850

4363

Größte
Beanspruchung
Maximal loading

8725

5550

5850

4363

10

2000

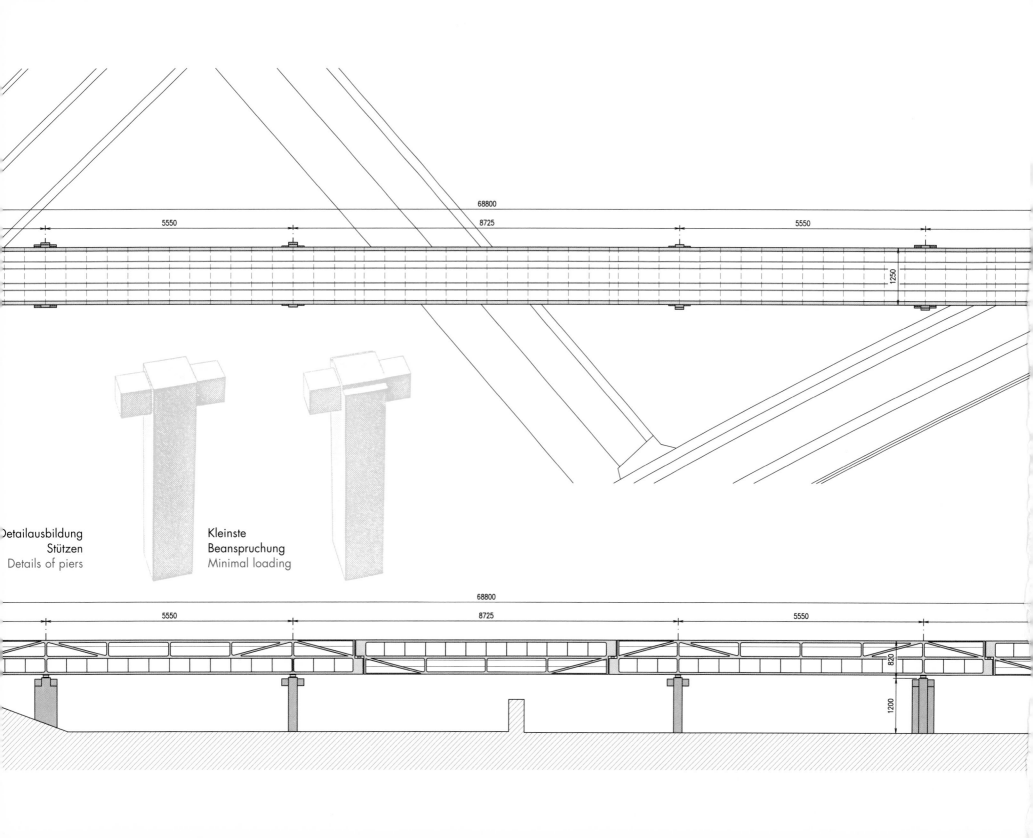

68800

5550   8725   5550

1250

Detailausbildung
Stützen
Details of piers

Kleinste
Beanspruchung
Minimal loading

68800

5550   8725   5550

820

1200

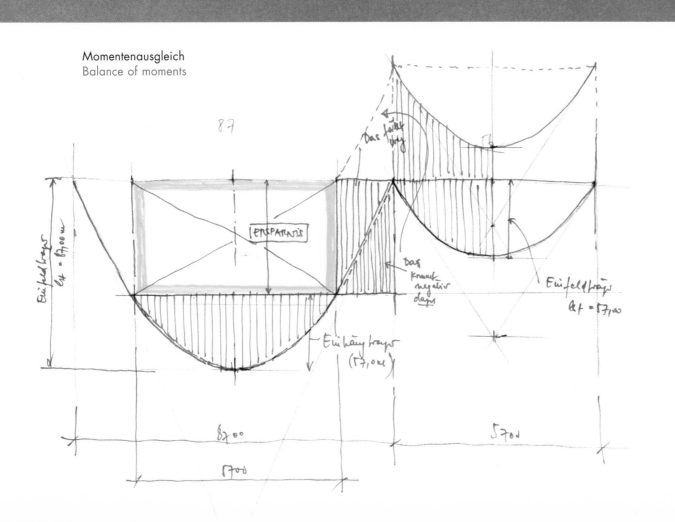

Momentenausgleich
Balance of moments

Konstruktiver Grundgedanke war die Wahl
eines Konstruktionsmoduls, das eine optimale
Grundlage für den eigentlichen Tragwerks-
entwurf und die Verteilung der Stützen im
vorhandenen Gelände darstellt.

Darauf aufbauend werden die Pfeilerstellungen
der Brücke ermittelt. Gewählt wird ein Rhythmus der Pfeilerabstände von 58,5, 55,5
und 87,25 Metern in regelmäßiger Abfolge.
Ausnahmen sind die Randfelder im Bereich
der Endbauwerke.

The basic design idea was to select a
constructional module that would provide
an optimum basis for the design of the
actual structural system itself and for the
distribution of the piers across the site.

The rhythm of the piers was derived from
these initial considerations. They are placed
at alternating intervals of 58.5, 55.5 and
87.25 metres. Only the bays at either end
of the bridge are exceptions to that rule.

Als Material für das eigentliche Tragwerk wird Stahl gewählt. Dieser ist wegen der gestalterischen Eleganz, der Transparenz und Durchlässigkeit, der einfacheren Herstellung und in detail- und materialgerechter Qualität allen anderen Materialien vorzuziehen.

Das statische System der Haupttragwerke kann als Gerberträgersystem bezeichnet werden. Durch die Wahl der Pfeilerabstände und Zwischenlager (Gerbergelenke) entsteht eine weitgehend gleichmäßige Momentenbeanspruchung des ganzen Tragwerks.

Because of its structural properties steel was chosen as the primary material. Steel structures are light, elegant and transparent and can be assembled easily with high-quality detailing.

The actual load-bearing structure was conceived as a beam with internal hinges. The positioning of piers and internal hinges results in a largely evenly distributed bending moment throughout the entire structure.

Die Träger liegen an der Außenkante der Brücke. Als Trägersystem wurde eine Kombination aus vollwandigem Biegeträger und zugbeanspruchter Verspannung gewählt. Die Lage des biegesteifen Druckgurtes richtet sich nach dem Vorzeichen der auftretenden Biegemomente. Dies bedeutet, dass er in gleichmäßigem Rhythmus zwischen Ober- und Unterseite des Trägers wechselt. Die Stabquerschnitte sämtlicher Hauptträger werden als geschlossener Hohlkasten ausgebildet, welcher wegen der minimalen Oberfläche korrosionstechnisch günstig ist.

The main girders are located at the outer edges of the bridge and consist of solid plate girders to accommodate bending loads and additional bracing elements for tensile stress. The location of the compression chords depends on the local bending moment, meaning that their position alternates rhythmically between the top and the bottom of the girder. The main beams are devised as box girders, as minimized surface area reduces their susceptibility to corrosion.

Die Pfeiler sind aus Beton. Sie werden nach den Lagerbedingungen unterschiedlich beansprucht und sind den verschiedenen Lasten entsprechend geformt. In gleicher Art werden die Endbauwerke und deren Bereiche ausgeführt.

The piers are made of concrete. Depending on their position within the structural system they accommodate different amounts of stress, and are dimensioned and shaped according to the actually occurring loads. The concrete "gateways" at either end of the bridge are constructed in the same way.

Überbrückung Spans	Ort Location	Länge Length	Material Material	Auftraggeber Client	Architekt Architect	Status Status
Dürre Liesing	Kaltenleutgeben Lower Austria	8 m	Stahl Steel	Privat Private	Luigi Blau	Realisierung Completed

989

Pedestrian Bridge
Fussgängerbrücke

Schanderersteg

Schanderersteg

1991

1989

VARIANTE Fachwerk

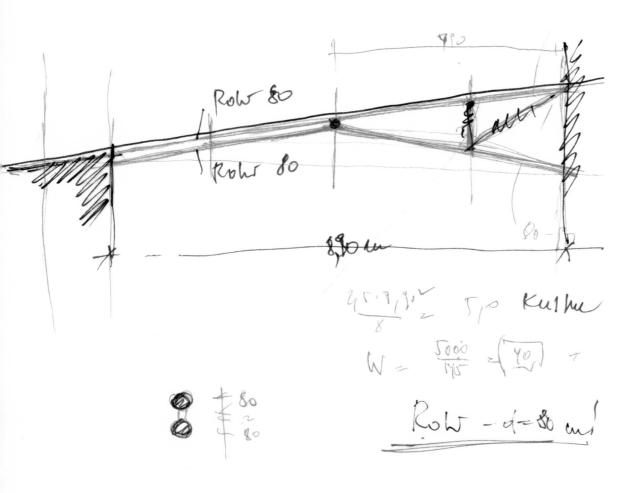

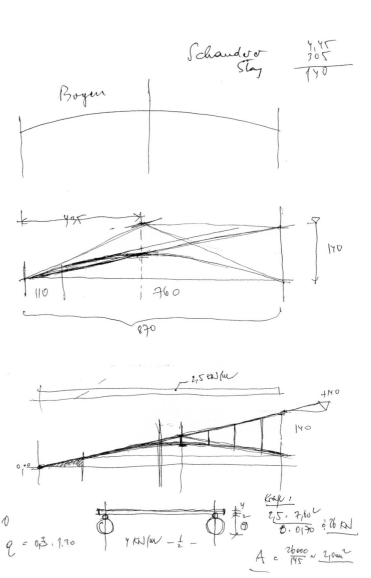

Als Fußgängerverbindung von der Straße zu einer Garage über einen Bach in Kaltenleutgeben wurde ein kleiner, aber besonders liebevoll detaillierter Steg im Gefälle gebaut.

A small footbridge, detailed with great affection, spans a brook in Kaltenleutgeben, connecting the street and a garage building.

Die Konstruktion besteht aus einem Stahltragwerk als Bogen mit einer Stützweite von etwa acht Metern mit einem Holzbohlenbelag von 1,35 Metern Breite.

The structure consists of a steel framework arching over a span of approximately eight metres and supporting a 1.35 metre wide surface of wooden boards.

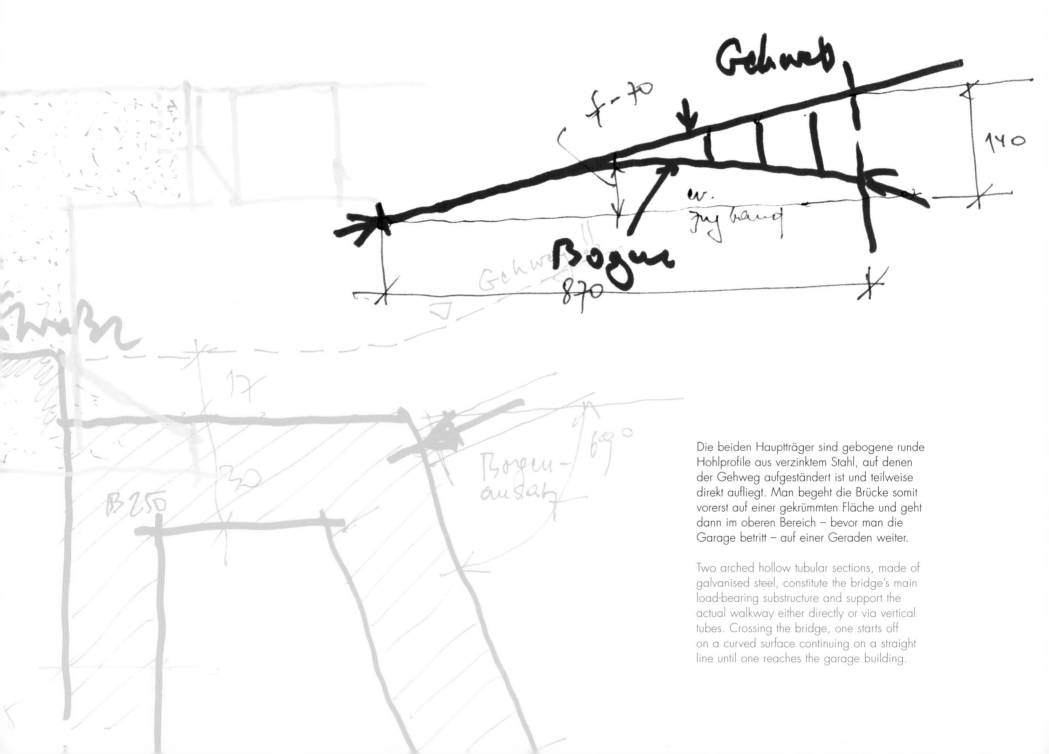

Die beiden Hauptträger sind gebogene runde Hohlprofile aus verzinktem Stahl, auf denen der Gehweg aufgeständert ist und teilweise direkt aufliegt. Man begeht die Brücke somit vorerst auf einer gekrümmten Fläche und geht dann im oberen Bereich – bevor man die Garage betritt – auf einer Geraden weiter.

Two arched hollow tubular sections, made of galvanised steel, constitute the bridge's main load-bearing substructure and support the actual walkway either directly or via vertical tubes. Crossing the bridge, one starts off on a curved surface continuing on a straight line until one reaches the garage building.

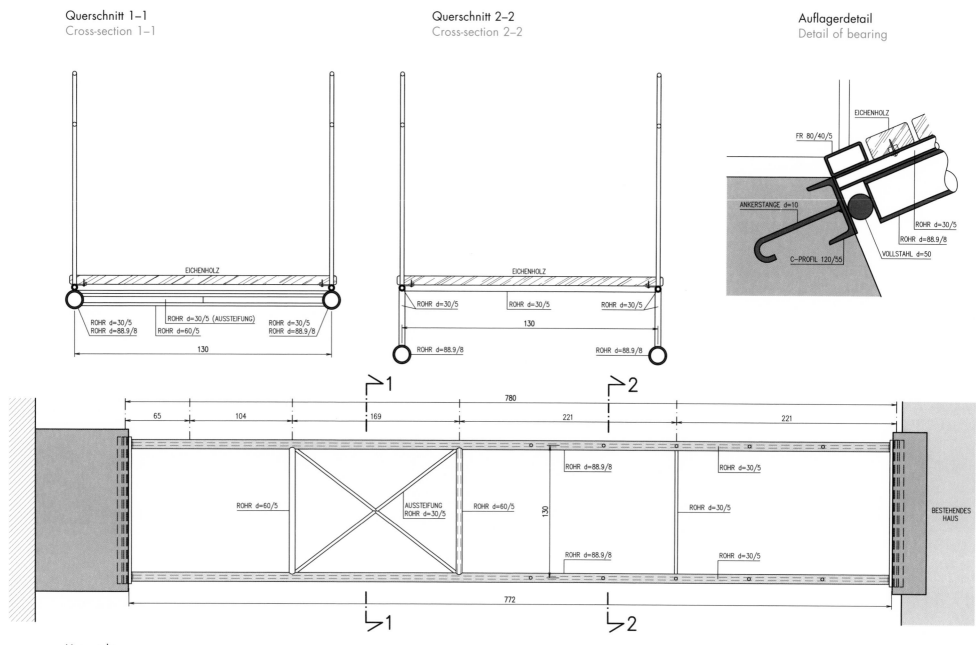

Querschnitt 1–1
Cross-section 1–1

Querschnitt 2–2
Cross-section 2–2

Auflagerdetail
Detail of bearing

EICHENHOLZ

ROHR d=30/5
ROHR d=88.9/8

ROHR d=30/5 (AUSSTEIFUNG)
ROHR d=60/5

ROHR d=30/5
ROHR d=88.9/8

130

EICHENHOLZ

ROHR d=30/5

ROHR d=30/5

ROHR d=30/5

130

ROHR d=88.9/8

ROHR d=88.9/8

EICHENHOLZ

FR 80/40/5

ANKERSTANGE d=10

ROHR d=30/5

ROHR d=88.9/8

C-PROFIL 120/55

VOLLSTAHL d=50

1

2

780

65

104

169

221

221

ROHR d=88.9/8

ROHR d=30/5

ROHR d=60/5

AUSSTEIFUNG
ROHR d=30/5

ROHR d=60/5

130

ROHR d=30/5

BESTEHENDES
HAUS

ROHR d=88.9/8

ROHR d=30/5

772

1

2

Untersicht
View from below

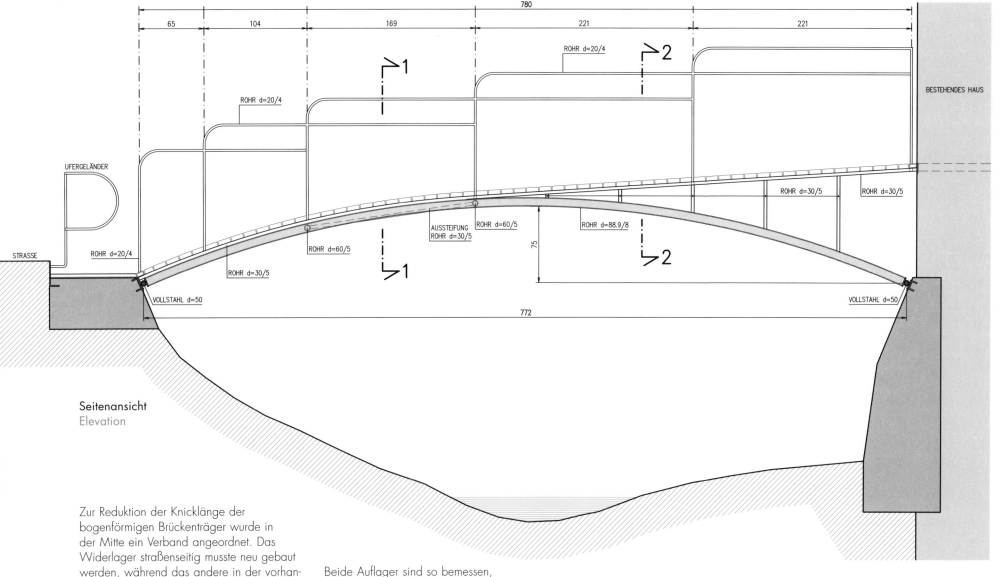

Seitenansicht
Elevation

Zur Reduktion der Knicklänge der bogenförmigen Brückenträger wurde in der Mitte ein Verband angeordnet. Das Widerlager straßenseitig musste neu gebaut werden, während das andere in der vorhandenen Garagenaußenwand integriert ist.

In order to reduce the effective length a bracing was located at the substructure's centre. At the street side it was necessary to construct a new bearing pad, whereas on the opposite side of the river the existing wall of the garage building was used to house the abutment.

Beide Auflager sind so bemessen, dass sie die Horizontalreaktion der Bogenkonstruktion einwandfrei aufnehmen können und daher kein Zugband nötig ist.

Both are designed to perfectly accommodate the horizontal reactions of the arched construction in such a way that no additional tension bar is required.

Dieses Bauwerk ist ein wirkliches Kleinod und besticht durch seine sorgfältige und gekonnte Detaillierung.

Its thorough and skillful detailing, makes this structure a true gem.

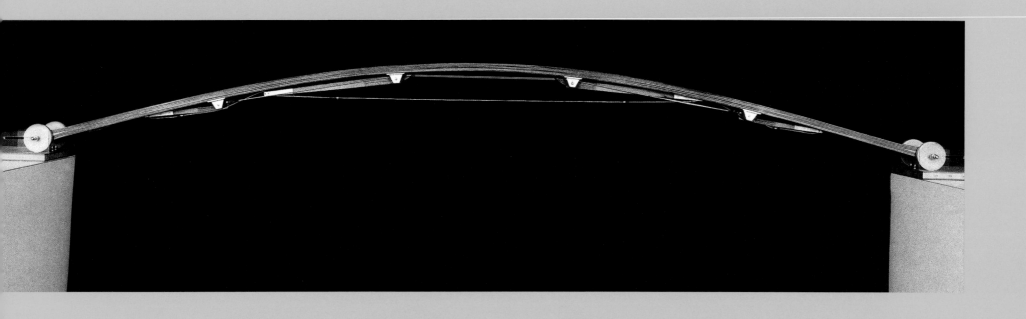

Länge	Material	Auftraggeber	Architekten	Status
Length	Material	Client	Architects	Status
6,2 m	Holz / Stahl	Studienprojekt	Habeler / Semler /	Realisierung
	Wood / Steel	Study project	Schmid	Completed

988

New Ways in Vienna
Neue Wege in Wien

The Mobile Structure

Das mobile Tragwerk

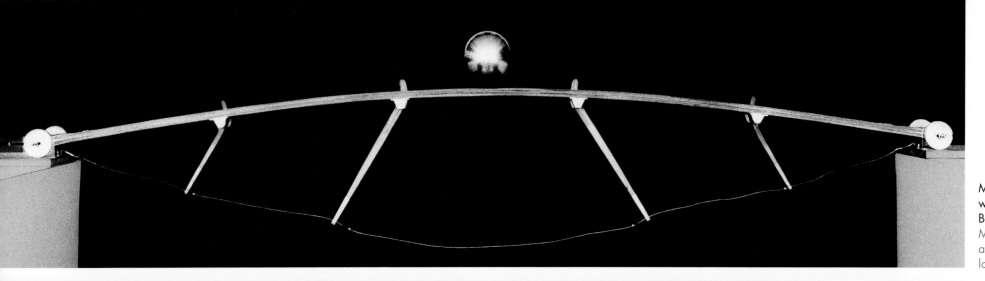

Modell,
wechselnde
Belastung
Model,
alternating
load

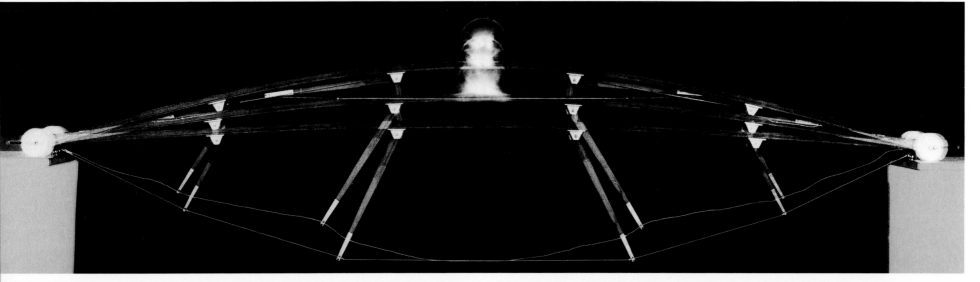

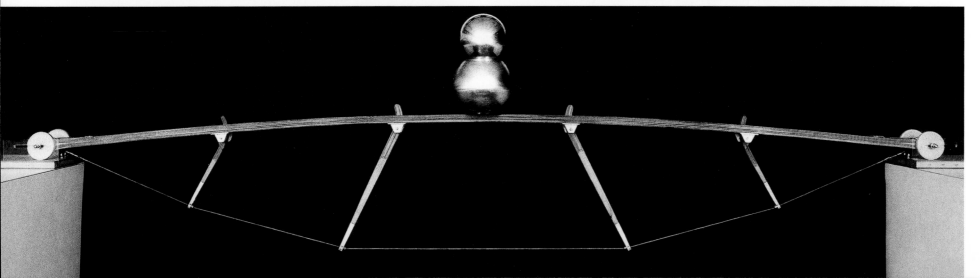

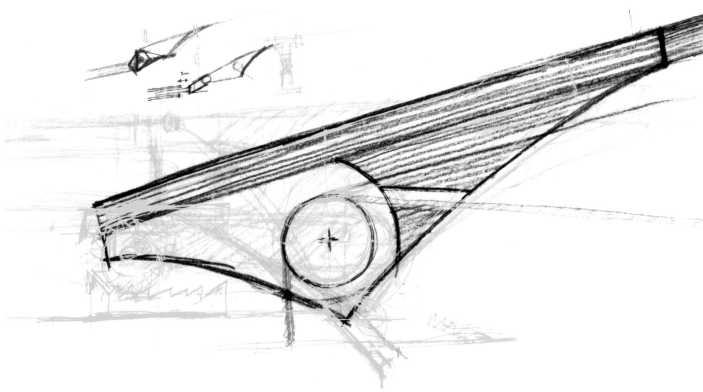

Ehemalige Architekturstudenten an der Akademie der bildenden Künste in Wien haben im Zuge des Tragwerkslehre-Unterrichts ein mobiles Tragwerk entwickelt.

Ausgangspunkt war die Idee, eine Konstruktion zu entwerfen, die auf wechselnde Belastung reagiert. Sie soll sich selbstständig auf jede Beanspruchung einstellen und ihre Form, entsprechend den wechselnden Spannungen, verändern. Eine Struktur also, die sich vorerst selbst trägt und bei Bedarf zu einem stabilen Tragwerk ausbildet. Das Problem dabei ist, eine Konstruktion zu finden, die bei steigender (wechselnder) Belastung vorerst starke Verformungen erfährt, welche sodann auf kinematischem Weg das endgültige Tragwerk ausfalten. Sie durchläuft somit sehr verschiedene Verformungs- und Spannungszustände, wobei wichtig ist, dass diese immer innerhalb der für die Baustoffe zulässigen Werte bleiben.

Within the scope of a structural engineering workshop, former students of the Academy of Fine Arts in Vienna developed a mobile structure.

The initial idea was to create a structural system that would react to changing loads, adjusting its shape autonomously. While initially supporting only its own dead load, it develops into a stable load-bearing structure when subjected to external loads. The challenge was to conceive a system responding to increasing (changing) loads, at first with considerable deformation, consequently unfolding the final load-bearing structure according to kinematic principles. The entire structure passes through different stages of physical transformation, according to occurring stresses. In this process it is imperative not to exceed the materials' maximum loads at any point.

Man kann es auch anders sagen: Das Grundgesetz der Statik, nämlich das vollkommene Gleichgewicht aller Kräfte und Drehmomente, erhält eine zusätzliche dynamische Komponente, welche erst die gewünschte Anpassung der Konstruktion an die Belastung bewirkt.

To put it differently, one could say: The foundation of structural engineering, namely the perfect balance of all stresses and moments of force, is here enhanced by an additional dynamic element that brings about the construction's desired adaptation to changing loads.

Die experimentelle Annäherung an die Problematik erfolgte mit Modellen. Vorerst engten sehr einfache Stabmodelle die Fragen soweit ein, dass es gelang, ein zwei Meter langes, voll funktionsfähiges Brückenmodell aus Holz mit einer Mechanik aus Stahl zu bauen. An diesem konnte man bereits sehr gut das Verhalten des Tragwerks unter Beanspruchung durch stationäre oder bewegliche Lasten beobachten.

The first experimental approaches were made using models. In the beginning very simple rod models were used to determine a preliminary structural system, which ultimately led to the construction of a fully functional wooden bridge model, two metres in length, with mechanical steel components. This prototype was used to study more carefully the structure's performance under different stationary or mobile loads.

Skizze
Sketch

Skizzen
Sketches

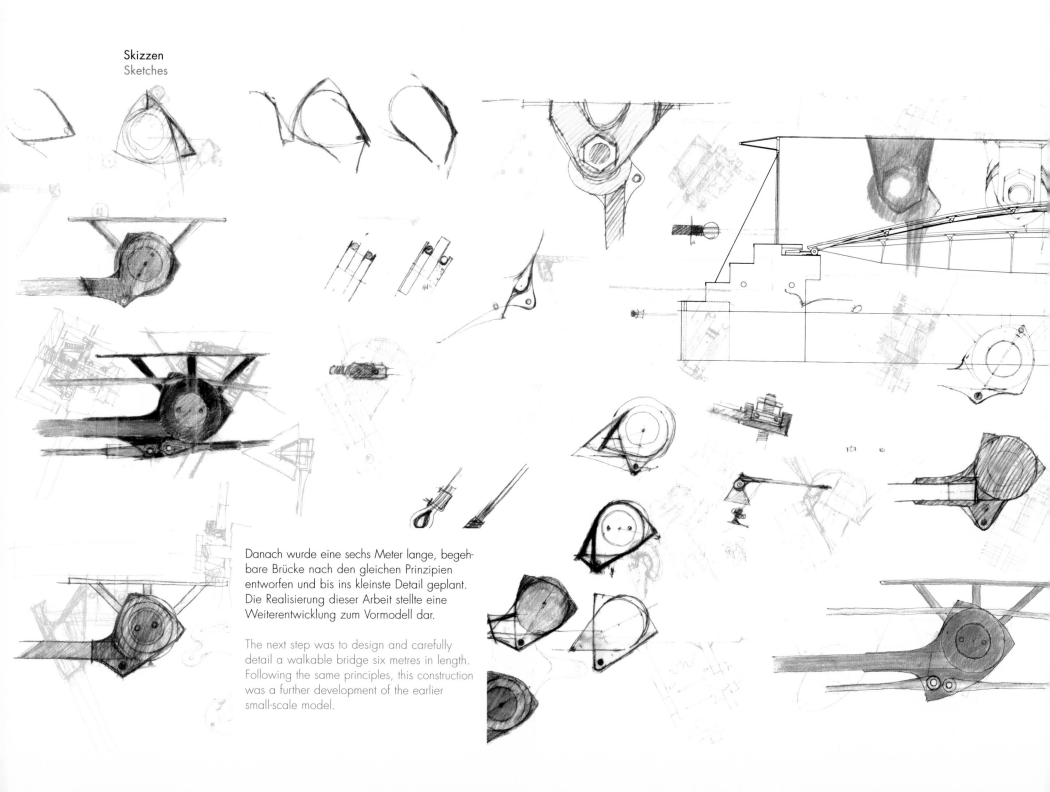

Danach wurde eine sechs Meter lange, begehbare Brücke nach den gleichen Prinzipien entworfen und bis ins kleinste Detail geplant. Die Realisierung dieser Arbeit stellte eine Weiterentwicklung zum Vormodell dar.

The next step was to design and carefully detail a walkable bridge six metres in length. Following the same principles, this construction was a further development of the earlier small-scale model.

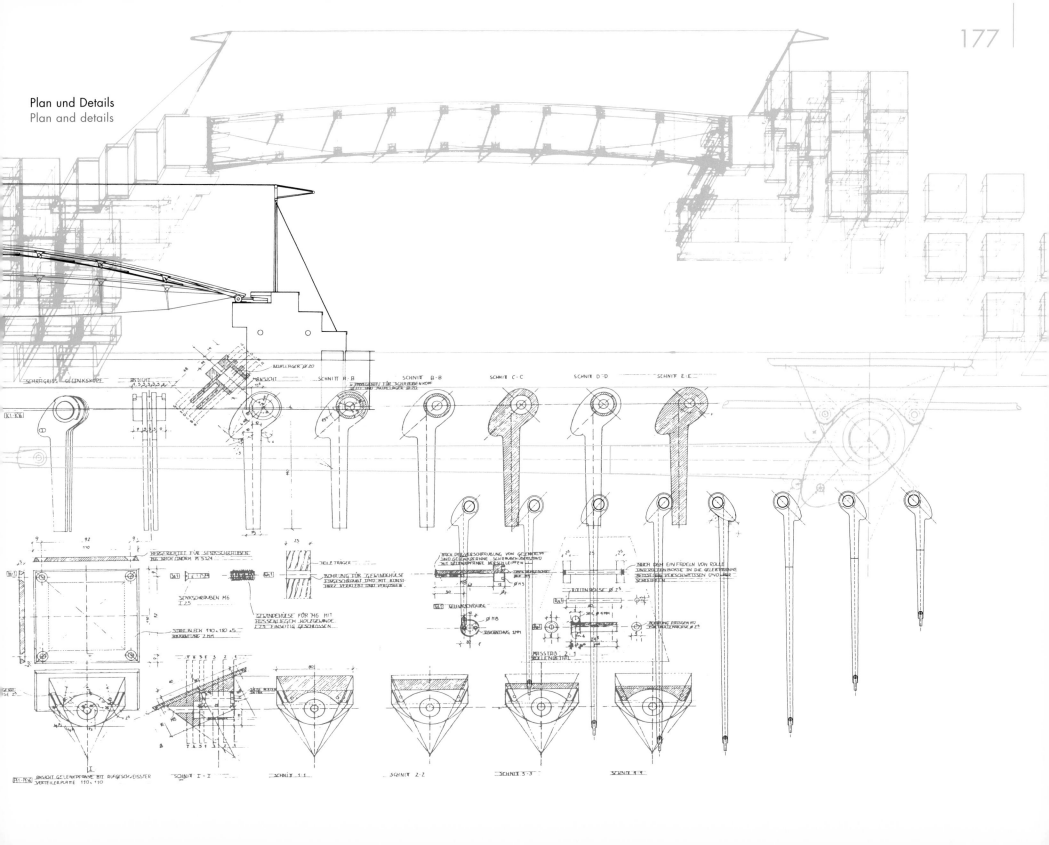

Plan und Details
Plan and details

Details
Details

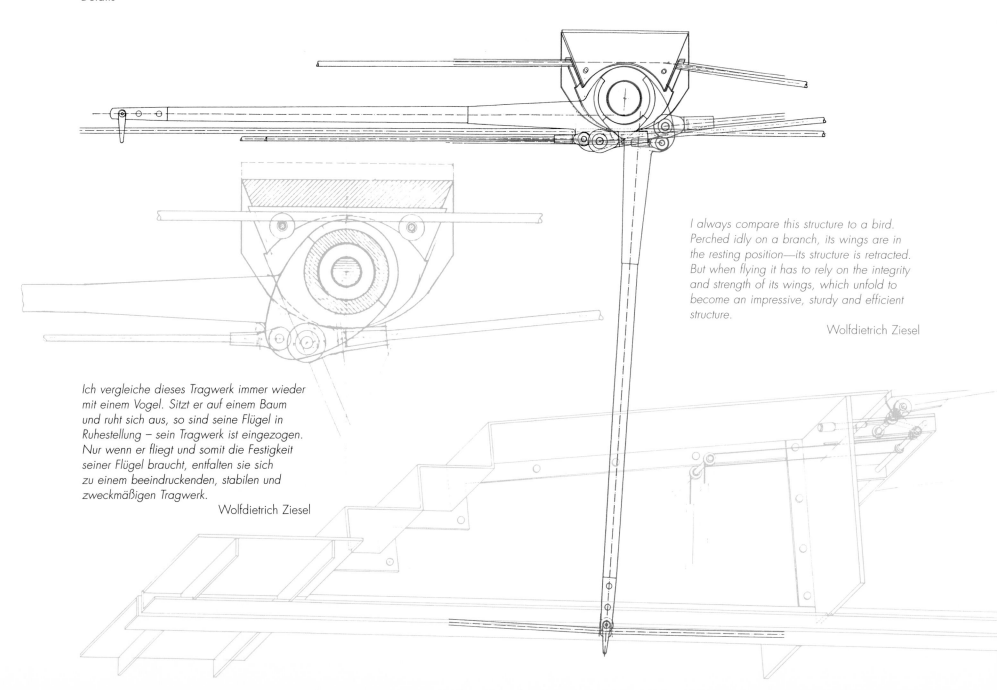

I always compare this structure to a bird. Perched idly on a branch, its wings are in the resting position—its structure is retracted. But when flying it has to rely on the integrity and strength of its wings, which unfold to become an impressive, sturdy and efficient structure.

Wolfdietrich Ziesel

Ich vergleiche dieses Tragwerk immer wieder mit einem Vogel. Sitzt er auf einem Baum und ruht sich aus, so sind seine Flügel in Ruhestellung – sein Tragwerk ist eingezogen. Nur wenn er fliegt und somit die Festigkeit seiner Flügel braucht, entfalten sie sich zu einem beeindruckenden, stabilen und zweckmäßigen Tragwerk.

Wolfdietrich Ziesel

Zusammenbau und Justierung
Assembling and adjusting

Für das Herstellen des bogenförmigen Brettträgers waren mehrere Versuche notwendig. Ausgeführt wurde dann eine aus Lärchenholz schichtverleimte Laufplatte mit Glasfaserverstärkung im Druck- und Zugbereich mit den Abmessungen 600 mal 55 mal 2,9 Zentimeter. Dieser Aufbau ist dem Querschnitt eines Alpinschis ähnlich. An der Unterseite des Holzbogens sind Gelenkspfannen montiert, in denen Stahlstäbe geführt werden. Bei Betreten beginnt sich die Laufplatte durchzubiegen. Die dabei auftretende Längenänderung der Bogensehne führt mittels einer mechanischen Umlenkung zum Ausklappen der Stahlstäbe. An ihren Enden wird ein Stahlseil mitgeführt. Erreicht man die Mitte der Brücke, sind die Stäbe voll ausgeklappt, das mitgeführte Seil unterspannt die Konstruktion. Die Stahlstäbe wirken als Druckstäbe. Dieser Zustand bildet sich infolge eines ausgeklügelten Vorspannsystems bei Verlassen des mobilen Tragwerks sukzessive zurück. Bei den mechanischen Teilen wurden gefräste Teile aus Duraluminium und Stahl ausgeführt, die neben ihren funktionellen Aufgaben auch höchsten ästhetischen Ansprüchen genügen. Alle Details dieser mechanischen Teile sind gleich und konnten daher nach einem EDV-Programm für gleiche Knoten mit verschieden dimensionierten Zwischenstücken gefertigt werden. Die Laufplatte ist zwischen zwei Auflagern aus Stahlblech beweglich gelagert. Die Ausbildung der Widerlager entspricht mehr formalen Gesichtspunkten, um eine gestalterische Einheit mit dem mobilen Tragwerk zu erreichen. Zum Schluss erfolgte das sehr langwierige und komplizierte Justieren der Gesamtkonstruktion.

Several attempts were necessary to build the arched wooden plank truss. The final construction consisted of fibre-glass reinforced laminated larch walkway measuring 600 by 55 by 2.9 cm that was to accommodate the tension and compression forces. Its composition resembles that of an alpine ski. Steel rods are connected to the bottom of the timber arch by hinged joints. When stepped on, the wooden plank starts to bend. The resulting change in length of the arch's chord is mechanically redirected causing the steel rods to unfold. The rods themselves are connected by a steel cable at their ends. When one reaches the middle of the bridge, the structure unfolds completely, with the connecting steel cable functioning as a tension member. The steel rods then act as compression members. As one leaves the bridge, the deformation gradually decreases, due to a sophisticated pre-stressing system. The mechanical components are made of machined duraluminium and steel, meeting the highest functional and aesthetic requirements. As all the mechanical parts were the same throughout the whole project, it was possible to manufacture them using a computer programme for identical junctions, connected by differently dimensioned spacers. The wooden plank is flexibly mounted on sheet steel bearings at either end. Their appearance is predominantly based on aesthetic aspects to match the structure's overall design. The final step in the whole process was the very lengthy and complicated adjustment of the entire construction.

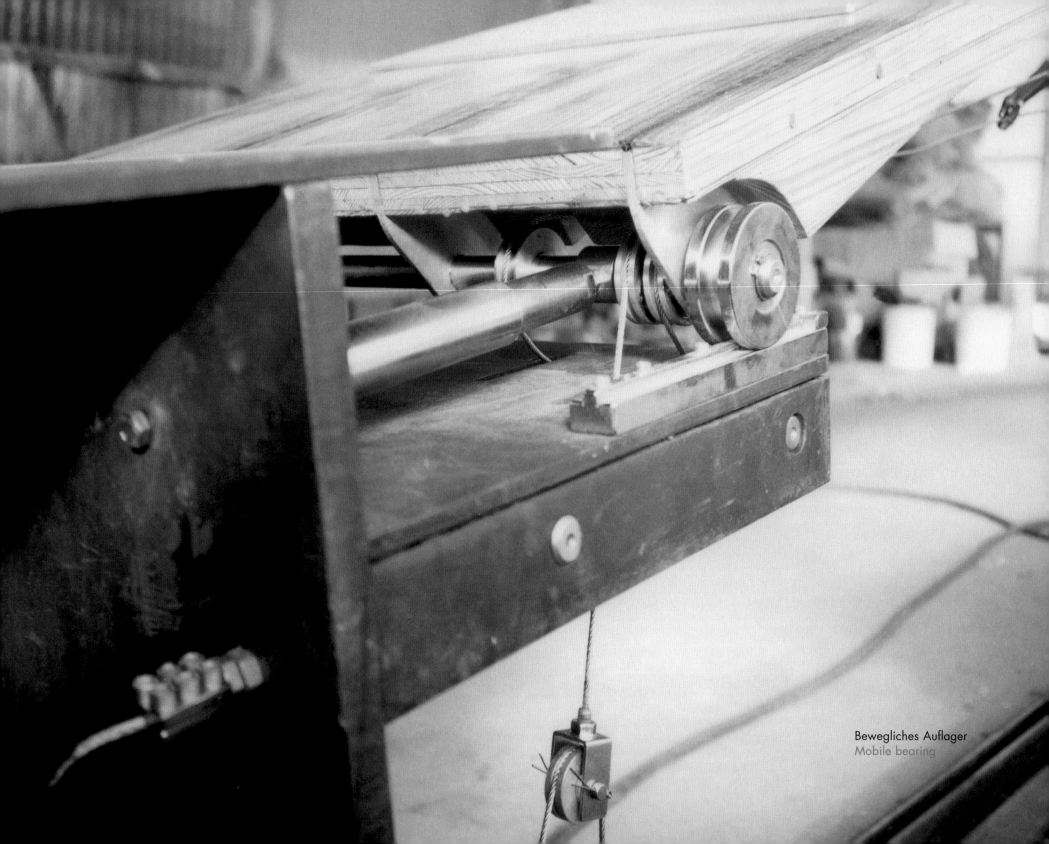

Bewegliches Auflager
Mobile bearing

Zieht man nach Abschluss einer derartigen Arbeit Bilanz, stellt sich unweigerlich die Frage nach dem Sinn eines solchen Unternehmens und der Möglichkeit von Folgerungen und Weiterentwicklungen. Eine denkbare Anwendung dieses Tragwerkprinzips läge bei Konstruktionen, die großen wechselnden oder dynamischen Belastungen ausgesetzt sind. Zum Beispiel bei weitgespannten Hallenkonstruktionen mit den dabei auftretenden einseitigen Wind- und Schneelasten oder unterfahrbaren Brücken mit geringer Höhe – dieses Problem wird derzeit mit Zug- und Hebebrücken gelöst. Weiters sind auch Kranbahnen, Förderanlagen und ähnliches als Anwendungsbereiche denkbar. Auch bei Druckgliedern in Tragwerken könnte man sich eine Veränderung der Konstruktion zur Erhöhung der Knicksteifigkeit bei steigender Belastung vorstellen.

In reviewing such a project, one inevitably examines its significance and potential for further development. Possible applications for this type of structural system would be constructions subjected to huge changing or dynamic loads, for example large span halls subject to asymmetric wind and snow loads, or low bridges under which traffic must pass. These latter structures are currently designed as drawbridges or lifting bridges. Further fields of application could be cranes, conveyor systems and similar structures. Also structures handling variable loads could benefit from compression elements that, due to their construction, increase their buckling resistance in the presence of increasing loads.

Ausstellung in Berlin
Exhibition in Berlin

Demonstrationsmodell
Demonstration model

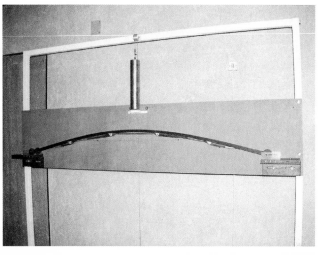

Ausstellungen von
Århus (Dänemark)
bis Venedig
Exhibitions from
Aarhus (Denmark)
to Venice

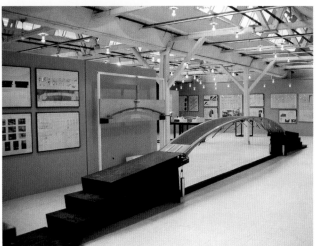

Yedi Tepe Köprüsü

Il Architects[int] Brell Çokcan

Pedestrian Bridge over the Golden Horn
Fußgängerbrücke über das Goldene Horn

Sigrid Brell, 1998, Diplom
bei Wolfdietrich Ziesel
an der Akademie der bildenden Künste Wien

Sigrid Brell, 1998, degree thesis
under the supervision of Wolfdietrich Ziesel
at the Academy of Fine Arts, Vienna

LINES DRAWING
YEDI TEPE KÖPRÜSÜ

LENGHT OVER ALL	43.5 m
HEIGHT OVER ALL	11.1 m
EXTREME BREADTH	12.0 m
DEPTH MOULDED	4.8 m

Wolfdietrich Ziesel hat uns zu Architekten mit technischem Verstand gemacht. Er hat uns gelehrt, unsere Architektur nicht zu träumen, sondern zu leben!

Il Architects[int] Brell Çokcan

Wolfdietrich Ziesel has made of us architects with technical understanding. He taught us not just to dream our architecture, but to live it!

Il Architects[int] Brell Çokcan

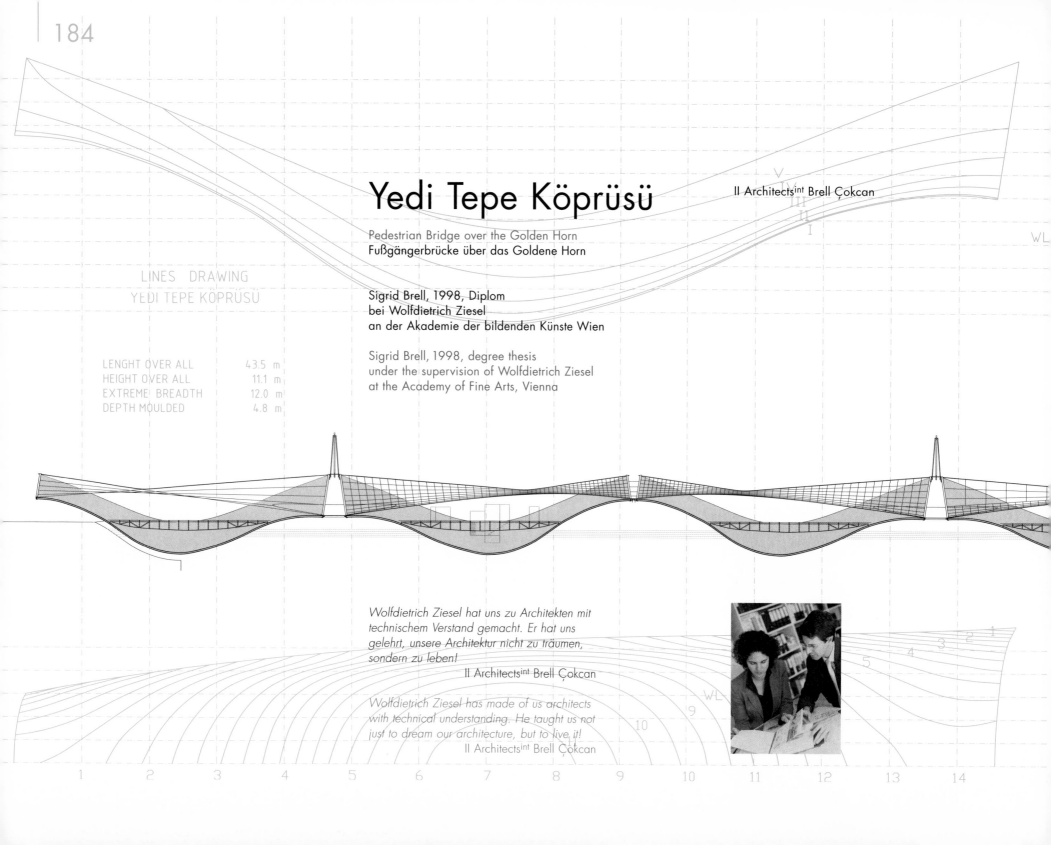

Ein Bewegungs- und Ruheort in, auf, unter und über dem Wasserspiegel des Goldenen Horns in Istanbul.

A place of movement and repose in, on, above and below the waters of the Golden Horn in Istanbul.

Die Brücke besteht aus sieben vorgefertigten, schwimmenden Betonschalen. Versuche mit hängenden Wachs- und mit Gipsmodellen führten zur idealen Form, die Stabilität und optische Attraktivität ergeben. Die Schale ist so geformt, dass Auftriebskräfte und angreifende Lasten stets im Gleichgewicht sind. Um eine Rissefreiheit der Schale zu gewährleisten, wird die zweilagige schlaffe Bewehrung in Richtung der Hauptspannungslinien verlegt. Die Ränder sind zusätzlich durch eine negative Krümmung versteift. Das doppelt gekrümmte Seilwerk ist zwischen die beiden Randträger gespannt und bildet die Fläche für den Gehweg. Zudem stabilisiert es die Betonschale analog zu Bogen und Zugband.

The bridge is made up of 7 prefabricated concrete shells that swim on the water. Experiments with suspended wax models and plaster models led to the ideal form that achieves both stability and visual attractiveness. The shell is shaped in such a way that all the loads and forces exerted upon it are always in a state of balance. To prevent cracking two layers of reinforcement are laid loosely in the direction of the main lines of tension. The edges of the shell are additionally strengthened by a negative curvature. A cable system, curved in two directions, is stretched between edge beams at either end of each shell. It provides the surface for the pathway and also helps stabilise the shell (similar to the arch and tie rod principle).

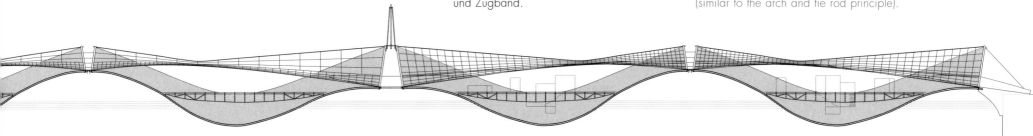

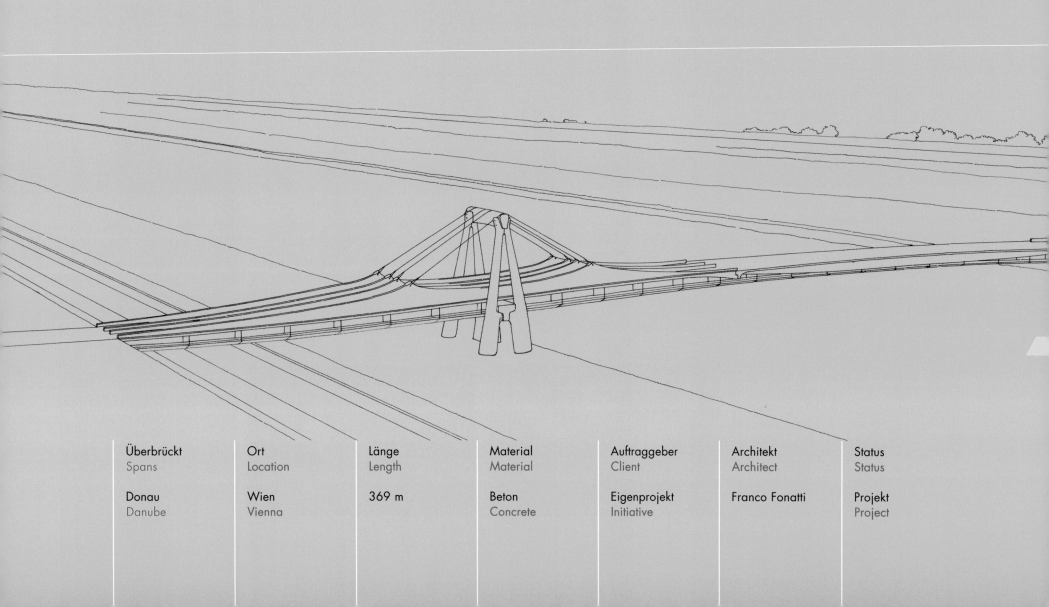

Überbrückt Spans	Ort Location	Länge Length	Material Material	Auftraggeber Client	Architekt Architect	Status Status
Donau Danube	Wien Vienna	369 m	Beton Concrete	Eigenprojekt Initiative	Franco Fonatti	Projekt Project

988

New Reichsbrücke

Neue Reichsbrücke

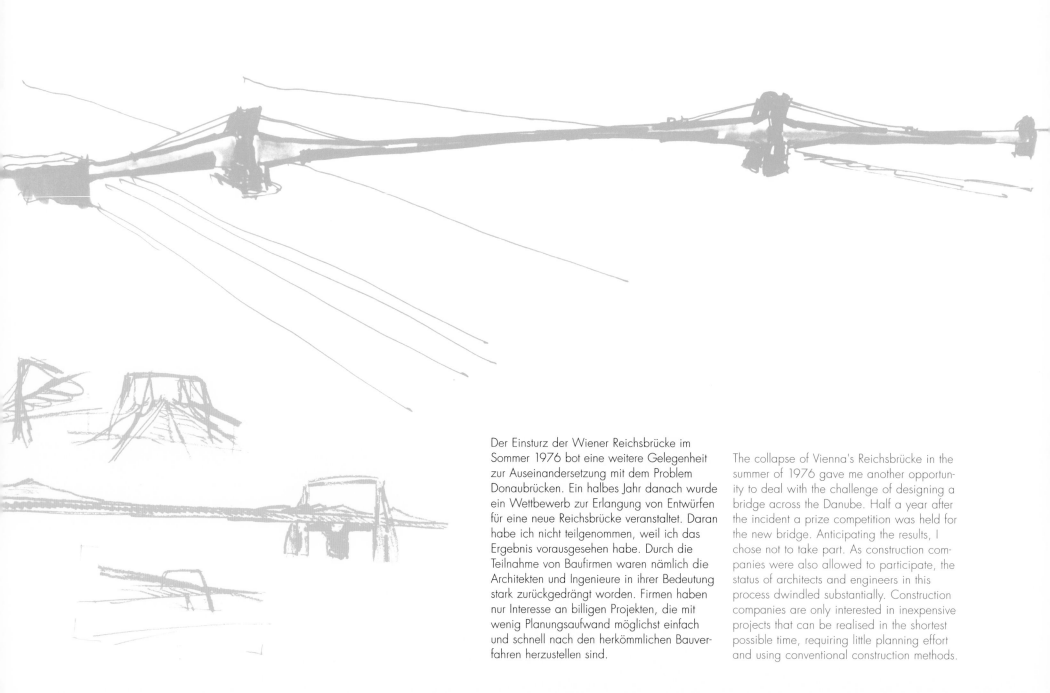

Der Einsturz der Wiener Reichsbrücke im
Sommer 1976 bot eine weitere Gelegenheit
zur Auseinandersetzung mit dem Problem
Donaubrücken. Ein halbes Jahr danach wurde
ein Wettbewerb zur Erlangung von Entwürfen
für eine neue Reichsbrücke veranstaltet. Daran
habe ich nicht teilgenommen, weil ich das
Ergebnis vorausgesehen habe. Durch die
Teilnahme von Baufirmen waren nämlich die
Architekten und Ingenieure in ihrer Bedeutung
stark zurückgedrängt worden. Firmen haben
nur Interesse an billigen Projekten, die mit
wenig Planungsaufwand möglichst einfach
und schnell nach den herkömmlichen Bauver-
fahren herzustellen sind.

The collapse of Vienna's Reichsbrücke in the
summer of 1976 gave me another opportunity to deal with the challenge of designing a
bridge across the Danube. Half a year after
the incident a prize competition was held for
the new bridge. Anticipating the results, I
chose not to take part. As construction companies were also allowed to participate, the
status of architects and engineers in this
process dwindled substantially. Construction
companies are only interested in inexpensive
projects that can be realised in the shortest
possible time, requiring little planning effort
and using conventional construction methods.

Die Reichsbrücke heute
The Reichsbrücke today

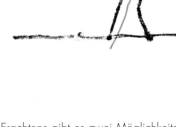

U Bahn

Entwurfsskizze
Sketch design

Meiner Meinung nach wäre genug Zeit gewesen, einen mehrstufigen Wettbewerb mit internationaler Beteiligung durchzuführen. Die erste Stufe eines solchen Wettbewerbs hätte Ideenprojekte hervorbringen können, die noch nicht infolge der Teilnahme von Baufirmen mit finanziellen und terminlichen Problemen belastet sind, während eine zweite Studie diese Fragen dann hätte näher behandeln können.

There would have been sufficient time to organise an international competition in two stages. The first stage could have produced ideas not compromised by construction companies and their financial and scheduling problems. The second stage could have focussed in detail on monetary, scheduling and construction issues.

Meines Erachtens gibt es zwei Möglichkeiten, eine Brücke an prominenter Stelle über die Donau zu bauen. Fällt einem nichts anderes ein, dann sollte ein möglichst unauffälliges, technisch einfaches, billig und schnell herzustellendes Bauwerk errichtet werden, das sich der Umgebung unterordnet. Unter diesem Gesichtspunkt ist die jetzt gebaute Brücke wohl eine – wenn auch fragwürdige – Möglichkeit.

In my opinion there are two ways to build a bridge across the Danube in such a prominent location. If something else cannot be thought of, the best solution is an unobstrusive, technically simple structure that can be erected quickly and inexpensively. The bridge eventually built here is a—questionable—example of this approach.

Oder die neue Reichsbrücke müsste ein neues Wahrzeichen Wiens werden, so wie es die alte war. Dazu erforderlich ist vor allem eine Idee für eine überzeugende Konstruktion, die dem heutigen Stand des technischen Könnens entspricht und in einer ästhetisch wertvollen Form unter Berücksichtigung aller städtebaulichen Fragen die Donau überspannt.

Alternatively, the new Reichsbrücke could have become a new landmark for the city of Vienna, just as the old one had been. To achieve this, a concept for a state-of-the-art structure spanning the Danube in an aesthetically convincing way would have been required. At the same time, questions of urban planning should also have been taken into consideration.

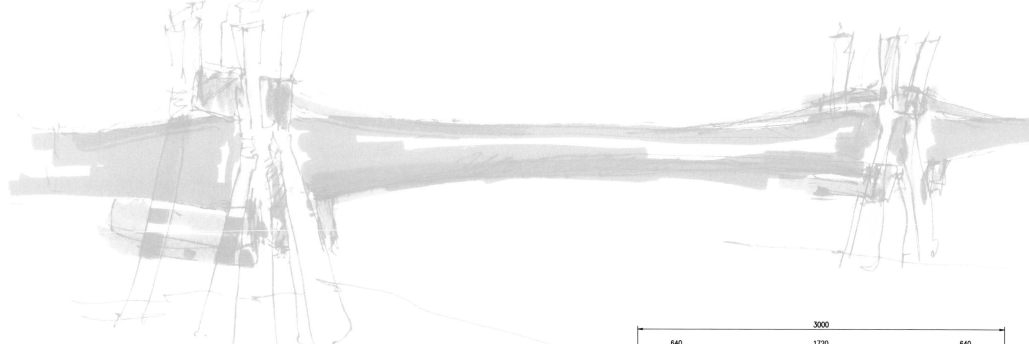

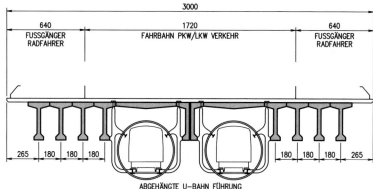

3000		
640	1720	640
FUSSGÄNGER RADFAHRER	FAHRBAHN PKW/LKW VERKEHR	FUSSGÄNGER RADFAHRER

265   180   180   180   180   180   180   265

ABGEHÄNGTE U-BAHN FÜHRUNG

Querschnitt Brückenmitte
Cross-section, middle of bridge

Ich habe mit Architekt Fonatti ein Projekt für die neue Reichsbrücke bei einer Ausstellung präsentiert, das die Silhouette der alten Brücke wieder herstellt. Wir haben eine Betonkonstruktion gewählt, die der vorgegebenen Spannweite entspricht und eine größtmögliche formale Vielfalt zulässt. Die Tragkonstruktion ist in ihrer Form dem Verlauf der statischen Kräfte angepasst.

Together with Architect Fonatti I conceived and presented a proposal for the new Reichsbrücke which takes up the outline of the old bridge. We devised a concrete structure that provides the given span and allows for a maximum of formal variety. Its form reflects the impact of structural forces.

Die U-Bahn sollte unter der neuen Reichsbrücke geführt werden, jedoch im Gegensatz zur jetzt gebauten Brücke in einer offenen Röhre, so dass die U-Bahn-Fahrgäste die Attraktion einer Donauüberquerung vollständig erleben können.

The subway railway line is located underneath the new bridge, but contrary to the existing bridge it is housed in an open tubular structure offering an unobstructed view of the Danube.

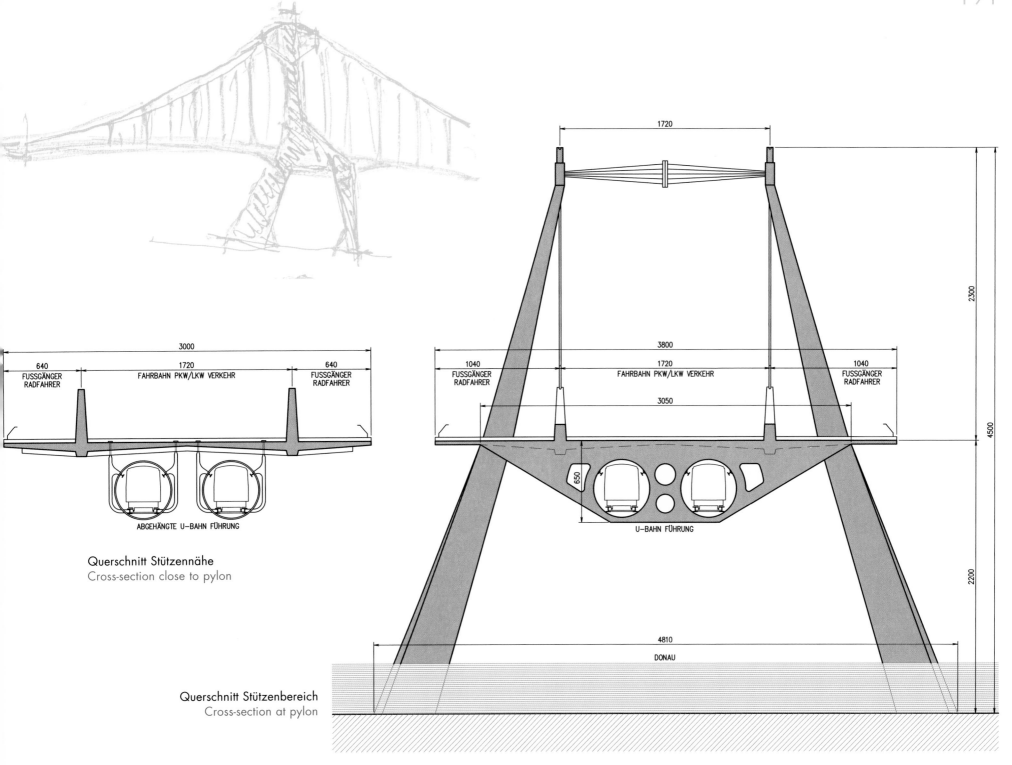

3000

640
FUSSGÄNGER
RADFAHRER

1720
FAHRBAHN PKW/LKW VERKEHR

640
FUSSGÄNGER
RADFAHRER

ABGEHÄNGTE U-BAHN FÜHRUNG

Querschnitt Stützennähe
Cross-section close to pylon

1720

2300

3800

1040
FUSSGÄNGER
RADFAHRER

1720
FAHRBAHN PKW/LKW VERKEHR

1040
FUSSGÄNGER
RADFAHRER

3050

4500

650

U-BAHN FÜHRUNG

2200

4810

DONAU

Querschnitt Stützenbereich
Cross-section at pylon

Seitenansicht
Elevation

7065

5450

U–BAHNSTATION
DONAUINSEL

ÜBERQUERUNG
ENTLASTUNGS–
GERINNE

2300

4500

2670

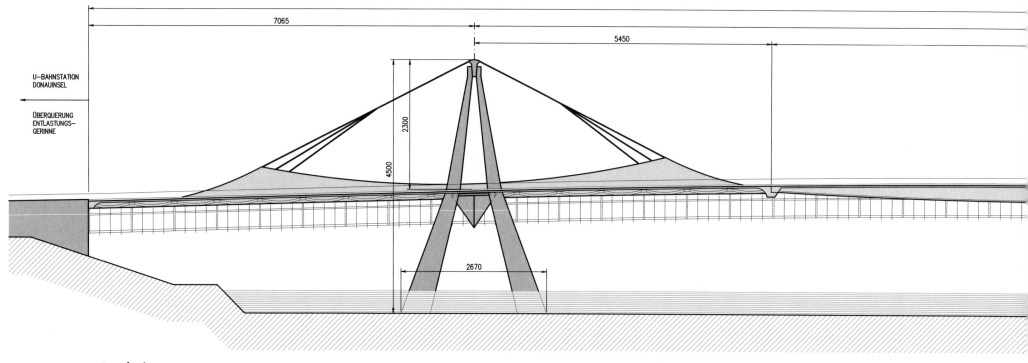

Draufsicht
Top view

7065

5450

4860

400

640

3000

1720

4810

U–BAHNSTATION
DONAUINSEL

ÜBERQUERUNG
ENTLASTUNGS–
GERINNE

640

400

2670

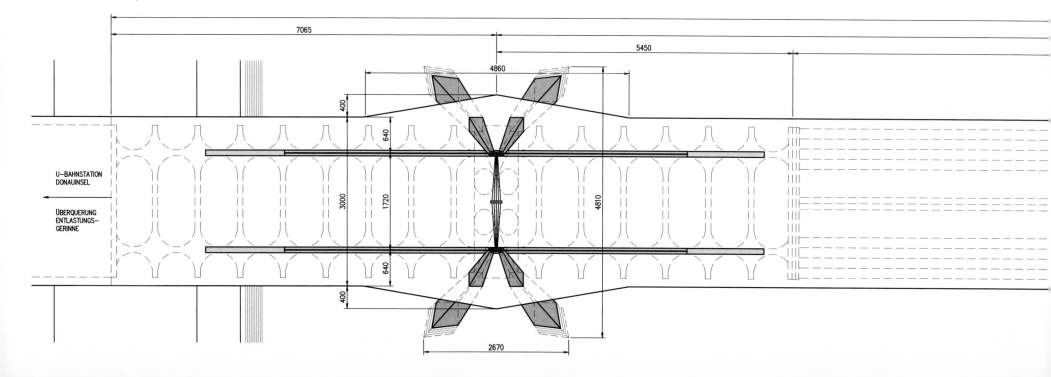

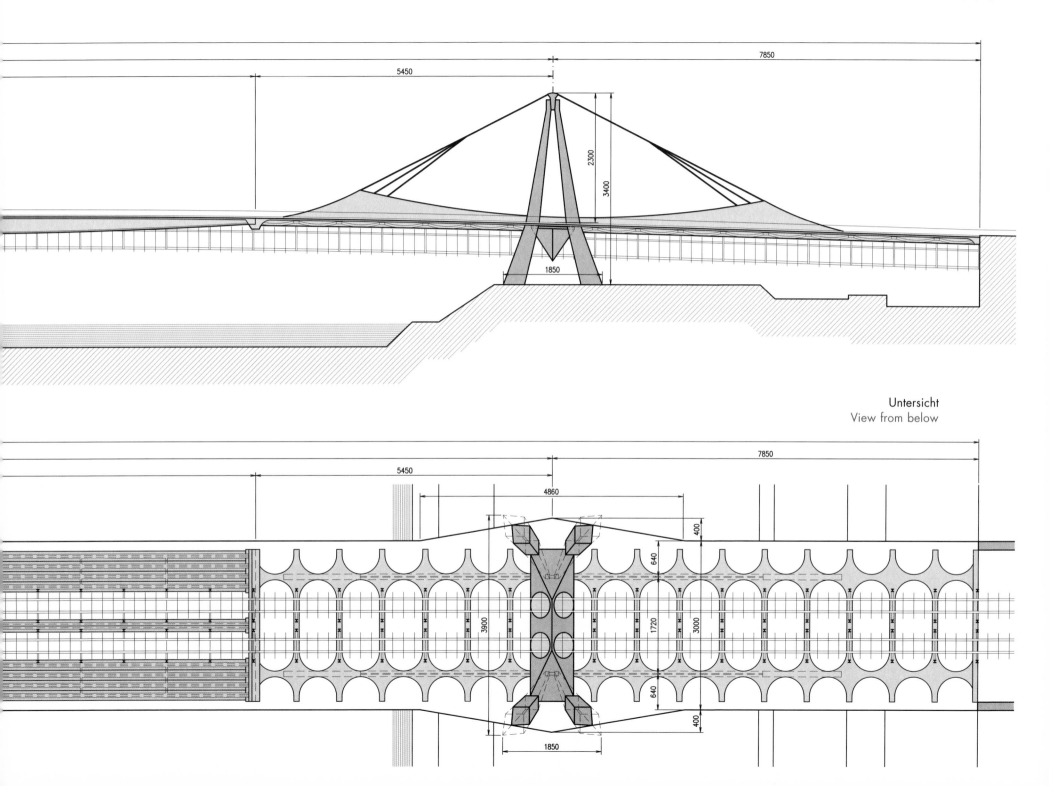

Untersicht
View from below

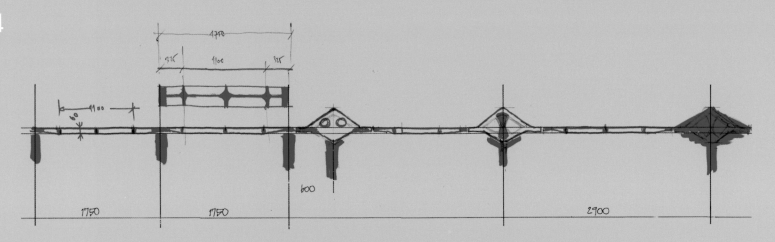

Überbrückt	Ort	Länge	Material	Auftraggeber	Architekten	Status
Spans	Location	Length	Material	Client	Architects	Status
Bauteile	Wien	353 m	Stahl	Österreichische	Ekhart, Hübner,	Projekt
Various	Vienna		Steel	Donaukraftwerke AG	Marschalek,	Project
building parts					Ladstätter, Gantar	

987

Donaukraftwerk Bridge

Brücke Donaukraftwerk

Kombination

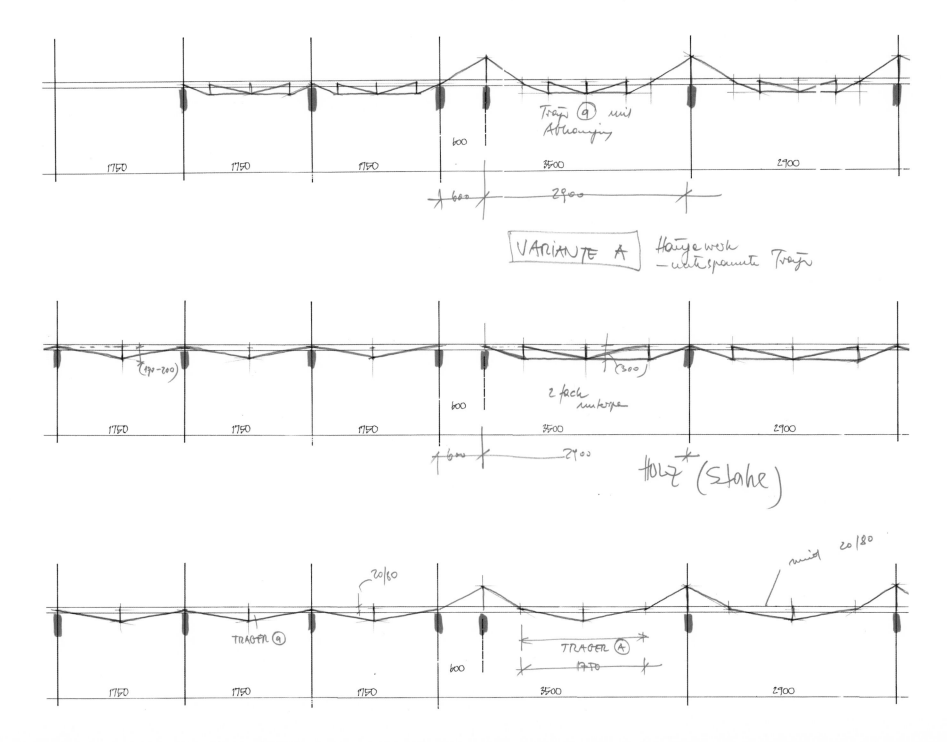

Träger ⑨ mit
Abhängung

1750   1750   1750   600   3500   2900

↑600↑   2900

VARIANTE A   Hängewerk
— unterspannte Träger

(170-200)   (300)

2 fach
unterspannt

600

1750   1750   1750   600   3500   2900

↑600↑   2900

HOLZ* (Stahl)

20/80   mit 20/80

TRÄGER ⑨   TRÄGER Ⓐ
600   1750

1750   1750   1750   600   3500   2900

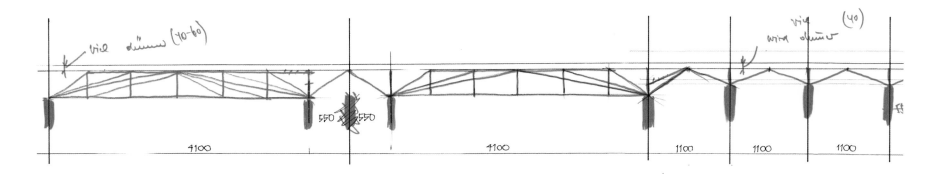

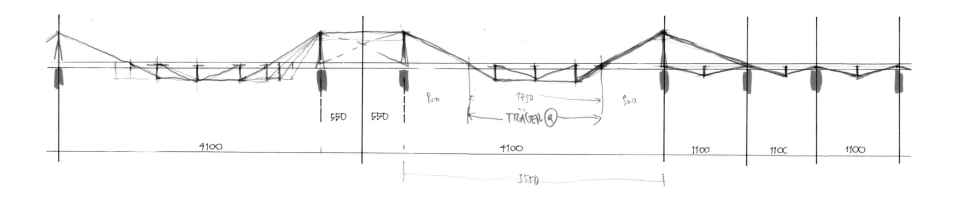

Dieses Projekt entstand Rahmen des Wettbewerbs „Chancen für den Donauraum Wien". Es ist eine Sammlung von interessanten Varianten für das beim Kraftwerk Freudenau notwendige Fußgängerbrückentragwerk.

This project was designed for a competition under the motto "chances for the Vienna Danube Area." It offers an interesting compilation of variations for a pedestrian bridge required for Freudenau hydroelectric power plant.

Die Entwürfe zeigen überzeugend, wie viele Möglichkeiten es gibt, eine Brücke zu konzipieren. Man wundert sich manchmal, warum trotz dieser Vielfalt die vielen gebauten Brücken schematisch und einfallslos sind.

The various designs illustrate convincingly how many different ways there are to design a bridge. Sometimes, in the face of this diversity, one cannot help wondering why most built bridges are schematic and uninspired.

Das Projekt wurde beim Wettbewerb ausgeschieden wegen juristischer Spitzfindigkeiten über die Teilnahmeberechtigung einer Person unseres Teams.

The project was eliminated from the competition due to a legal sophistry concerning the eligibility of one of our team members.

BRÜCKE DON

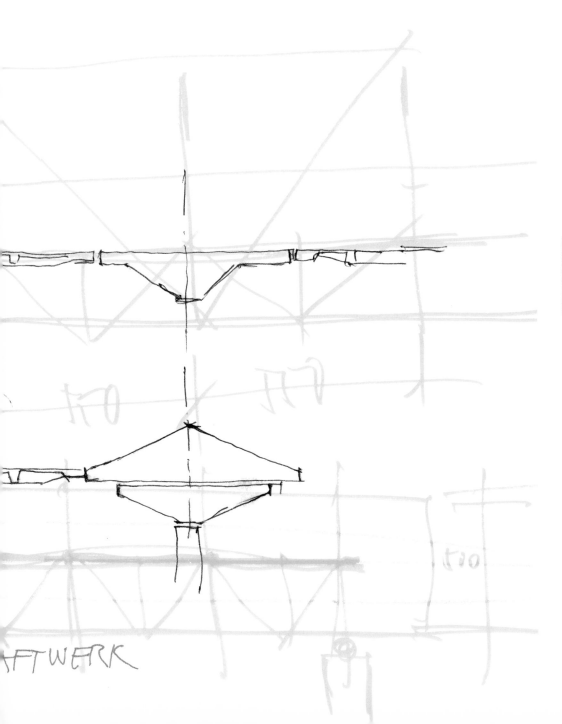

AFTWERK

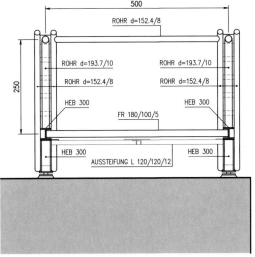

Querschnitt 1–1
Cross-section 1–1

Da die Obergurte der Tragwerke bei einigen
Varianten über den Gehwegen liegen, sind
sie nicht ausgesteift, und aus diesem Grund
sind Druckstäbe für die Diagonalen zweck-
mäßig. Bei Zugkräften in den Diagonalen
wäre der Obergurt zusätzlich sehr stark
auf Druck beansprucht und müsste daher
entsprechend ausgesteift werden.

As, in some of the variations, the structure's
upper chords are above walking level, they
cannot be cross-braced. For that reason it
seems advisable to use diagonal compression
struts. In case of tensile forces in the diag-
onals, the upper chords would be subjected
to considerable compression forces and, as a
consequence, would have to be additionally
strengthened.

parser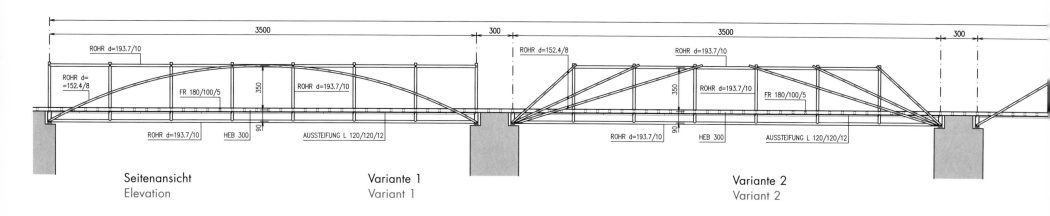

Seitenansicht
Elevation

Variante 1
Variant 1

Variante 2
Variant 2

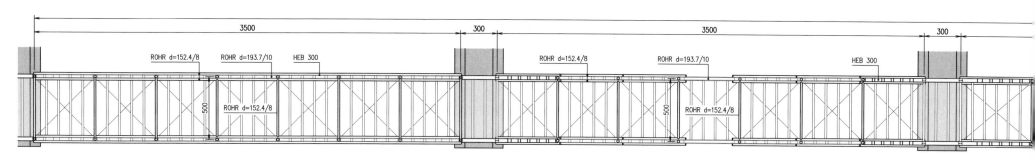

Draufsicht
Top view

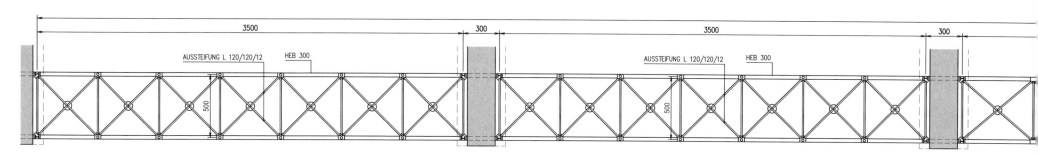

Untersicht
View from below

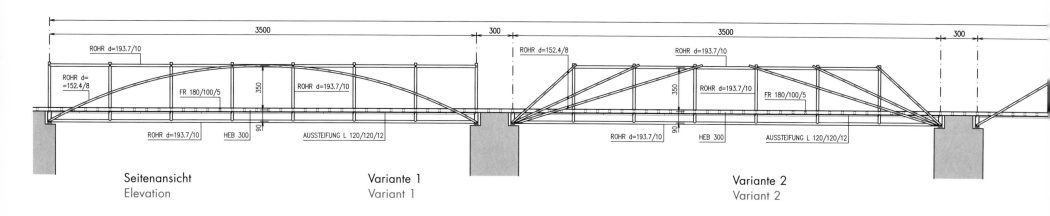

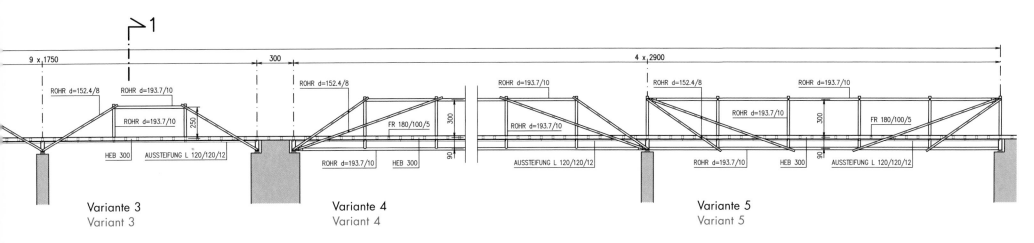

9 x 1750 · 300 · 4 x 2900

ROHR d=152.4/8 ROHR d=193.7/10 ROHR d=152.4/8 ROHR d=193.7/10 ROHR d=193.7/10 ROHR d=152.4/8 ROHR d=193.7/10
ROHR d=193.7/10 250 FR 180/100/5 300 ROHR d=193.7/10 ROHR d=193.7/10 300 FR 180/100/5
HEB 300 AUSSTEIFUNG L 120/120/12 ROHR d=193.7/10 HEB 300 AUSSTEIFUNG L 120/120/12 ROHR d=193.7/10 HEB 300 AUSSTEIFUNG L 120/120/12

Variante 3
Variant 3

Variante 4
Variant 4

Variante 5
Variant 5

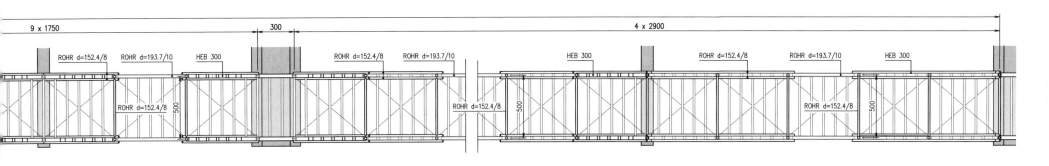

9 x 1750 · 300 · 4 x 2900

ROHR d=152.4/8 ROHR d=193.7/10 HEB 300 ROHR d=152.4/8 ROHR d=193.7/10 HEB 300 ROHR d=152.4/8 ROHR d=193.7/10 HEB 300
ROHR d=152.4/8 500 ROHR d=152.4/8 500

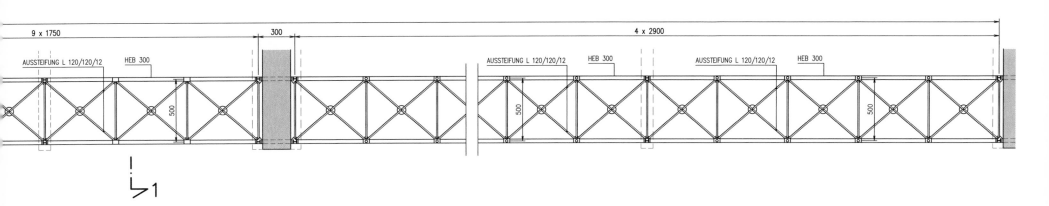

9 x 1750 · 300 · 4 x 2900

AUSSTEIFUNG L 120/120/12 HEB 300 AUSSTEIFUNG L 120/120/12 HEB 300 AUSSTEIFUNG L 120/120/12 HEB 300
500 500 500

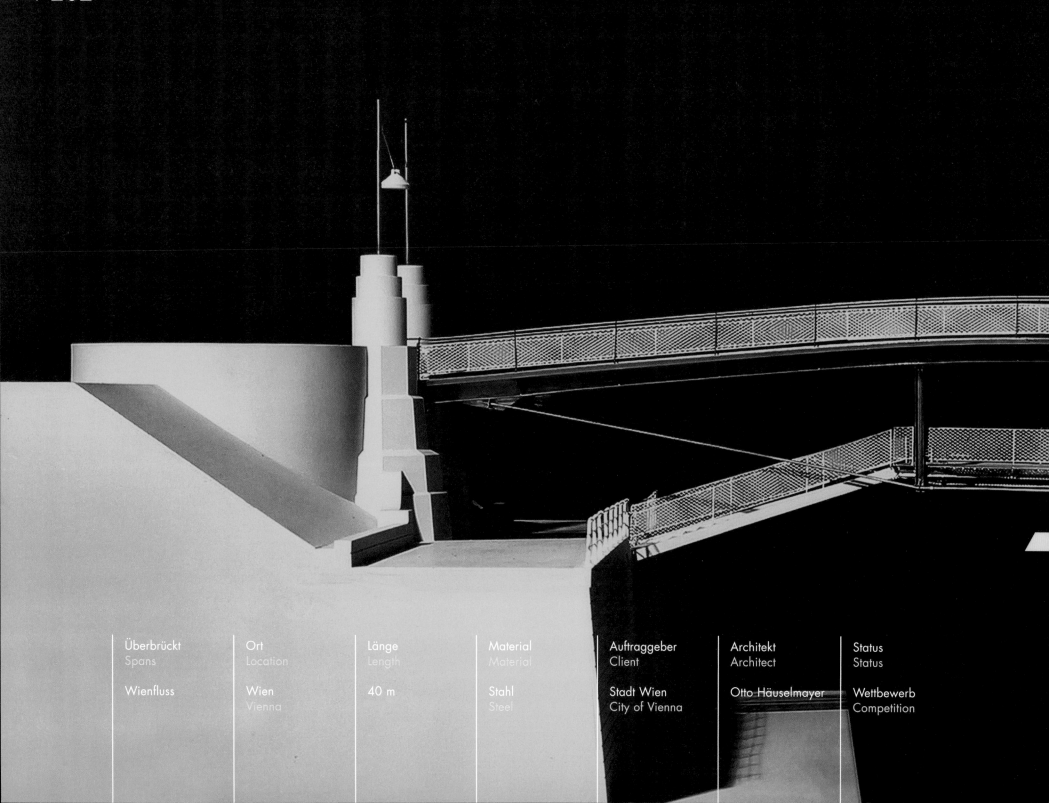

Überbrückt Spans	Ort Location	Länge Length	Material Material	Auftraggeber Client	Architekt Architect	Status Status
Wienfluss	Wien Vienna	40 m	Stahl Steel	Stadt Wien City of Vienna	Otto Häuselmayer	Wettbewerb Competition

985

Stadtpark Bridge
Brücke Stadtpark

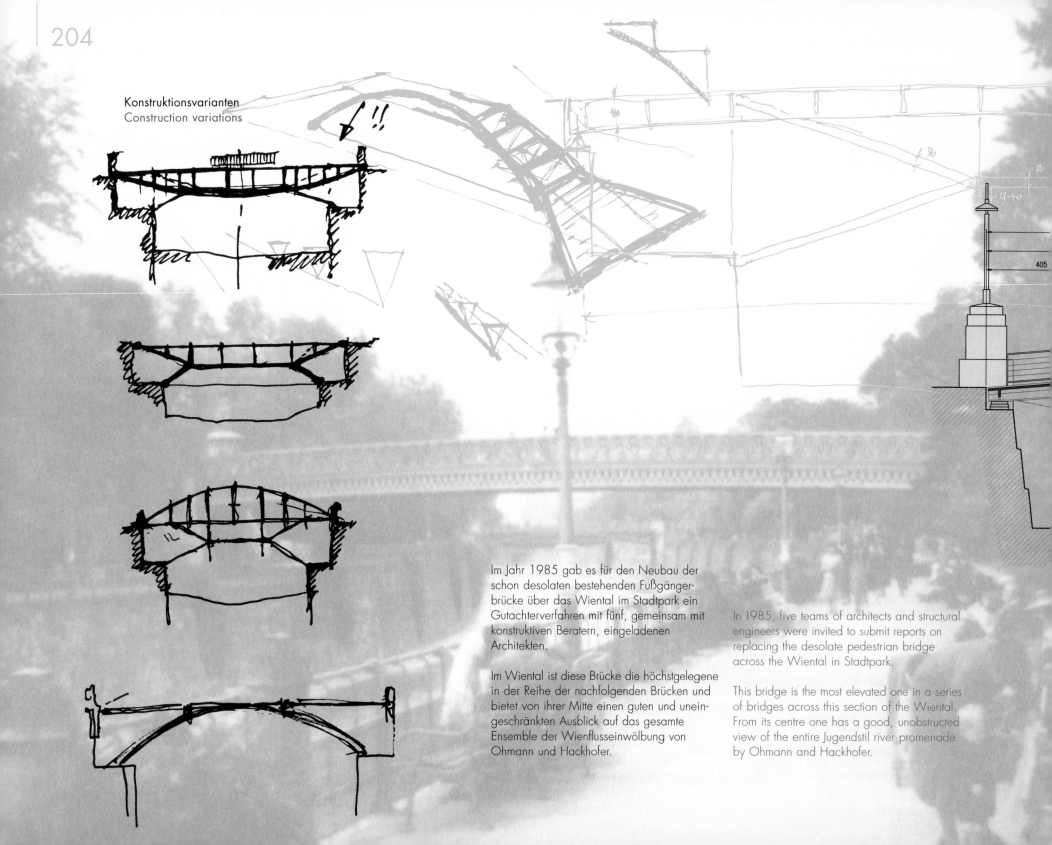

Konstruktionsvarianten
Construction variations

405

Im Jahr 1985 gab es für den Neubau der schon desolaten bestehenden Fußgänger-brücke über das Wiental im Stadtpark ein Gutachterverfahren mit fünf, gemeinsam mit konstruktiven Beratern, eingeladenen Architekten.

Im Wiental ist diese Brücke die höchstgelegene in der Reihe der nachfolgenden Brücken und bietet von ihrer Mitte einen guten und unein-geschränkten Ausblick auf das gesamte Ensemble der Wienflusseinwölbung von Ohmann und Hackhofer.

In 1985, five teams of architects and structural engineers were invited to submit reports on replacing the desolate pedestrian bridge across the Wiental in Stadtpark.

This bridge is the most elevated one in a series of bridges across this section of the Wiental. From its centre one has a good, unobstructed view of the entire Jugendstil river promenade by Ohmann and Hackhofer.

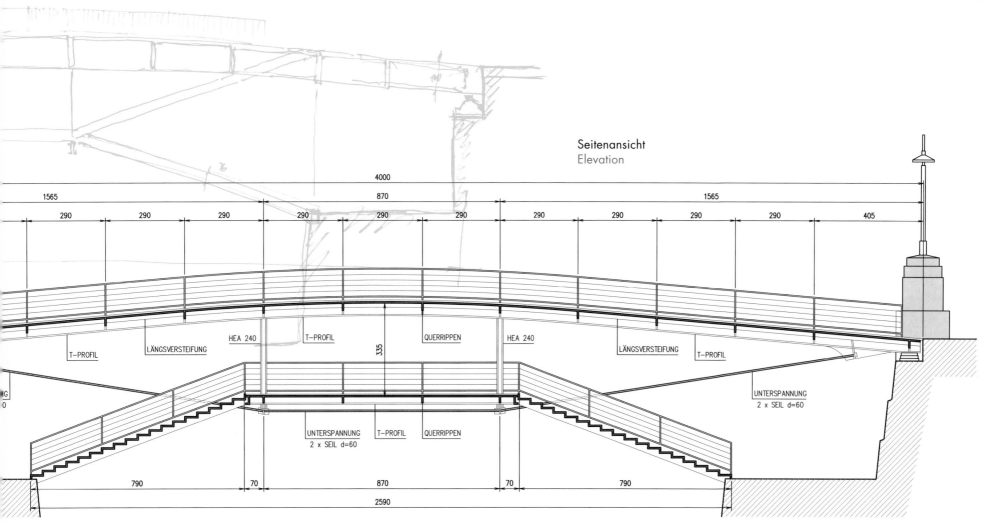

Seitenansicht
Elevation

4000

1565   870   1565

290   290   290   290   290   290   290   290   290   405

T-PROFIL   LÄNGSVERSTEIFUNG   HEA 240   T-PROFIL   QUERRIPPEN   HEA 240   LÄNGSVERSTEIFUNG   T-PROFIL

335

UNTERSPANNUNG
2 x SEIL d=60

UNTERSPANNUNG   T-PROFIL   QUERRIPPEN
2 x SEIL d=60

790   70   870   70   790

2590

Im Wesentlichen wird eine – in zwei Trag-
werksebenen aufgelöste – unterspannte
Stahlbrücke vorgeschlagen. Dies erlaubt eine
sehr sparsame Dimensionierung der oberen
Zweigurtträger und ermöglicht einen leichten
filigranen Gesamteindruck des Tragwerks. Die
untere Tragwerksebene bietet eine Aussichtsplattform zum Verweilen. Von hier ist das
Ensemble des Wientals und des Stadtparks
erlebbar. Jeder Promenadenweg wird mit der
Aussichtsplattform verbunden. Diese bildet
eine zusätzliche, wichtige Fußgeherrelation.

The design proposed a trussed steel bridge
consisting of two levels. This system permitted
economical dimensioning of the upper two-
chord girders giving the structure a filigree
overall appearance. A viewing platform at
the lower level offers a view of the entire
Wiental ensemble and Stadtpark. Each of
the existing promenades is connected with
the viewing platform, which thus provides an
important additional pedestrian link.

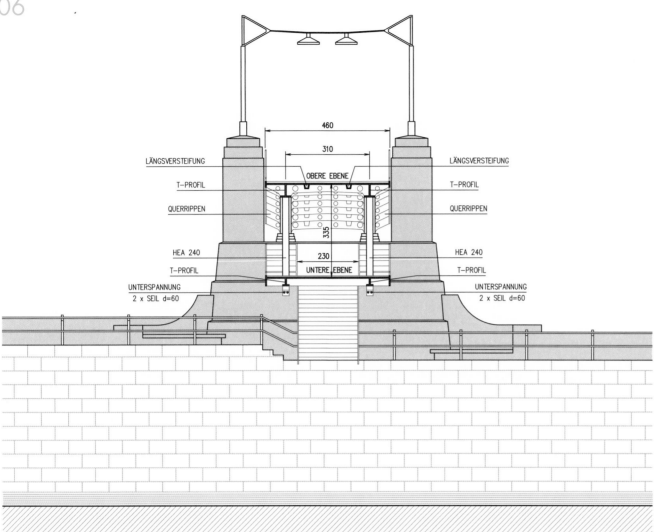

LÄNGSVERSTEIFUNG

T-PROFIL

QUERRIPPEN

HEA 240

T-PROFIL

UNTERSPANNUNG
2 x SEIL d=60

460

310

OBERE EBENE

335

230

UNTERE EBENE

LÄNGSVERSTEIFUNG

T-PROFIL

QUERRIPPEN

HEA 240

T-PROFIL

UNTERSPANNUNG
2 x SEIL d=60

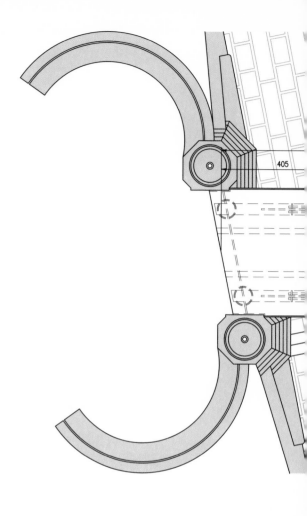

405

Querschnitt Brückenmitte
Cross-section, middle of bridge

Die Konstruktion besteht aus einem unterspannten Fischbauchträger, einem Zweigurtträger als obere Tragwerksebene und Fußgeherweg sowie der Abspannung der unteren Tragwerksebene mit Aussichtsplattform. Dadurch wirkt kein Horizontalschub auf die Widerlager, und es ergibt sich ein geringes Konstruktionsgewicht.

The structure is essentially a trussed fishbellied girder: a two-chord girder at the upper load-bearing level carries a footpath, bracings support the lower level with the viewing platform. This design ensures a low structural weight and avoids horizontal loads at the abutments.

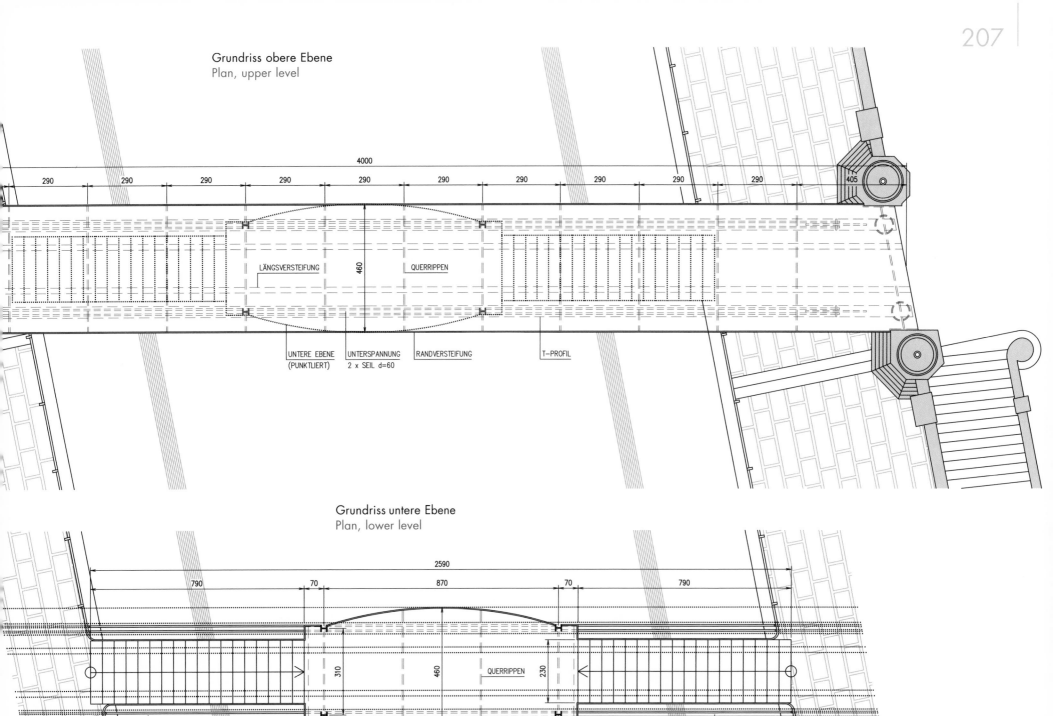

Grundriss obere Ebene
Plan, upper level

4000

290 | 290 | 290 | 290 | 290 | 290 | 290 | 290

405

LÄNGSVERSTEIFUNG

460

QUERRIPPEN

UNTERE EBENE
(PUNKTLIERT)

UNTERSPANNUNG
2 x SEIL d=60

RANDVERSTEIFUNG

T-PROFIL

Grundriss untere Ebene
Plan, lower level

2590

790 | 70 | 870 | 70 | 790

310

460

QUERRIPPEN

230

UNTERSPANNUNG
2 x SEIL d=60

OBERE EBENE
(PUNKTLIERT)

HEA 240

RANDVERSTEIFUNG

T-PROFIL

HEA 240

UNTERSPANNUNG
2 x SEIL d=60

Detail Auflager
Detail of bearing

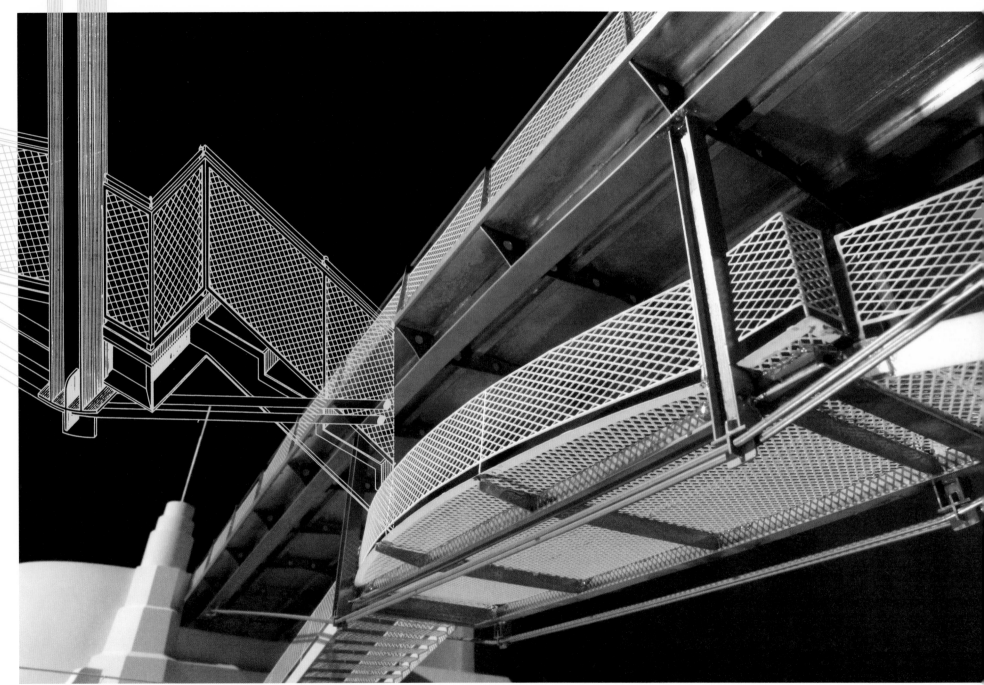

Detail Spannglieder
Detail, tension elements

The Art of Structural Engineering
An Unknown Species in Austria?
Ingenieurbaukunst – in Österreich
ein unbekanntes Wesen?

Otto Kapfinger

Otto Kapfinger

Innovatives Bauen hat hierzulande viel mehr Möglichkeiten als vor zwei, drei Jahrzehnten. Die Architekten, vor allem die jungen, verweisen zwar auf ihre nach wie vor schwierige Situation, und es ist tatsächlich so, dass eine dichter gewordene Konkurrenz innerhalb der Branche, dass gesteigerte Anforderungen der Bauherren sowie im europäischen Markt neudefinierte Auftragsvergaben auch die Rahmenbedingungen für ein effizientes Führen von Architekturbüros verschärft haben. Dennoch – im öffentlichen Bewusstsein hat Architektur heute wieder einen hohen Stellenwert. Das veröffentlichte Image der Architekten steht freilich in keinem Verhältnis zu ihrem tatsächlichen Leistungs- und Lebensbild, das für die Mehrzahl der Büros sich als gnadenloser, permanenter Existenzkampf darstellt. Im Wettbewerb um

Profilierung und mediale Aufmerksamkeit – präfiguriert durch die nationalen/internationalen Stars des Metiers und die den Medien immanente Fixierung auf Phänomene der Form, des Stils und der interessanten, visuell konsumierbaren Oberfläche – in diesem Wettbewerb um die Präsenz in der medialen Ära rücken folgerichtig jene mehr in der Hintergrund, die für Konzeption und Verwirklichung innovativer Bauten immer schon mitentscheidend waren und heute vielleicht mehr denn je sind – Konstrukteure, Tragwerksplaner und all die anderen Ingenieure und Techniker der so genannten architektonischen Hilfswissenschaften.

Innerhalb solcher genereller Tendenzen gibt es in Österreich noch einen besonderen Aspekt. Die zeitgenössische Baukunst in der

Alpenrepublik wird national, vielleicht sogar mehr noch international hoch geschätzt. Dabei steht die vielfältige Palette individueller Formentwicklung, stehen typologische oder topologische Konzepte, Detailqualitäten etc. im Vordergrund. Konstruktive, technische Leistungen dagegen? Man kennt die großen und kleineren Architekten – aber Konstrukteure, Ingenieure? Gut, da gibt es jetzt eine Firma, Waagner-Biro, die immerhin unter anderem die spektakuläre Stahlkonstruktion für Norman Fosters Reichstagskuppel in Berlin konstruiert und realisiert hat, und natürlich: eigentlich stammt ja viel von jener tollen Glasbautechnologie, mit der etwa die Engländer Furore machten, aus österreichischen Betrieben, und wenn man scharf nachdenkt, fällt einem noch dies und das dazu ein, und ja, zuletzt erschienen in

Innovative building construction in this country has much greater potential these days than two or three decades ago. Yet architects, especially the younger ones, keep pointing out the difficulty of their situation, and it is true that tougher competition within the industry, raised expectations on the part of the clients and redefined processes for awarding building contracts within the European market have made it more difficult to run an architectural office efficiently. Nevertheless, architecture has regained a highly prominent position in public awareness. The image of architects that is conveyed to the public however, bears no relation to their actual job description and daily routine, which for most architectural practices is a merciless, unceasing struggle for existence.

In the competition for recognition and media attention—prefigured by the national/international stars of the profession and by the media's immanent fixation on the phenomena of shape, style and interesting, visually palatable surfaces—in this competition for presence in the media age those who have always been important for the conception and realisation of innovative buildings—and today are perhaps more vital than ever—such as design engineers, structural engineers and all the other engineers and technicians who form part of the so-called auxiliary technical disciplines, have been forced to take a back seat.

In Austria a further aspect strengthens these general tendencies. Contemporary architecture in this alpine republic is highly regarded

nationally, perhaps even more so internationally. Thereby its wide range of individual formal developments, of typological and topological concepts, of detailing quality are the focus of interest. On the other hand what about structural and technical achievements? One knows the major and minor architects but what about design engineers, structural engineers? True, there is one company, Waagner-Biro, that designed and realised, among other things, the spectacular steel structure for Norman Foster's dome to the Reichstag in Berlin, and equally true, much of that wonderful glass construction technology, which British architects have built their reputations on, was initially developed by Austrian companies. Thinking about it more precisely, there are several more things that cross one's

heimischen Fachzeitschriften schon mehr Hintergrundberichte über konstruktive, statische, bautechnische Innovationen und deren Urheber.

Das Ungleichgewicht in Auftreten, Bekanntheit und Wertschätzung zwischen österreichischer Baukunst und österreichischer Ingenieur-Baukunst ist jedenfalls signifikant. Die Gründe dafür sind historisch herleitbar – kulturell, wirtschaftlich, gesellschaftlich. Die lange nachwirkende Fixierung der ehemals höfischen Wiener Gesellschaft auf Form und Rang mit analoger Abwertung von Leistung und praktischer, unternehmerischer Effizienz; die fehlende bzw. viel später als in anderen Ländern einsetzende Industrialisierung der Bauwirtschaft; die nach dem Trauma des Ringtheaterbrandes für Stahl- und Holzkonstruktionen extrem restriktive Bau-

gesetzgebung; die Vorliebe einer katholischen Kultur für den illusionären Schein, die Sinnbetörung durch Theater und Musik – im Gegensatz zur wirtschaftlich, praktisch orientierten Kultur der Protestanten …

Aber hatten wir nicht doch auch einen Otto Wagner, einen der ganz großen Pioniere der modernen Baukunst? Einen Herold der Konstruktion im Dienste des neuen Lebens, der praktischen Funktionalität, der kühnen Visionen für Flughäfen, Bahn- oder Brückenbauten? „Zweck–Konstruktion–Poesie" lautete doch Wagners begriffliche Trinitas der modernen Baukunst, wobei die Konstruktion eindeutig in der Mitte steht, den Angelpunkt bildet zwischen unserer Lebensnotwendigkeit: dem Quantifizierbaren, und unserer Seinsnot-

wendigkeit: der Selbstvergewisserung in bewusster Gestaltung, im „Nichtquantifizierbaren". Ja, der große Otto Wagner! Aber auch in seiner Sicht war der Ingenieur der Böse, oder höchstens ein der Kunst des Architekten absolut Untergeordneter. In Wagners *Moderne Architektur* steht sehr viel über die neue Konstruktion, über die bestimmende, grundlegende Rolle der Konstruktion, aber dort stehen auch glasklar Sätze wie etwa jener, dass „der verheerende Einfluß des Ingenieurs gebrochen werden muß!" Sicher, das ist aus der Zeit zu verstehen, richtet sich, wie er sagt, gegen die rohe, „unkünstlerische, rein rechnerische" Arbeitsweise der Vermessungstechniker, der Statiker, der Hoch- und Tiefbauingenieure, die schon damals in der Gestaltung der Städte, der neuen Infrastruk-

mind, and yes, recently local architectural journals have begun publishing more background essays about constructive, structural and technical innovations and their inventors. However, the imbalance in terms of presence, publicity and recognition between Austrian architecture and the Austrian art of civil engineering is highly significant. The reasons for this can be traced historically—in social, cultural and economic terms: the pervasive influence exerted by the fixation of Vienna's former courtly society on etiquette and status, with the subsequent devaluation of achievement and practical, economical efficiency, the lack, or the relatively late start (compared with other countries) made to the industrialisation of the building trade, the extremely restrictive building regulations concerning the

use of steel and timber constructions following the trauma caused by the burning down of the Ringtheater, the predilection of the Catholic culture for illusionary appearances, for the seduction of the senses by theatre and music —as opposed to an economic, practically orientated Protestant culture, etc., etc.

But then, did not we also have Otto Wagner, one of the great pioneers of modern architecture? A herald of construction in the service of the modern way of life, the proponent of applied functionality, with his bold visions of airports, railway stations and bridges? „Zweck–Konstruktion–Poesie" (purpose—construction—poetry) was Wagner's conceptual trinity of modern architecture. Construction clearly formed its centre, the pivotal point

between our necessity of living, the quantifiable, and our necessity of being: confirming and expressing our existence through conscious design, using the "unquantifiable". Yes, the great Otto Wagner! But in his point of view the engineer was the villain, or at best entirely subordinate to the artistry of the architect. In Wagner's *Moderne Architektur* much can be found about new construction methods, about the crucial, fundamental role of structure, but at the same time it contains clear-cut sentences, stating for example that "the disastrous influence of the engineer has to be crushed!" Of course, this should be read in its historical context, and was directed, as Wagner put it, against the brute, "inartistic, purely calculative" mode of operation of surveying technicians, structural and civil

turen, der neuen Lebens- und Arbeitswelt den Architekten das Heft aus der Hand genommen hatten.

Trotzdem, gerade in Wagners autoritärer Abkanzelung der Ingenieure – der „edlen Wilden", wie sie bald darauf die Generation der Gropius und Corbusier im Gegenzug wieder ebenso unverhältnismäßig hochstilisieren sollte –, gerade da verfestigte sich unterschwellig ein irgendwie gestörtes Verhältnis, das hierzulande vital weiterwirkte. Aber wir hatten hier ja auch Konrad Wachsmann, den eminenten Konstrukteurphilosophen, der für die so stark konstruktionsbezogene Erneuerung in der österreichischen Architektur der sechziger Jahre entscheidende Weichen stellte und der das Rollenbild des Architekten vom Schöpfer-

genie (Wagners „Krone" der Gesellschaft!) korrigierte zum „primus inter pares" des zeitgemäßen Planens und Bauens im Teamwork.

Mit den Architekten dieser seiner Generation hat Wolfdietrich Ziesel dialogfähige, offene Partner für Innovationen aus der Mitte der erwähnten Trinität heraus gefunden. Architektur zeigte sich als die gestalterische Veranschaulichung der Leistungsfähigkeit, der räumlichen Produktivität des Konstruktiven. Postmodernität und Turbokapitalismus trieben das Pendel aber wieder auf die andere Seite: Starkult, Formkult, ästhetische Halluzination von Wirklichkeit. Die maßgebenden Ingenieure und Techniker arbeiten heute im nicht mehr sichtbaren Bereich, im Mikrokosmos der Informatik. Dennoch: auch die rezente Baukunst in Öster-

reich – von Vorarlberg, Tirol, Salzburg bis Steiermark und Wien – bietet eine Fülle von kooperativ erarbeiteten, konstruktiven Innovationen. Die einschlägigen Aspekte sind in der Publizistik eher unterrepräsentiert. Ein Buch wie dieses zeigt das Entwurfs-, Planungs- und Baugeschehen einmal von der anderen Seite und wird das angesprochene Manko graduell mindern. Viele solcher Bücher wären möglich und notwendig, um das, was geschieht, adäquat in einem möglichst breiten Verständnis zu verankern: Bauen heißt Raum bilden, und Raum bilden heißt Konstruieren. Für den Fortschritt, die intelligente, gesamtheitliche Entwicklung der Raumkunst – im Kleinen wie im Großen – ist die kongeniale Entwicklung der Kunst des Konstruierens unabdingbar, Stimulans und Voraussetzung zugleich.

engineers, who at that time had already taken over the tasks of urban planning, creating the new infrastructures and designing new living and working environments.

Nevertheless, precisely in Wagner's authoritarian condemnation of the engineers—the "noble savages" as the generation of Gropius and Corbusier would later call them in an equally exaggerrated way—precisely there, an awkward relationship manifests itself subliminally that continued to exert a strong influence in this country. But there was also Konrad Wachsman, an eminent philosopher of construction, who set the course for the strongly construction-oriented modernisation of Austrian architecture in the 60s, and who shifted the image of the architect's role from the creative

genius (Wagner's "crown" of society) to the architect as primus inter pares in the contemporary team-based design and building process.

Wolfdietrich Ziesel found the architects of this, his generation to be open-minded, outspoken partners for innovations, emerging from the centre of the aforementioned trinity. Architecture presented itself as the artistic visualisation of efficiency, of structural spatial productivity. But postmodernism and turbo-capitalism made the pendulum swing back in the other direction: stardom, the cult of form, aesthetic hallucinations of reality. Leading engineers nowadays work in a realm that is not visible, in the microcosm of computer science. All the same, recent architecture in Austria—from Vorarlberg, Tyrol, Salzburg to Styria and Vienna—offers a

wealth of cooperatively developed constructive innovations. The relevant aspects tend to be inadequately portrayed in journalism. A book like this shows the process of designing, planning and constructing from a different point of view and will gradually reduce the deficit mentioned. Many books like this could be written and indeed are necessary to ensure that what is happening is securely anchored in the general awareness on as broad a basis as possible. To build means to form spaces, and forming spaces means constructing. And to foster progress, to foster the intelligent, integral development of the art of space, at either the large or small scale, the congenial evolution of the art of construction is indispensable, it is a stimulus and precondition at one and the same time.

Überbrückt	Ort	Länge	Material	Auftraggeber	Architekt	Status
Spans	Location	Length	Material	Client	Architect	Status
Donaukanal	Wien	80 m	Stahl	Stadt Wien	Viktor Hufnagl	Projekt
	Vienna		Steel	City of Vienna		Project

983

Urania Bridge

Uraniabrücke

Vordergrund: Aspernbrücke (1951); Hintergrund: Entwurf Uraniabrücke (1983)
Foreground: Aspernbrücke (1951); background: design, Urania Bridge (1983)

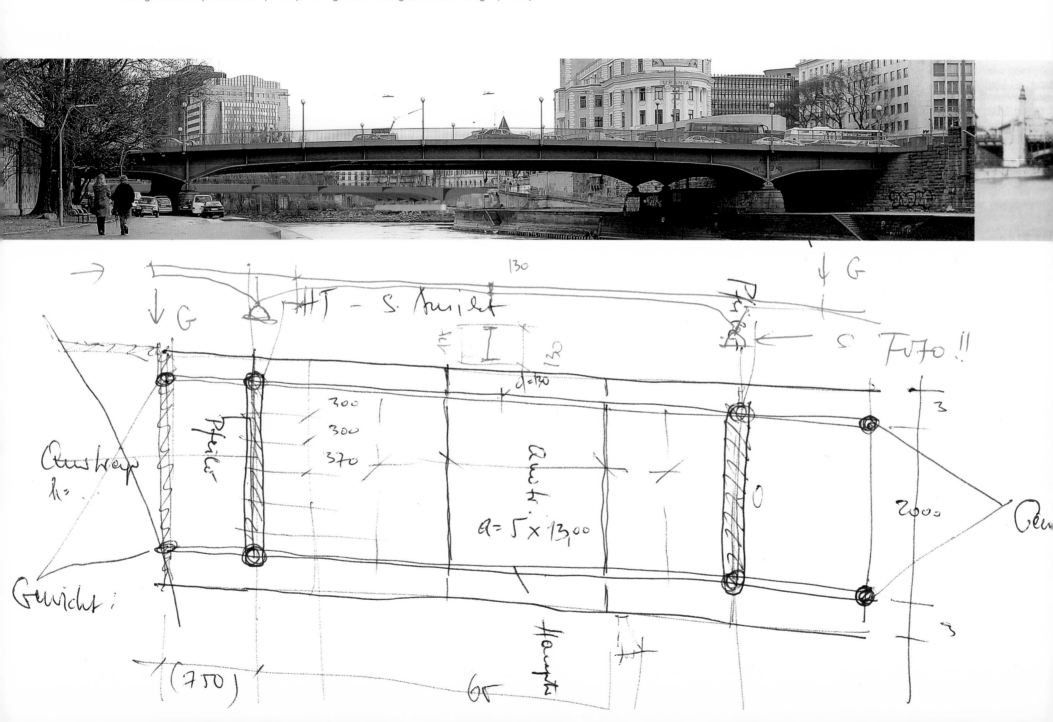

Historische Donaukanal-Brücken
Historical bridges across the Donaukanal (Danube Canal)

nandsbrücke (1911) Aspernbrücke (1880) Augartenbrücke (1873) Alte Augartenbrücke (1782)

Bestand
Existing

Es war eine Verlängerung der Vorderen Zollamtsstraße mit einer Brücke über den Donaukanal vom Weißgerber-Ufer zur Unteren Donaustraße in den zweiten Wiener Gemeindebezirk geplant. Es gab ein so genanntes Amtsprojekt, das jedoch nicht wirklich allgemeine Zustimmung gefunden hat.

The City of Vienna intended to extend Vordere Zollamtsstrasse with a bridge across the Danube Canal, connecting Weissgerber Strasse with Untere Donaustrasse. An already existing project, designed by municipal engineers, had not really met with wide approval.

Typische Längsschnitte stählerner Donaukanalbrücken
Typical longitudinal sections of steel bridges over the Donaukanal

Friedensbrücke 1925, Fahrbahnkonstruktion mit Hängeblechen zwischen Längs- und Querträgern
Friedensbrücke 1925, road deck construction using metal plates inserted between the longitudinal and transverse beams

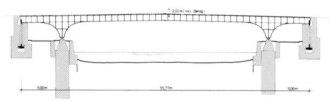

Augartenbrücke 1930, Fahrbahnplatte aus Eisenbeton ohne Verbund mit dem Tragwerk
Augarten Bridge 1930, road deck made of ferro-concrete, not bonded with the steel structure

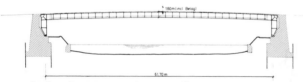

Rotundenbrücke 1955, orthotrope Platte
Rotunda Bridge 1955, orthotropic slab

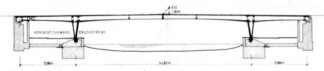

Salztorbrücke 1961, Spannbeton
Salztor Bridge 1961, prestressed concrete

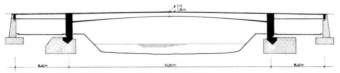

Heiligenstädter Brücke 1961, Stahlbeton
Heiligenstädter Bridge 1961, reinforced concrete

Es sollten daher Vorschläge und Entwürfe für ein attraktives Brückenbauwerk vorgelegt werden. Alle Brücken über den Donaukanal haben das Problem einer sehr geringen möglichen Konstruktionshöhe in der Mitte.

Diese ist insbesondere vorgegeben durch die mögliche Unterkante der Konstruktion, bedingt durch den Hochwasserspiegel des Donaukanals und die notwendige Durchfahrtshöhe für die dort verkehrenden Schiffe. Andererseits ist auch die Fahrbahnoberkante möglichst niedrig zu halten, da die begleitenden Straßen (Donaustraße bzw. Franz-Josefs-Kai) ein sehr niedriges Niveau besitzen. Man kann dies sehr gut an der Unteren Donaustraße beobachten – dort gibt es eine ständige Berg- und Talfahrt –, wobei die absolut notwendigen Höhepunkte bei den Einmündungen der verschiedenen Brücken vorhanden sind, während sich dazwischen eine Talsohle befindet. Bei allen Brücken über den Donaukanal waren die Ingenieure besonders gefordert: Es mussten Tragsysteme gefunden werden, die die statisch notwendige Höhe in Brückenmitte auf ein absolutes Mindestmaß reduzieren. Konstruktionen über der Fahrbahn waren ebenso nicht erwünscht, da sie das Stadtbild und die freie Sicht negativ beeinflussen.

Das Tragwerk unter der Fahrbahn bietet einen weiteren entscheidenden Vorteil: Es können mehrere Träger angeordnet werden, wodurch sich die Lasten gleichmäßiger verteilen und weiter Konstruktionshöhe gespart werden kann.

Die vorhandenen Brücken sind diesbezüglich sehr unterschiedlich in den Lösungen und deren Qualität.

Consequently, new designs and concepts for an attractive bridge structure were to be presented. Generally, bridges across this Canal share the problematic requirement of an extremely low maximum permissible structural depth.

The lower edge of the structure is determined by the flood level of the Canal and the required clearance for boat traffic. It is also necessary to keep the street surface of the bridge as low as possible to provide for unproblematic connections with the equally low street levels of the roads running along the Canal (Donaustrasse and Franz-Josefs-Kai). The problems resulting from this situation can be clearly observed on Untere Donaustrasse. The street's connection to a series of different bridges means it rises and falls several times, the high points always connecting to the Canal bridges while the "valleys" lie in between. All these bridges were real challenges for their engineers, as they had to conceive structural systems that would reduce the structural depth to an absolute minimum. Moreover, structural elements above street level that would obstruct the view of the city had to be avoided.

Keeping the structure below the carriageway has another important advantage. It is possible to place several beams next to each other, which results in a more even load distribution and once again reduces the structural depth.

Taking these points into consideration, the existing bridges differ considerably in terms of structural solution and quality.

Vorgeschlagene Konstruktionsalternativen
Construction alternatives

a)

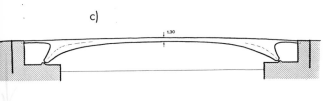

b)

c)

d)

Ausführungsvorschlag
Construction proposal

Alle Stahlbrücken leicht und transparent
= eleganter – keine Riesenbetonkästen!

a) Rahmenbrücke (wie Rotundenbrücke –
Rahmenrosttragwerk)
  Charakteristik:
  – Schlankes Tragwerk
  – Großer Horizontalschub
  – Durch Vorspannungen Reduktion der
    Durchbiegung möglich
    (Vorteile wie bei D)

b) Sprengwerk
  Charakteristik:
  – Durch schräggestellte Unterstützungen
    Reduktion der Spannweite
  – Formal einfach
  – Entspricht dem Baustoff Stahl
    (Vorteile wie bei D)

c) Flache Bogenbrücke
  Charakteristik:
  – Einspannung an den Auflagern
  – Schlanke Konstruktion
  – Aktivierung Horizontalschub durch Pressen
    möglich
  – Könnte auch in Beton ausgeführt werden
    (Vorteile wie bei D)

d) Durchlaufträger (wie Aspernbrücke)
  Charakteristik:
  – Dreifeldträger
  – Große Öffnung: 65 m
  – Randöffnungen: 8 bis 10 m
  – Durch Gewichte an den Randstützen
    kann die Durchbiegung im großen
    Feld günstig beeinflußt werden;
    Durchbiegung einwandfrei lt. ÖNORM!
  – Keine besonderen Horizontalschübe
  – Tragwerk 300 kg/m² Stahl
  – Ersparnis bei Ausrüstung (weniger Fahrbahn)
  – Ersparnis bei Fundierung (Gewicht)
  – Einfachere Herstellung (kein Gerüst)
  – Gestalterische Eingliederung in die
    „Familie" der Donaukanalbrücken

Steel bridges are lighter, more transparent,
more elegant—no giant concrete boxes!

a) Framework bridge (similar to Rotunda
Bridge—framework-grid structure)
  Characteristics:
  – slender load-bearing structure
  – substantial horizontal shear
  – deflection can be reduced through
    pre-stressing
    (same benefits as in D)

b) Truss frame
  Characteristics:
  – Reduction of the span through inclined
    supports
  – simple form
  – suits the material properties of steel
    (same benefits as in D)

c) Shallow arch bridge
  Characteristics:
  – restrained at the bearing points,
  – slender structure
  – activation of the horizontal shear
    made possible through pressure
  – can also realised in concrete
    (same benefits as in D)

d) Continuous beam (similar to Aspern Bridge)
  Characteristics:
  – three-bay-structure
  – wide span (65 m)
  – side spans (8–10 m)
  – by applying loads to the outer columns,
    the sagging in the main bay can be
    reduced; deflection in compliance with
    ÖNORM standards
  – no great horizontal shear
  – 300 kg/m² steel structure
  – economical (less road surface)
  – economical foundations (less weight)
  – simplified set-up (no scaffolding)
  – formal integration in the group of
    Danube Canal bridges

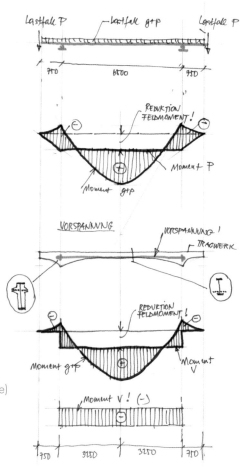

**Schnittgrößen
für den Ausführungsvorschlag**
Stress resultants
for the proposed structure

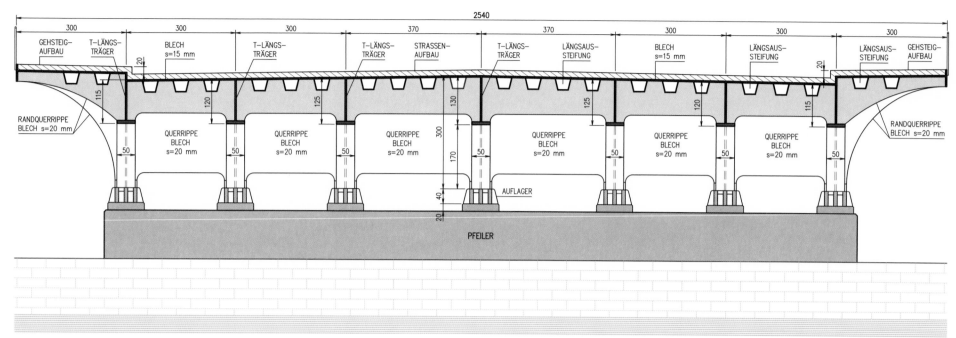

Querschnitt
Cross-section

Im vorliegenden Fall wurden vorerst einige Vorschläge (siehe S. 219) für eine entsprechende Konstruktion gemacht. Für das schließlich in Kooperation mit Architekt Viktor Hufnagl ausgesuchte Tragwerk wurde ein System gewählt, wie es bereits bei einigen Donaukanalbrücken angewendet wurde. Es handelt sich dabei um einen Einfeldbalken (Stützweite zirka 65 Meter) mit zwei Kragarmen (Kragweite etwa 7,5 Meter). Durch eine aufgebrachte Belastung (Gewicht, Vorspannung im Fundament, Vorspannung des Tragwerks etc.) am Kragarmende oder am Auflager der Brücke wird das Mittelfeld entlastet und somit eine schlanke Dimensionierung der Feldmitte ermöglicht.

In the case at hand different suggestions for an adequate construction (see page 219) were first evaluated. The structural system that was finally selected was arrived at in cooperation with Architect Viktor Hufnagl and was of a type that had already been used several times for bridges crossing the Danube Canal. It consists of a single bay beam with a span of 65 metres and cantilevering beams on either side, each about 7.5 metres in reach. By applying additional loads (weights, pre-stressing in the foundations, pre-stressing of the structure) to the ends of the cantilevers and to the bearing pads, the stresses in the centre are reduced, which allows the structural depth at midspan to be significantly reduced.

Lageplan Projekt
Site plan, project

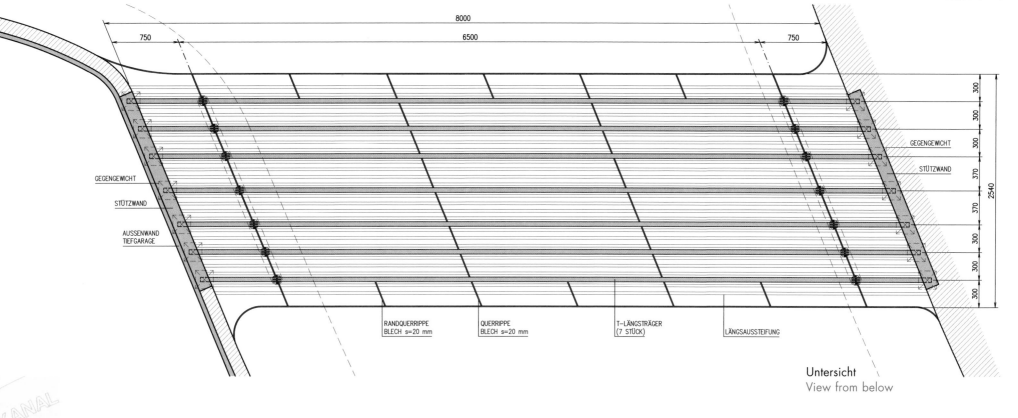

8000

750   6500   750

300 300 300 370 370 300 300 300

2540

GEGENGEWICHT

STÜTZWAND

GEGENGEWICHT

STÜTZWAND

AUSSENWAND
TIEFGARAGE

RANDQUERRIPPE
BLECH s=20 mm

QUERRIPPE
BLECH s=20 mm

T–LÄNGSTRÄGER
(7 STÜCK)

LÄNGSAUSSTEIFUNG

Untersicht
View from below

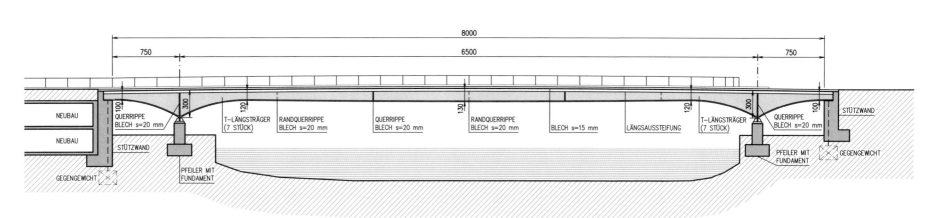

8000

750   6500   750

NEUBAU

NEUBAU

STÜTZWAND

GEGENGEWICHT

100

QUERRIPPE
BLECH s=20 mm

300

PFEILER MIT
FUNDAMENT

T–LÄNGSTRÄGER
(7 STÜCK)

120

RANDQUERRIPPE
BLECH s=20 mm

QUERRIPPE
BLECH s=20 mm

130

RANDQUERRIPPE
BLECH s=20 mm

BLECH s=15 mm

LÄNGSAUSSTEIFUNG

120

T–LÄNGSTRÄGER
(7 STÜCK)

300

PFEILER MIT
FUNDAMENT

QUERRIPPE
BLECH s=20 mm

100

STÜTZWAND

GEGENGEWICHT

Längsschnitt
Longitudinal section

Überbrückt	Ort	Länge	Material	Auftraggeber	Architekt	Status
Spans	Location	Length	Material	Client	Architect	Status
Wiental	Wien	355 m	Stahl	Stadt Wien	Adolf Krischanitz,	Wettbewerb
	Vienna		Steel	City of Vienna	Otto Kapfinger	Competition

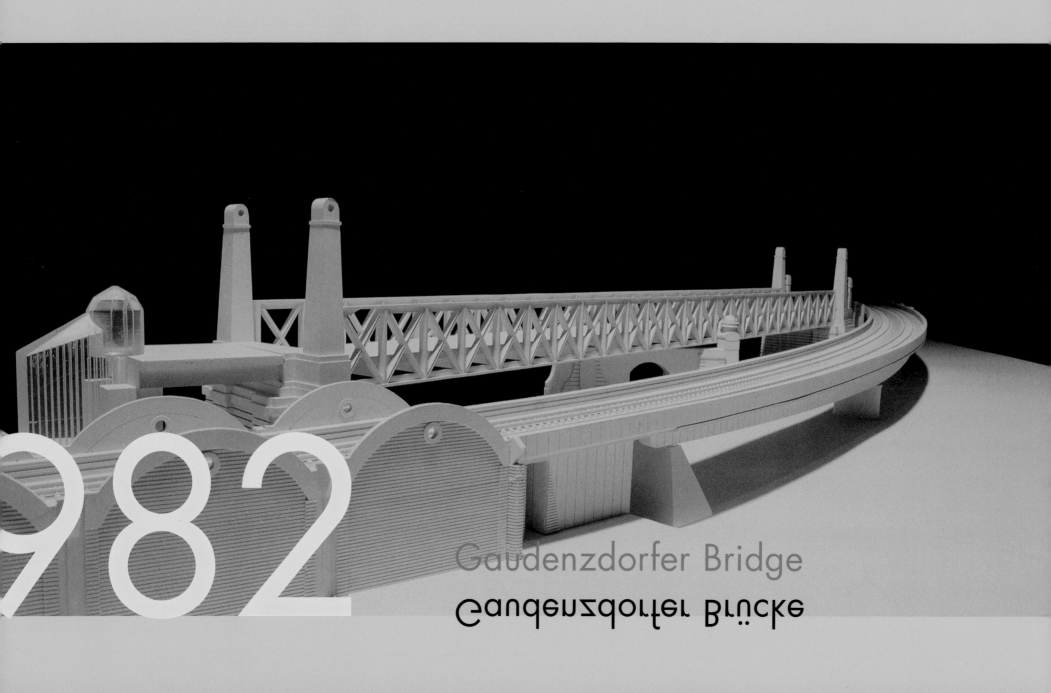

982

Gaudenzdorfer Bridge

Gaudenzdorfer Brücke

Modell Gesamtsituation
Model of
overall situation

*Eine Verneigung vor Otto Wagner
am Gaudenzdorfer Knoten*

Im Zuge des Umbaus der U-Bahnlinie 6
erschien den Wiener Verkehrsbetrieben
1982 die Brücke von Otto Wagner über
das Wiental im Bereich des Gaudenzdorfer
Knotens zunächst unbrauchbar.

*Bowing before Otto Wagner
at the Gaudenzdorf traffic junction*

In the course of structural modifications along
today's U6 subway line, the Vienna Transport
Authority found in 1982 that Otto Wagner's
bridge across the Wiental at the Gaudenzdorf junction was of no further use.

Sie ließ sich in den neuen Trassenverlauf
weder im Grundriss noch vom Gefälle her
einpassen. Man schrieb daher einen Wettbewerb aus, der entweder eine Veränderung
der bestehenden Brücke oder ein neues
Tragwerk daneben vorsehen sollte.

Neither its position nor its gradient seemed
to fit the new layout of the track. Therefore,
a competition was set up to invite proposals
for adapting the existing bridge or for a
new bridge beside it.

Otto Wagner hätte sich angesichts des
Ergebnisses dieses Wettbewerbs im Grab
umgedreht. Die meisten Projekte versuchten
mit untauglichen Mitteln, die alte Brücke den
neuen Erfordernissen anzupassen. Wie sich
herausgestellt hat, ist eine solche Rekonstruk-
tion aus technischen, ästhetischen und ver-
kehrsmäßigen Gründen unmöglich.

Otto Wagner would have turned in his grave,
had he seen the results of this competition.
Most projects tried to adapt the old bridge
to the new requirements using inadequate
means. A reconstruction of this kind proved
to be downright impossible for technical
and aesthetic reasons and because of the
prevailing traffic situation.

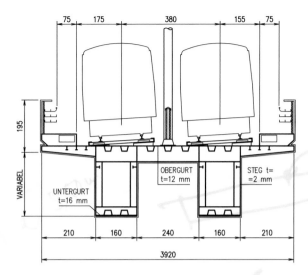

Querschnitt 1–1
Cross-section 1–1

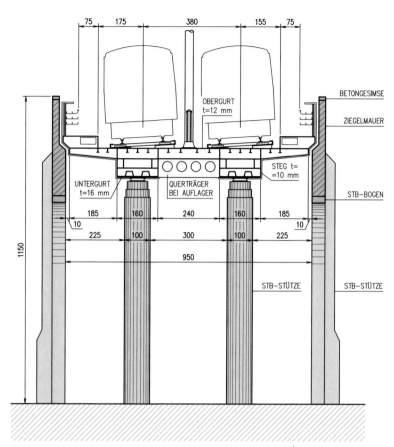

Querschnitt 2–2
Cross-section 2–2

Es gab daher nur die Möglichkeit, eine neue Brücke nach heutigen Gesichtspunkten zu bauen und die alte Brücke oder Teile derselben als Denkmal mit anderer Funktion stehen zu lassen. Nicht das gesamte alte Brückentragwerk ist technisch und kunsthistorisch wertvoll.

The alternative was to devise a new bridge structure, based on modern technical standards, and to leave the old bridge (or part of it) as a monument that would take on a different function. Not all of the old structure is important in terms of engineering or art history.

Architekt Adolf Krischanitz und mir erschien lediglich der große Zweifeldträger über das Wiental und die Bundesstraße B1 erhaltenswert. Der Grundgedanke unseres Projekts ist daher, Otto Wagners Haupttragwerk ohne seine Anschlussbauwerke isoliert als Torso und im Kontrast zu einer neuen Stahlbrücke zu erhalten. Das alte Bauwerk erhält als Fußgängerbrücke über das Wiental eine neue Funktion.

Architect Adolf Krischanitz and myself regarded only the large two-span girder crossing the River Wien and the adjacent road as worthy of preservation. The fundamental idea was to preserve Otto Wagner's main structure as a torso and contrast it with a newly devised steel bridge. The old part would then be used as a pedestrian bridge across the river.

In der amtlich vorgegebenen Trasse wird ein neues Stahltragwerk, gegliedert in eine zweifeldrige Hauptbrücke und eine fünffeldrige Brücke mit geringer Bauhöhe und kleiner Spannweite, auf neuen Unterbauten vorgeschlagen. Die Tragwerke sollen eine Nirosta- oder Aluminiumverkleidung erhalten.

The new load-bearing steel system, resting on a new substructure, follows the predetermined track and is composed of a two-span main bridge and an additional, lower five-span bridge. The load-bearing structures are clad with panels of stainless steel or aluminium.

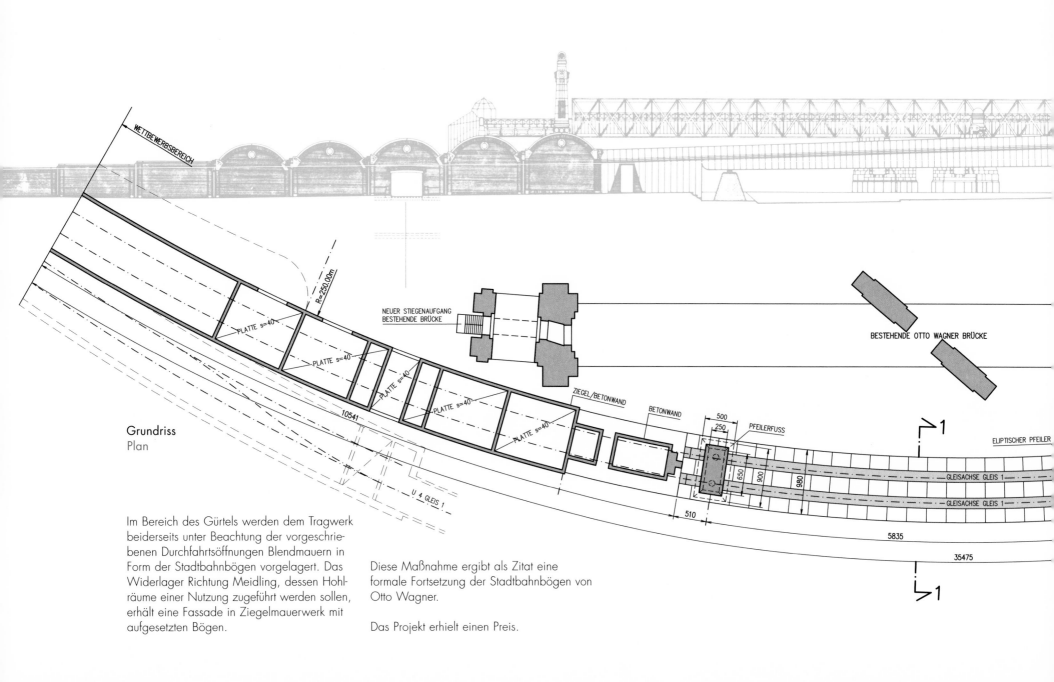

WETTBEWERBSBEREICH

R=250.00m

NEUER STIEGENAUFGANG
BESTEHENDE BRÜCKE

BESTEHENDE OTTO WAGNER BRÜCKE

PLATTE s=40

PLATTE s=40

PLATTE s=40

PLATTE s=40

PLATTE s=40

ZIEGEL/BETONWAND

BETONWAND

500

250

PFEILERFUSS

ELIPTISCHER PFEILER

650

900

980

GLEISACHSE GLEIS 1

GLEISACHSE GLEIS 1

510

5835

35475

10541

U 4 GLEIS 1

Grundriss
Plan

Im Bereich des Gürtels werden dem Tragwerk beiderseits unter Beachtung der vorgeschriebenen Durchfahrtsöffnungen Blendmauern in Form der Stadtbahnbögen vorgelagert. Das Widerlager Richtung Meidling, dessen Hohlräume einer Nutzung zugeführt werden sollen, erhält eine Fassade in Ziegelmauerwerk mit aufgesetzten Bögen.

Diese Maßnahme ergibt als Zitat eine formale Fortsetzung der Stadtbahnbögen von Otto Wagner.

Das Projekt erhielt einen Preis.

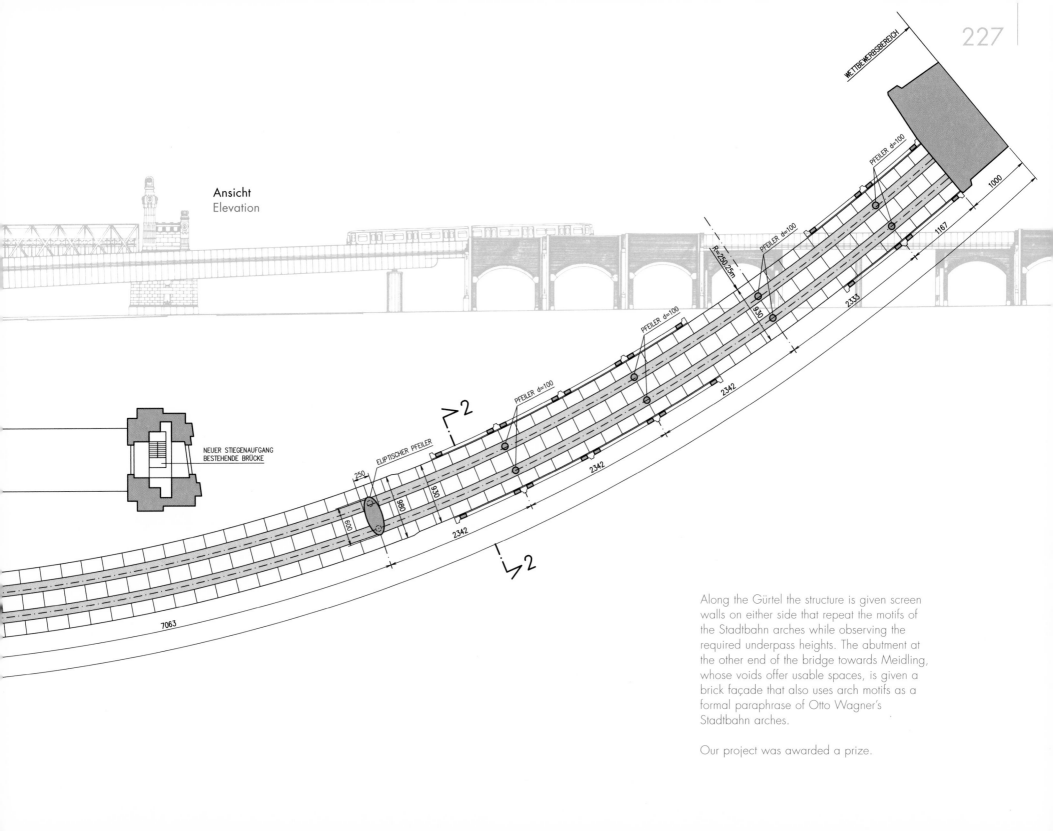

Ansicht
Elevation

NEUER STIEGENAUFGANG
BESTEHENDE BRÜCKE

Along the Gürtel the structure is given screen
walls on either side that repeat the motifs of
the Stadtbahn arches while observing the
required underpass heights. The abutment at
the other end of the bridge towards Meidling,
whose voids offer usable spaces, is given a
brick façade that also uses arch motifs as a
formal paraphrase of Otto Wagner's
Stadtbahn arches.

Our project was awarded a prize.

Überbrückt	Ort	Länge	Material	Auftraggeber	Architekten	Status
Spans	Location	Length	Material	Client	Architects	Status
Inn	Innsbruck	79 m	Holz	Stadt Innsbruck	Appelt / Kneissl /	Wettbewerb
	Tyrol, Austria		Wood	City of Innsbruck	Prochazka	Competition

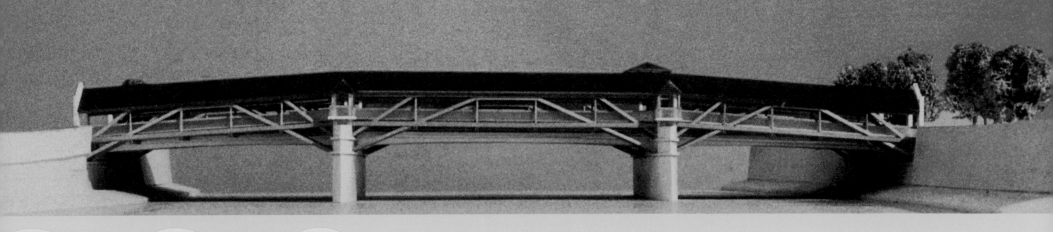

980

Inn Bridge Innsbruck

Innbrücke Innsbruck

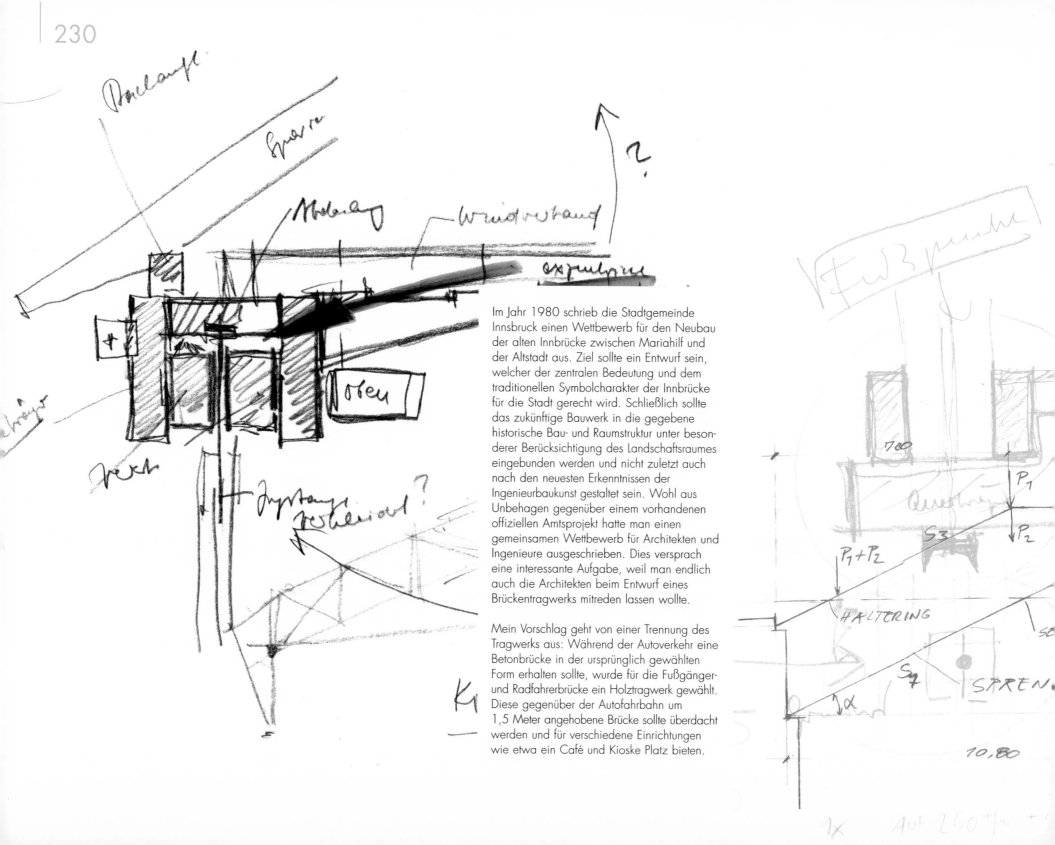

Im Jahr 1980 schrieb die Stadtgemeinde Innsbruck einen Wettbewerb für den Neubau der alten Innbrücke zwischen Mariahilf und der Altstadt aus. Ziel sollte ein Entwurf sein, welcher der zentralen Bedeutung und dem traditionellen Symbolcharakter der Innbrücke für die Stadt gerecht wird. Schließlich sollte das zukünftige Bauwerk in die gegebene historische Bau- und Raumstruktur unter besonderer Berücksichtigung des Landschaftsraumes eingebunden werden und nicht zuletzt auch nach den neuesten Erkenntnissen der Ingenieurbaukunst gestaltet sein. Wohl aus Unbehagen gegenüber einem vorhandenen offiziellen Amtsprojekt hatte man einen gemeinsamen Wettbewerb für Architekten und Ingenieure ausgeschrieben. Dies versprach eine interessante Aufgabe, weil man endlich auch die Architekten beim Entwurf eines Brückentragwerks mitreden lassen wollte.

Mein Vorschlag geht von einer Trennung des Tragwerks aus: Während der Autoverkehr eine Betonbrücke in der ursprünglich gewählten Form erhalten sollte, wurde für die Fußgänger- und Radfahrerbrücke ein Holztragwerk gewählt. Diese gegenüber der Autofahrbahn um 1,5 Meter angehobene Brücke sollte überdacht werden und für verschiedene Einrichtungen wie etwa ein Café und Kioske Platz bieten.

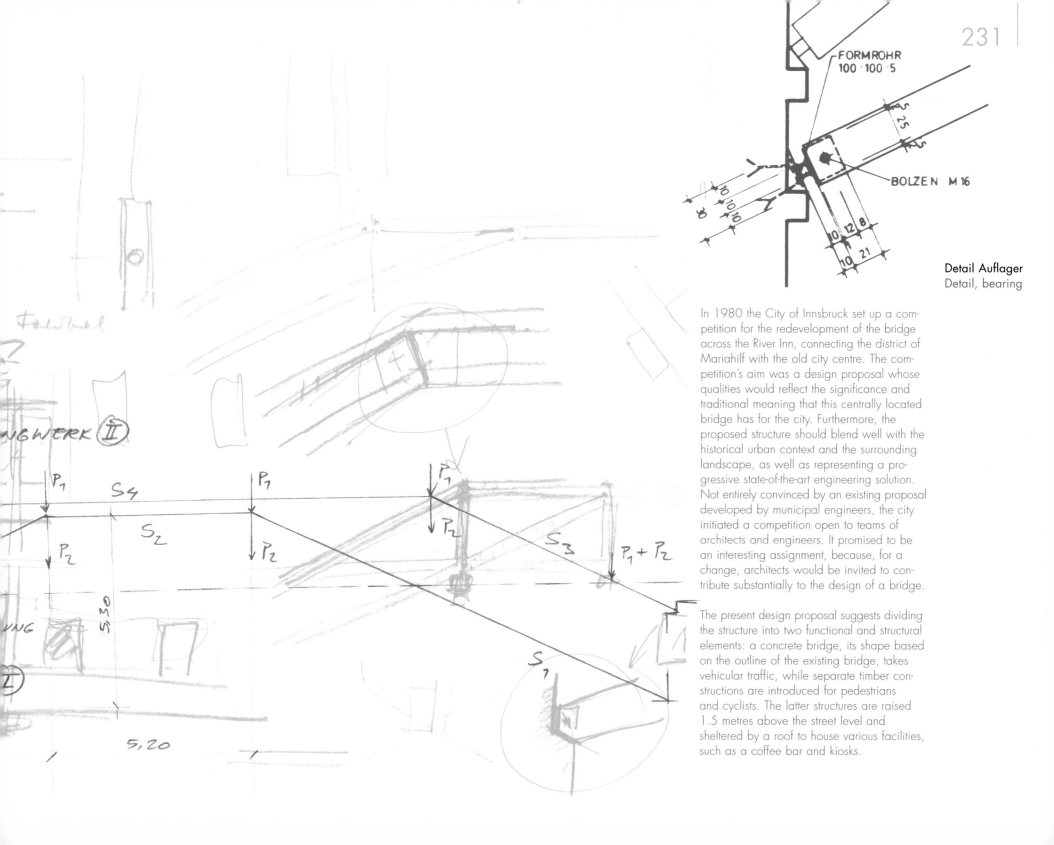

FORMROHR
100 · 100 · 5

BOLZEN M 16

Detail Auflager
Detail, bearing

In 1980 the City of Innsbruck set up a competition for the redevelopment of the bridge across the River Inn, connecting the district of Mariahilf with the old city centre. The competition's aim was a design proposal whose qualities would reflect the significance and traditional meaning that this centrally located bridge has for the city. Furthermore, the proposed structure should blend well with the historical urban context and the surrounding landscape, as well as representing a progressive state-of-the-art engineering solution. Not entirely convinced by an existing proposal developed by municipal engineers, the city initiated a competition open to teams of architects and engineers. It promised to be an interesting assignment, because, for a change, architects would be invited to contribute substantially to the design of a bridge.

The present design proposal suggests dividing the structure into two functional and structural elements: a concrete bridge, its shape based on the outline of the existing bridge, takes vehicular traffic, while separate timber constructions are introduced for pedestrians and cyclists. The latter structures are raised 1.5 metres above the street level and sheltered by a roof to house various facilities, such as a coffee bar and kiosks.

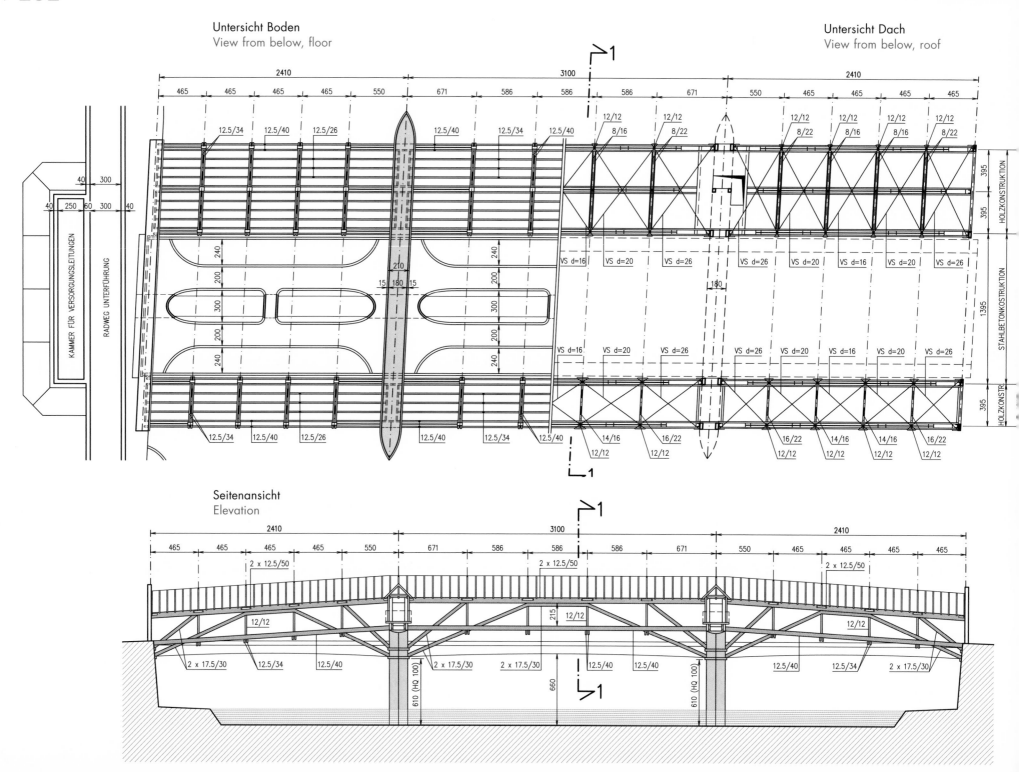

Untersicht Boden
View from below, floor

Untersicht Dach
View from below, roof

Seitenansicht
Elevation

Querschnitt 1–1
Cross-section 1–1

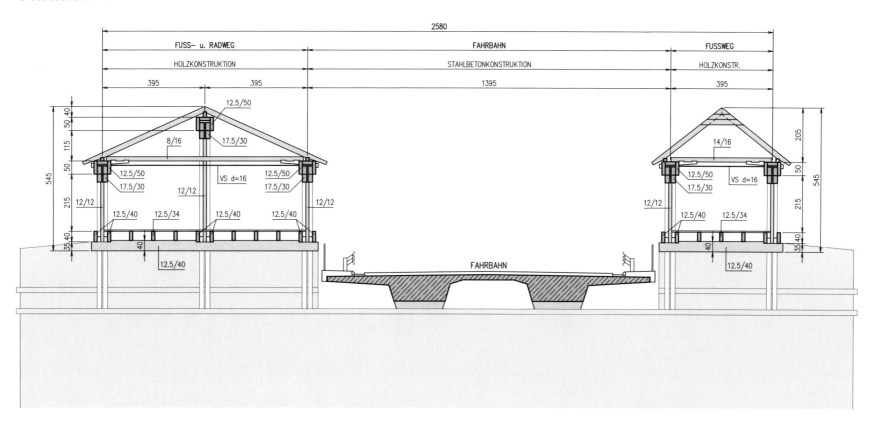

Für die Holzkonstruktion waren doppelte Sprengwerke mit einem oberen und unteren Biegeträger für unsymmetrische Lasten vorgesehen. Als Material sollte ein durchimprägniertes skandinavisches Kiefernholz Verwendung finden, das eine wesentlich längere Lebensdauer versprach als andere Hölzer.

The timber structure was to consist of doubled strutted frames with an upper and a lower beam to accommodate asymmetric loads. Fully impregnated Scandinavian timber was chosen as a building material, because of its superior durability compared to other kinds of wood.

Der Entwurf für das Tragwerk zielte auf eine dem Baustoff entsprechende Form ab und überstieg an keinem Punkt die Grenzen des Materials. Infolge der enormen Gewichtsersparnis ergaben sich auch beträchtliche wirtschaftliche Vorteile.

The structure's design aims at reflecting the characteristics of the building material, while never exceeding limits set by the material's natural properties. Moreover, the enormous reduction of the structure's overall weight meant a substantial economic advantage.

Trotz des optimalen Zusammenspiels von Architektur und Statik beim Entwurf dieses Projekts, in dessen Verlauf keine der beiden Seiten zum Vollzugsgehilfen der anderen wurde und alle Entscheidungen gemeinsam zu Stande kamen, wurden jene Projekte ausgezeichnet, die sich am gelungensten über alle Fragen der Ästhetik hinwegsetzten.

Despite having conceived a convincing project in perfect cooperation between architects and engineers, in which both sides were able to contribute equally to the well-balanced result, the awards in the competition nevertheless went to those projects and teams that chose to completely ignore all questions of aesthetics.

Überbrückt	Ort	Länge	Material	Auftraggeber	Architekten	Status
Spans	Location	Length	Material	Client	Architects	Status
Donau	Wien	725 m	Beton	Eigenprojekt	Christoph, Lintl	Projekt
Danube	Vienna		Concrete	Own initiative		Project

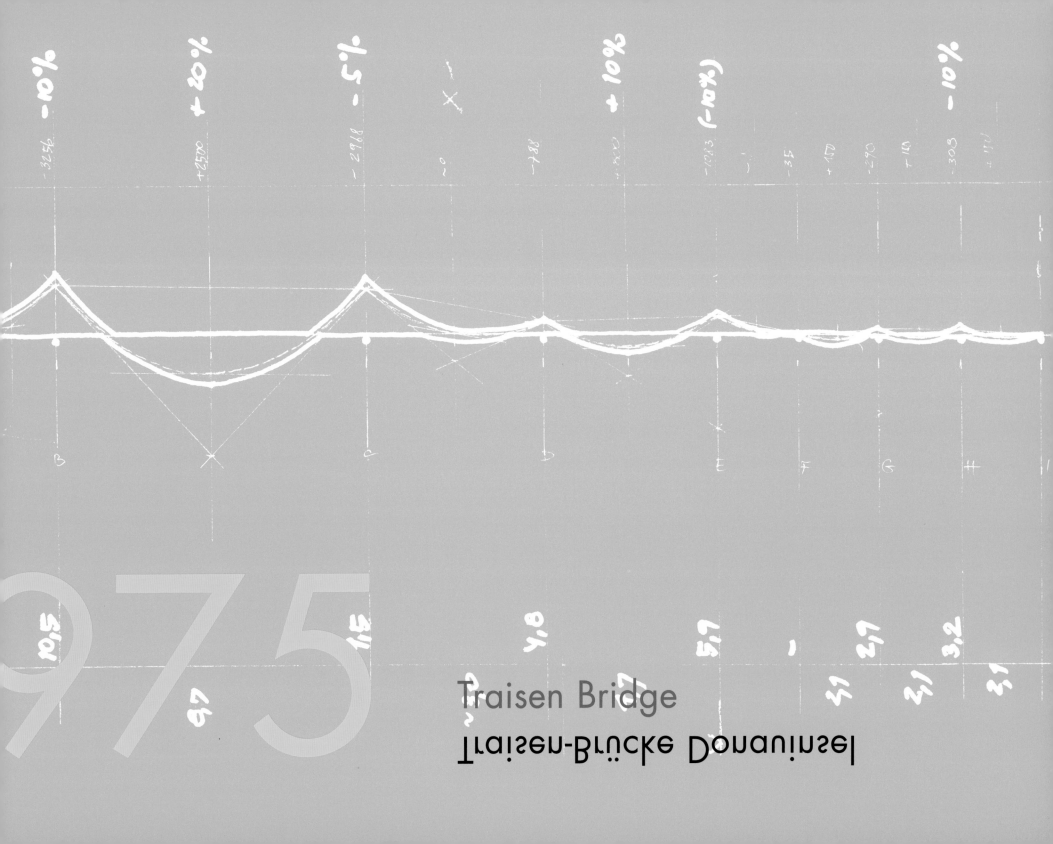

Traisen Bridge

Seitenansicht
Elevation

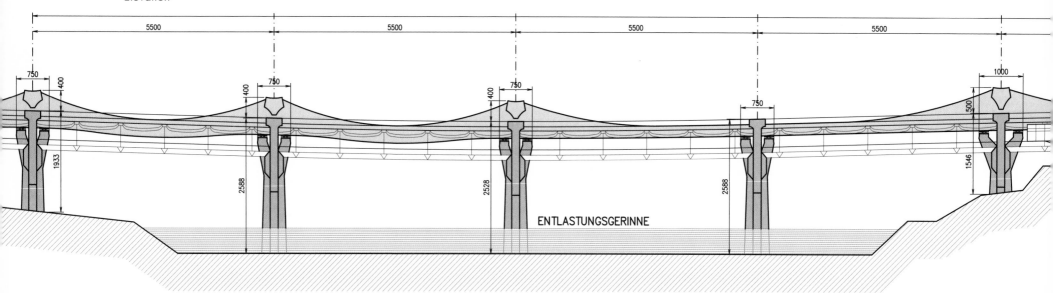

5500 5500 5500 5500

750 400 750 400 750 400 1000

750 500

1933 2588 2528 2588 1546

ENTLASTUNGSGERINNE

Untersicht, abgehängte U-Bahn Konstruktion
View from below, suspended subway line construction

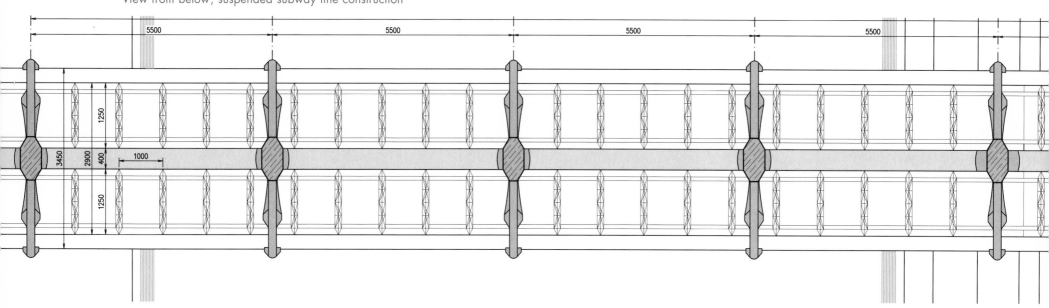

5500 5500 5500 5500

1250 3450 2900 400 1000 1250

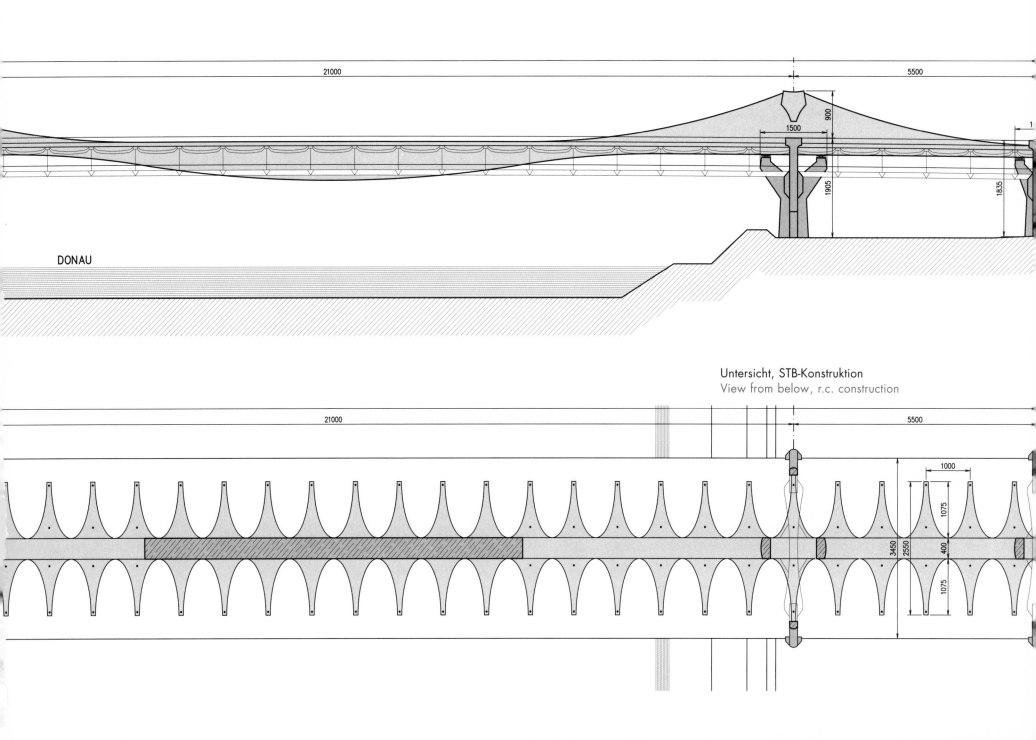

21000

5500

900

1500

1905

1835

1

DONAU

Untersicht, STB-Konstruktion
View from below, r.c. construction

21000

5500

1000

1075

3450

2550

400

1075

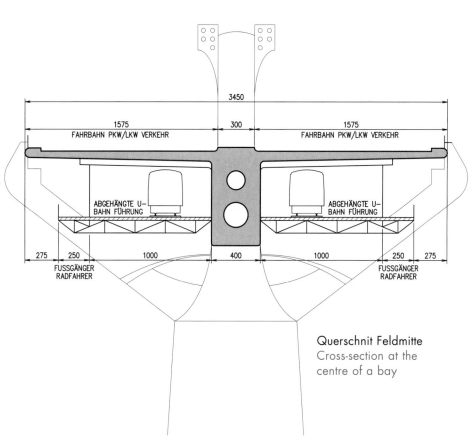

Querschnit Feldmitte
Cross-section at the centre of a bay

Labels in left diagram:
3450
1575 — FAHRBAHN PKW/LKW VERKEHR
300
1575 — FAHRBAHN PKW/LKW VERKEHR
ABGEHÄNGTE U-BAHN FÜHRUNG
ABGEHÄNGTE U-BAHN FÜHRUNG
275 · 250 · 1000 · 400 · 1000 · 250 · 275
FUSSGÄNGER RADFAHRER
FUSSGÄNGER RADFAHRER

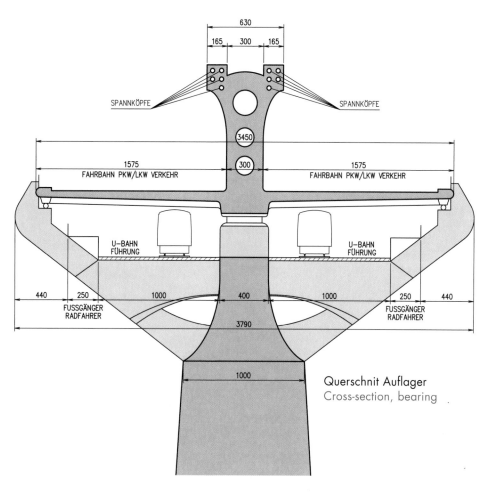

Querschnit Auflager
Cross-section, bearing

Labels in right diagram:
630
165 · 300 · 165
SPANNKÖPFE
SPANNKÖPFE
3450
1575 — FAHRBAHN PKW/LKW VERKEHR
300
1575 — FAHRBAHN PKW/LKW VERKEHR
U-BAHN FÜHRUNG
U-BAHN FÜHRUNG
440 · 250 · 1000 · 400 · 1000 · 250 · 440
FUSSGÄNGER RADFAHRER
FUSSGÄNGER RADFAHRER
3790
1000

Hier handelte es sich um eine Planung über den Donaubereich Wien. Im Zuge einer Konkretisierungsstudie sollte vorerst ein Ideenvorschlag für die Konstruktion der neu geplanten Traisen-Brücke entstehen. Daran schlossen sich Vorschläge für eine gleichartige Gruppe von Donaubrücken (Floridsdorfer Brücke, U-Bahnbrücke usw.).

This project is a design study for Vienna's Danube area. The first step in the development of this study was to devise a concept for the Traisen Bridge. Based on these principles, we developed suggestions for a group of similar bridges (Floridsdorf Bridge, U-Bahn Bridge, etc.) across the Danube.

Beim Entwurf für die Traisen-Brücke ergaben sich folgende Schwerpunkte: Ein Hauptträger in der Mitte erleichtert die seitliche Erschließung oberhalb und unterhalb der Fahrbahn. Die Form des Hauptträgers ist dem Momenten- und Spannungsverlauf des Durchlaufträgers angepasst. Infolge der unterschiedlichen Stützweiten entsteht eine lebendige Form.

The design of the Traisen Bridge concentrates on the following aspects: one main girder in the centre of the bridge, facilitating side access above and below the carriage-way. The shape of the continuous girder reflects the moments and tensions it is subjected to. Irregular intervals between the columns create a lively architectural form.

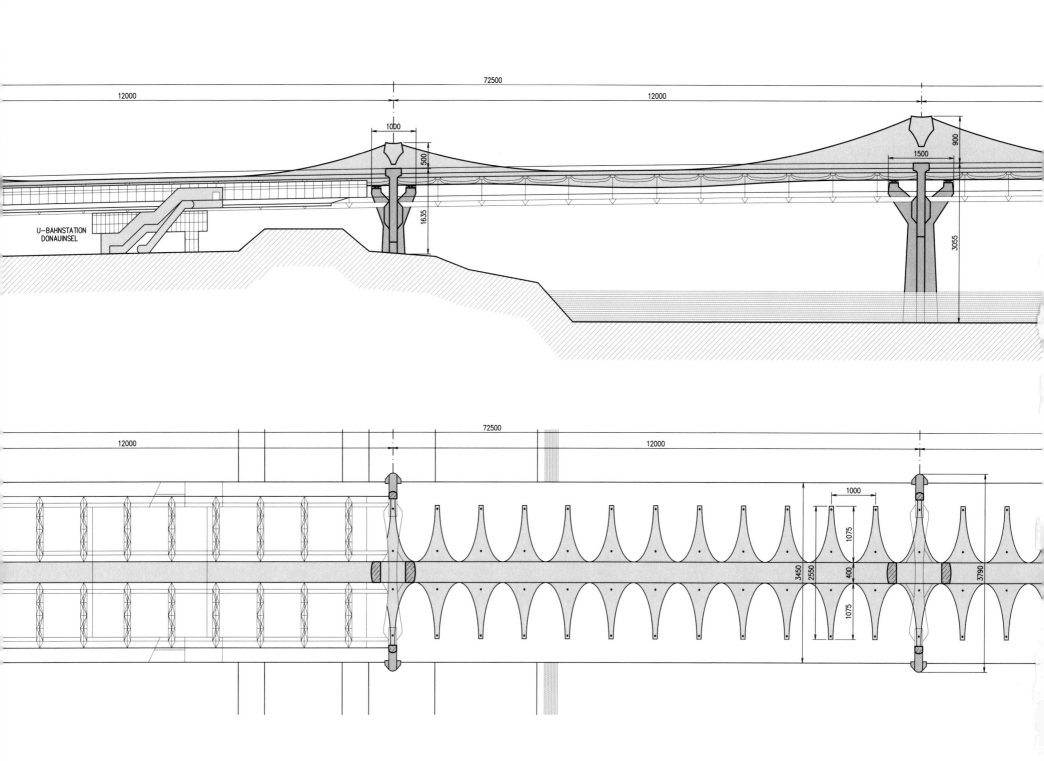

Die Pfeiler haben in Brückenlängsrichtung zwei Auflagerpunkte, was für Statik und Bauabwicklung von großem Vorteil ist. Über der Schifffahrtsrinne wird die Brücke angehoben und über dem Entlastungsgerinne abgesenkt, was statisch und optisch besser ist. U-Bahn, Fußgänger- und Erschließungs-straßen für die Donauinsel werden auf einer – unter dem eigentlichen Brückentragwerk – abgehängten Stahlleichtkonstruktion geführt. Dadurch können diese Einrichtungen später eingebaut und Kompetenzschwierigkeiten zwischen den unterschiedlichen Verantwort-lichen Staat und Stadt Wien vermieden werden. Für die Benützer der Brücke wird auf diese Weise darüber hinaus das Ereignis einer attraktiven Donauüberquerung erlebbar.

Each pier provides two bearing points on the long axis of the bridge, which offers structural advantages and simplifies the building process. For structural and visual reasons the bridge is raised above the shipping lane and lowered above the "Entlastungsgerinne" (Danube flood channel). The subway railway lines, pedestrian lanes and access roads to the Danube Island are carried by a light steel structure suspended from the load-bearing structure of the bridge. Accordingly, it would be possible to install these facilities later, in order to avoid conflicts of responsability between the Federal Government and the City of Vienna. In this way, the bridge also offers pedestrians the experience of crossing the River Danube in an attractive setting.

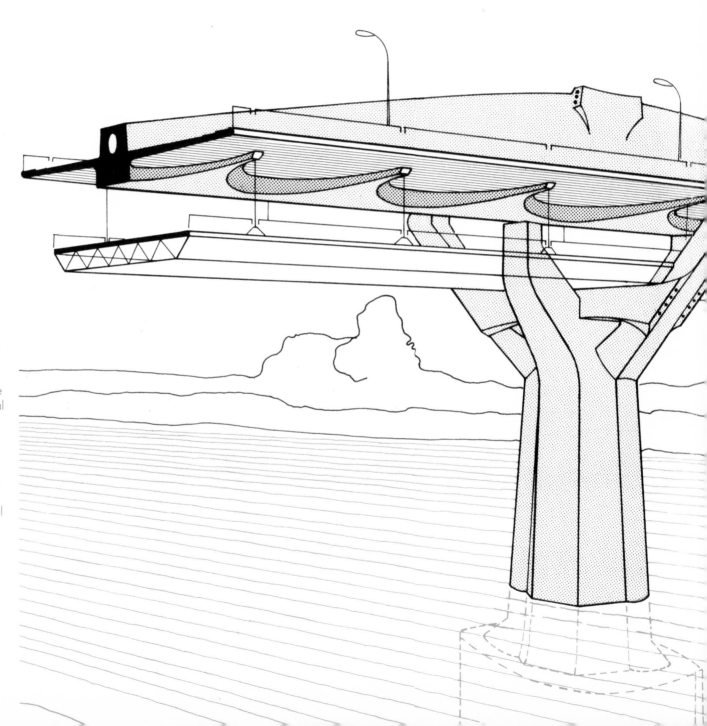

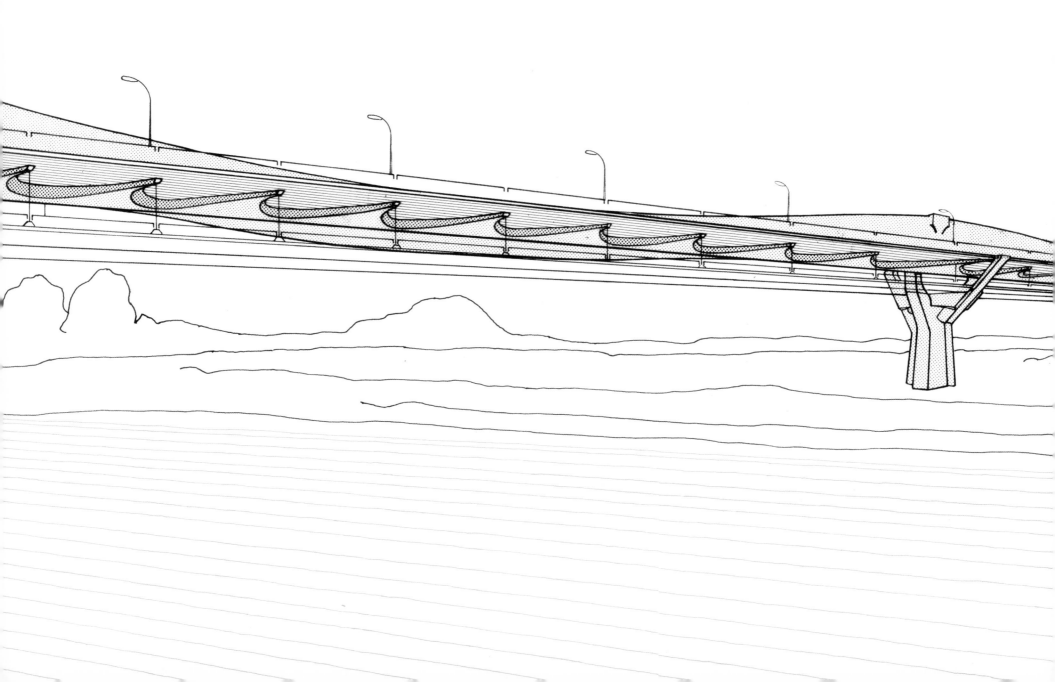

Skizzen
Sketches

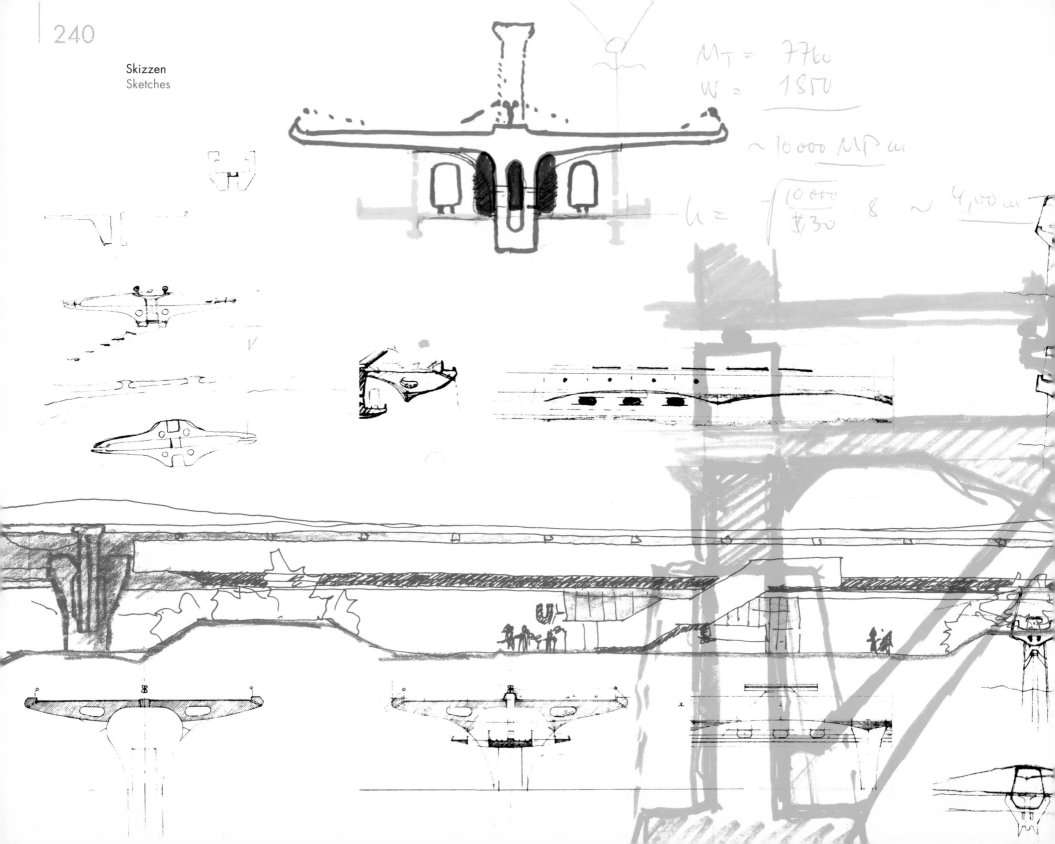

$M_T = 7760$

$W = 1850$

$\sim 10\,000\ MPa$

$h = \sqrt{\dfrac{10\,000}{830}} \cdot 8 \sim 4{,}00\,m$

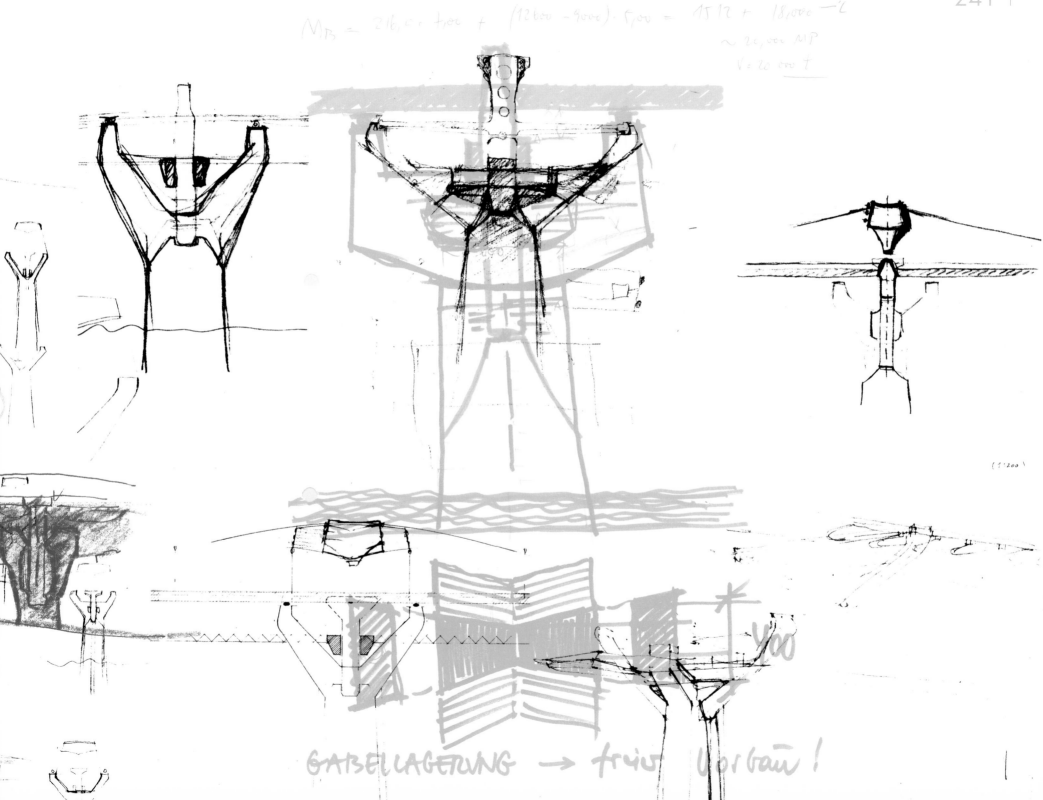

GABELLAGERUNG → frei Vorbau !

Zu den Autoren
Authors' biographies

Prof. Dr. Dipl.Ing. Günther Feuerstein

geboren 1925, Architekt, Theoretiker, Lehrer,
1945–52 Studium an der Technischen Uni-
versität Wien, Assistent bei Karl Schwanzer,
Lektor für Gegenwartsarchitektur, TU Wien;
Klubseminar, Experimentelles Bauen, Impulse
für Haus-Rucker-Co, Coop Himmelb(l)au,
Zünd-up, Theorie und Geschichte der Archi-
tektur; Akademie der bildenden Künste Wien;
1973–96 Ordinariat „Umraumgestaltung",
Universität für Gestaltung Linz; Zeitschriften
Bau, Transparent, Daidalos, Zeitungskritiker;
Bücher u.a. *Archetypen, Visionäre Architektur,*
Androgynos, Biomorphic Architecture,
Realisierungen im Wohnbau, Forschung
und Sozialarbeit für Kinder und Behinderte,
Preis der Stadt Wien.

Born in 1925, architect, theorist, teacher;
1945–1952 studied architecture at the Vienna
University of Technology (TU); assistant to
Karl Schwanzer, lecturer in contemporary
architecture at the TU Vienna; club seminar
on experimental building, provided impulses
for Haus-Rucker-Co, Coop Himmelb(l)au,
Zünd-up; Theory and History of Architecture,
Academy of Fine Arts, Vienna; 1973–96
Chair of Environmental Design, Art University
Linz, Austria; magazines *Bau, Transparent,*
Daidalos, newspaper critic; book publications
include, among others, *Archetypen, Visionäre*
Architektur, Androgynos, Biomorphic Archi-
tecture; has built projects in the areas of
housing, research and social facilities for
children and the disabled; awarded the prize
of the City of Vienna.

Monika Gentner

geboren 1960, Autorin, Dramaturgin und
Architekturpublizistin in Wien; Architektur-
studium an der Technischen Universität Wien;
bisher 16 Buchpublikationen sowie Publikationen im „Spectrum" der Tageszeitung *Die*
Presse und im ORF-Kunstradio; Raum- und
Klang-Installationen u.a. im Künstlerhaus Wien
und im Museum der Wahrnehmung Graz;
mehrere Förderpreise der Republik Österreich;
Mitglied der Grazer Autorenversammlung;
Gestaltung des Österreich-Beitrags im Rahmen
des literarischen Begleitprogramms der
Olympischen Sommerspiele in Athen 2004.

Born in 1960, lives and works in Vienna
as an author, dramaturgist and architecture
journalist; studied architecture at the Vienna
University of Technology; to date 16 book
publications as well as articles in *Spectrum*
(the weekend supplement to the daily newspaper *Die Presse*) and contributions to ORF-
Kunstradio; space and sound installations in
the Künstlerhaus Vienna and in the Museum
der Wahrnehmung Graz; recipient of several
awards from the Republic of Austria; member
of the Graz authors association: involved in
the planning of the Austrian contribution to
the literature programme accompanying the
summer Olympic games in Athens 2004.

Otto Kapfinger

geboren 1949, lebt in Wien als freiberuflich
tätiger Architekturforscher und -kritiker;
1970–80 Mitglied der interdisziplinären
Architekturgruppe „Missing Link"; 1981–90
Architektur-Kritiker in der Tageszeitung *Die
Presse*; Autor und Kurator zahlreicher Publika-
tionen und Ausstellungen, zuletzt erschienen:
Bauen in Tirol seit 1980, Verlag Anton Pustet
2002 und *Emerging Architecture Band I–III*,
Springer Verlag 2000–02; *Martin Rauch –
Rammed Earth, Lehm und Architektur*, Birk-
häuser Verlag 2001; *Klaus Kada*. Band 4
der Reihe Porträts österreichischer Architekten,
Springer Verlag 2000; *Baukunst in Vorarlberg
seit 1980. Ein Führer zu 260 ausgewählten
Bauten*, Hatje Verlag 1998.

Born in 1949, lives and works in Vienna as
an architectural scientist and architectural
critic. 1970–80 member of the Missing Link
interdisciplinary architectural group; 1981–90
architectural reviewer for the daily newspaper
Die Presse; author and curator of numerous
publications and exhibitions. Recent titles:
Bauen in Tirol seit 1980, Verlag Anton Pustet,
2002 and *Emerging Architecture I–III*
Springer Verlag, 2000–02; *Martin Rauch –
Rammed Earth, Lehm und Architektur*,
Birkhäuser Verlag, 2001; *Klaus Kada*,
vol. 4 of the series of portraits of Austrian
architects, Springer Verlag, 2000; *Baukunst
in Vorarlberg seit 1980. Ein Führer zu 260
ausgewählten Bauten*, Hatje Verlag, 1998.

Prof. Dr. Dipl.Ing. Jörg Schlaich

geboren 1934 in Stetten im Remstal, 1958
Diplom für Bauingenieurwesen, Technische
Universität Stuttgart, 1960 Master of
Science in Civil Engineering, Case Institute
of Technology, Cleveland, Ohio, USA, 1963
Doktorat, Universität Stuttgart, 1963–79
Mitarbeiter, ab 1970 Partner: Leonhardt
Andrä und Partner, Beratende Ingenieure im
Bauwesen, Stuttgart, 1974–2000 Professor
und Direktor des Instituts für Konstruktion
und Entwurf, Universität Stuttgart, seit 1980
Partner: Schlaich Bergermann und Partner,
Beratende Ingenieure im Bauwesen, Stuttgart,
Deutschland.

Born in 1934 in Stetten im Remstal, Germany;
1958 graduated in civil engineering from the
Technical University Stuttgart; 1960 Master
of Science in Civil Engineering, Case Institute
of Technology, Cleveland, Ohio, USA; 1963
doctorate, University Stuttgart; 1963–79 staff
member, from 1970 partner in Leonhardt
Andrä und Partner, Beratende Ingenieure im
Bauwesen, Stuttgart; 1974–2000 Professor
and Director of the Institute for Construction
and Design, Technical University Stuttgart;
since 1980 partner in Schlaich Bergermann
und Partner, Beratende Ingenieure im
Bauwesen, Stuttgart, Germany.

Prof. Dr. Dipl.Ing. Wolfdietrich Ziesel

geboren 1934 in München, Diplom an der
Technischen Universität Wien 1957, Promotion
zum Doktor der technischen Wissenschaften
an der Technischen Universität Wien 1958,
seit 1962 Zivilingenieur für Bauwesen mit
Konstruktionsbüro in Wien, 1977–2000
Hochschulprofessor und Leiter des Instituts für
Statik und Tragwerkslehre an der Akademie
der bildenden Künste in Wien, zahlreiche
Ausstellungen, Vorträge und Publikationen
weltweit.

Born in 1934 in Munich, Germany;
graduated in civil engineering from the
Vienna University of Technology in 1957;
doctorate in technical sciences from the
Vienna University of Technology in 1958;
since 1962 civil engineer with a construction
office in Vienna; 1977–2000 Professor and
Director of the Institute for Statics and Theory
of Structures at the Academy of Fine Arts
Vienna; numerous exhibitions, publications
and lectures world-wide.

Quellen
Credits

Abbildungen
Illustrations

Alle Abbildungen, soweit nicht anders
angegeben: Atelier Ziesel

If not stated otherwise, all illustrations:
Atelier Ziesel

Archiv Hiesmayr 7, 10, 132, 135,
137, 140, 141, U4 (je 1)
Franz Hubmann 8 (1)
A. G. Meyer 9 (1)
Gustav Ammerer 9 (1)
Italienisches Fremdenverkehrsamt Wien 9 (1)
Jugoslawisches Fremdenverkehrsbüro
Wien 10 (1)
Archiv Max Bill 10 (2)
Smithsonian Institution 10 (1)
Archiv Akademie der
Wissenschaften der UdSSR 11 (1)
Privatsammlung F. V. Šuchov 11 (1)
Steven Paul Associates 11 (1)
UPI / Bettmann 12 (1)
Magnum / Paul Fusco 12 (1)
David Lyons 13 (1)
VG Wort / Arnold Koerte 13 (1)
Colin Baxter 13 (1)
Santiago Calatrava & his office, Zürich 14 (2)
Lichtbildnerei der Baustelle / J. J. Castro 14 (1)
Foster & Partners / Nigel Young 15 (2)
Colin Molyneux 15 (1)
Richard Davis 16 (1)
Christoph Valtin 16 (1)
Copyright Licensing Agency /
Martin Pearce & Richard Jobson 16 (1)
Manfred Gerner 17 (2)
Archiv Feuerstein 18 (1)

Archiv II Architects[int] 32–33, 184 (je 1) /
Foto Murad Şekerli 184
Archiv Schlaich 54, 57 (je1)
Salzburg Tourismus GmbH 73 (1)
Christoph Hackelsberger 118 (1)
Archiv Gentner / Tom Schön 126 (1)
Haer, NY, 31-Neyo, 90-22 /
Jet Lowe 131 (1)
Mischa Erben 147 (1), 151 (1)
154–155 (1)
Martina Ziesel 165 (1)
Archiv Luigi Blau 166–167 (je 1)
Kronen Zeitung Foto 181 (1)
Peter Kodera 185 (1)
Pez Hejduk 210 (1)
Archiv Pauser 216 (1), 217 (1)
Historisches Museum der Stadt Wien
(57.999/14) 217 (1)
Österreichische Nationalbibliothek
(111.975C) 217 (1)
Windsor (12579r), Atlanicus (283 v–b),
246 (je 1)
M.S.L. (66r) 247 (1)
Museum für Wissenschaft und Technik
Mailand / Foto Sinigaglia 247 (2)

Herausgeber und Verleger waren bemüht, die
Urheber sämtlicher Abbildungen zu kontak-
tieren, was leider nicht in allen Fällen gelang.
Sie werden ersucht, mit dem Herausgeber
oder mit dem Verlag in Kontakt zu treten.

Every reasonable attempt has been made to
identify owners of copyrights. The publisher is
at disposal of people/bodies holding rights
whom it has been impossible to identify or to
get in touch with.

Zitate
Quotations

Seite 6:
Page 6:
V. G. Šuchov in: *Die Kunst der sparsamen
Konstruktion*, Institut für Auslandsbeziehungen
Stuttgart u.a. (Hg.), Stuttgart 1990

Seite 13:
Page 13:
Zucker / Wehner in: Dr. Ing. Friedrich
Hartmann, *Ästhetik im Brückenbau*,
Leipzig–Wien 1928

Seiten 127–131:
Pages 127–131:
Judith Dupré, *Brücken*, Köln 1998

Seiten 246:
Pages 246:
Zammattio / Marinoni / Brizio:
Leonardo der Forscher, Stuttgart 1981

Der Autor bedankt sich bei allen, die mit
Texten und Bildern zu diesem Band beige-
tragen haben.

The author wishes to thank all who have
contributed texts and images for this book.

Gedruckt mit Förderung des Bundeskanzler-
amts, Sektion für Kunstangelegenheiten,
sowie des Bundesministeriums für Bildung,
Wissenschaft und Kultur in Wien.

Gedruckt auf säurefreiem, chlorfrei
gebleichtem Papier – TCF
SPIN: 10993804
Mit zahlreichen (zum Teil farbigen) Abbildungen

Bibliografische Information Der Deutschen
Bibliothek.
Die Deutsche Bibliothek verzeichnet diese Publi-
kation in der Deutschen Nationalbibliografie;
detaillierte bibliografische Daten sind im
Internet über http://dnb.ddb.de abrufbar.

ISBN 3-211-21269-8
Springer-Verlag Wien New York

Printed on acid-free and chlorine-free
bleached paper.
SPIN: 10993804

With numerous (partly coloured) figures

ISBN 3-211-21269-8
Springer-Verlag Wien New York

Autor und Herausgeber: Wolfdietrich Ziesel
www.ziesel.at
Redaktion: Monika Gentner,
Sigrid Brell-Çokcan
3-D Images: II Architects[int]
(Barış Çokcan, Sigrid Brell-Çokcan)
Pläne: Atelier Ziesel
Mitarbeit Atelier Ziesel: Peter Konicar,
Helga Pongratz
Mitarbeit II Architects[int]: Sebastian Gallnbrunner,
Katharina Tanzberger
Fotografie: Alfred Schmid
Übersetzung: Thomas Hoppe
Lektorat deutsch: Claudia Mazanek
Lektorat englisch: J. Roderick O'Donovan
Grafische Gestaltung: Toledo i Dertschei
Druck: Holzhausen Druck & Medien GmbH
Umschlagbilder: Atelier Ziesel (U1),
Archiv Hiesmayr (U4)

Author and editor: Wolfdietrich Ziesel
www.ziesel.at
Editorial assistants: Monika Gentner,
Sigrid Brell-Çokcan
3-D images: II Architects[int]
(Barış Çokcan, Sigrid Brell-Çokcan)
Drawings: Atelier Ziesel
Assistants Atelier Ziesel: Peter Konicar, Helga Pongratz
Assistants II Architects[int]: Sebastian Gallnbrunner,
Katharina Tanzberger
Photography: Alfred Schmid
Translation: Thomas Hoppe
Copy-editing German: Claudia Mazanek
Copy-editing English: J. Roderick O'Donovan
Graphic Design: Toledo i Dertschei
Printed by: Holzhausen Druck & Medien GmbH
Cover illustrations: Atelier Ziesel, Archiv Hiesmayr

Selbstbildnis
Self-portrait

Meine Absicht ist es, erst die Erfahrung anzu-
führen und sodann mit Vernunft zu beweisen,
warum diese Erfahrung auf solche Weise
wirken muss. Eitel und voller Irrtümer ist alle
Wissenschaft, die nicht von der Erfahrung,
der Mutter aller Gewissheit, getragen wird,
die nicht geprüft wird durch Erfahrung und
Kreativität.

It is my intention firstly to cite experience
and then to prove, using reason, why this
experience must have a certain effect. All
science that is not supported by experience,
the mother of all certainty, or that is not
examined by experience and creativity is
vain and riddled with errors.

Leonardo da Vinci

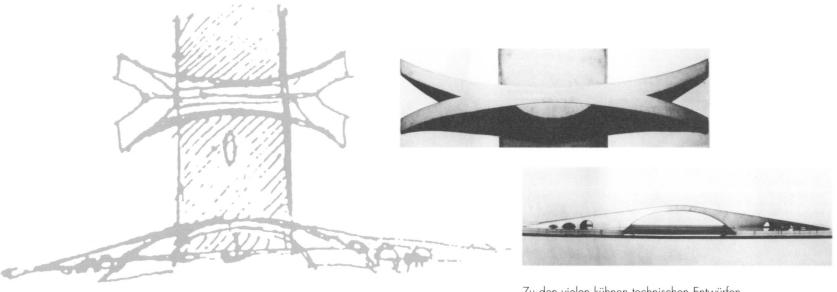

*pomti d'apora agofftanti nopoli . largo
. o . 8 . alto tr da aqua . 8 . 70 lungo .
8 . 600 . cio 400 . fopra dil mari . e 200
fopra inpirra . ffummato 8f. fpalle affar*

Entwurfsskizze von Leonardo da Vinci
und Modell der Brücke im Nationalmuseum für Wissenschaft und Technik in Mailand

Sketch design by Leonardo da Vinci
and model of the bridge in the National Museum of Science and Technology in Milan

Zu den vielen kühnen technischen Entwürfen Leonardos gehört das Projekt einer Brücke über das Goldene Horn bei Konstantinopel. Nach seinen Angaben „würde sich die Brücke so hoch über dem Wasser wölben, dass ein Segelschiff darunter durchfahren könne. Die Brücke ist 40 Ellen breit, 70 Ellen hoch über dem Wasser und 600 Ellen lang; nämlich 400 über dem Meer und 200 über dem Festland, wo sie sich stützt." Nach einer Dimensionierung des Schweizer Wissenschafters Stüssi wäre das Bauwerk technisch durchführbar gewesen.

The project for a bridge over the Golden Horn in Constantinople is one of Leonardo's many daring technical designs. According to his own statement: "The bridge would arch so high above the water level that a sailing ship could pass beneath it. The bridge is 40 cubits wide, 70 cubits high above the water and 600 cubits long, 400 over the sea and 200 over the land where it is supported." According to studies carried out by the Swiss scientist Stüssi, the bridge would have been technically feasible.